ARMIN GRUNWALD

DER UNTERLEGENE MENSCH

ARMIN GRUNWALD

DER UNTERLEGENE MENSCH

Die Zukunft der Menschheit
im Angesicht von Algorithmen, künstlicher
Intelligenz und Robotern

Bibliografische Information der Deutschen Nationalbibliothek
Die Deutsche Nationalbibliothek verzeichnet diese Publikation in der Deutschen
Nationalbibliografie. Detaillierte bibliografische Daten sind im Internet über
http://dnb.d-nb.de abrufbar.

Für Fragen und Anregungen
info@rivaverlag.de

Originalausgabe
1. Auflage 2019
© 2019 by riva Verlag, ein Imprint der Münchner Verlagsgruppe GmbH
Nymphenburger Straße 86
D-80636 München
Tel.: 089 651285-0
Fax: 089 652096

Redaktion: Matthias Teiting
Umschlaggestaltung: Marc-Torben Fischer
Umschlagabbildung: Liu_zishan/shutterstock.com
Layout: Pamela Machleidt
Satz: Müjde Puzziferri, MP Medien, München
Druck: GGP Media GmbH, Pößneck
Printed in Germany

ISBN Print 978-3-7423-0718-7
ISBN E-Book (PDF) 978-3-7453-0323-0
ISBN E-Book (EPUB, Mobi) 978-3-7453-0324-7

Weitere Informationen zum Verlag finden Sie unter

www.rivaverlag.de

Beachten Sie auch unsere weiteren Verlage unter www.m-vg.de

INHALT

VORWORT

Der Titel dieses Buches verkündet Unheil: Der Mensch scheint der digitalen Technik, seiner eigenen Schöpfung, zusehends unterlegen. In immer mehr Bereichen übertreffen uns Roboter und Algorithmen. Vielleicht digitalisieren wir uns allmählich weg. Das ist Stoff für die Erzählungen vom Ende der Menschheit, wie wir sie aus Science-Fiction-Romanen und aus Kino- und Fernsehfilmen wie etwa der *Matrix*-Trilogie oder *Transcendence* kennen. Der prickelnde Schauer des Untergangs sichert Einschaltquoten und Besucherzahlen. Derlei Unterhaltung weiß auch ich zu schätzen.

Nun bin ich im Grunde ein optimistischer, zumindest ein gelassener Mensch. Ich neige nicht zu Zukunftsängsten und Katastrophenbefürchtungen. Natürlich sehe ich, dass der sogenannte Fortschritt nicht einfach nur Fortschritt ist. Denn leider bringen die angenehmen und gewünschten Effekte unweigerlich auch, wie es in Mediziner- und Apothekersprache heißt, Risiken und Nebenwirkungen mit sich. Mein Fach, die Technikfolgenabschätzung, wurde vor über fünfzig Jahre erfunden, um möglichst verantwortlich mit dieser Janusköpfigkeit des technischen Fortschritts umzugehen. Wir sollen und wollen alles tun, damit der technische Fortschritt zum Wohl der Menschen genutzt, die Risiken und Nebenwirkungen aber möglichst nicht spürbar werden. Wo Letzteres nicht geht, weil es kaum Rosen ohne Dornen oder, in meiner Fachsprache, keine Innovation ohne Risiko gibt, suchen wir nach guten Wegen zum verantwortlichen Umgang mit den negativen Folgen. Ich bin überzeugt, dass wir in einer offenen und demokratischen Gesellschaft eine gute Zukunft gestalten können.

Dennoch klingt der Titel meines Buches düster: Der Mensch könnte gegenüber Algorithmen und künstlicher Intelligenz und Robotern den Kürzeren ziehen. Viele machen sich Sorgen – auch ich. Auch einem Optimisten kann der Gedanke kommen, dass Folgenabschätzung und Ethik, dass Verantwortungsdebatten, engagierte Zivilgesellschaft und kluge Regulierungen möglicherweise nicht ausreichen, um die weitere technische Entwicklung auf einem menschenfreundlichen Weg zu halten. Die Sorge steht im Raum, dass wir die digitalen Geister, die wir mit guten Gründen gerufen haben, nicht nur nicht wieder loswerden, sondern dass sie uns auch noch das Heft aus der Hand nehmen könnten.

Ich unterscheide zwischen Sorgen und Angst: Sich Sorgen zu machen ist ein Dienst am Gemeinwohl und am Menschen. Sorgen rütteln uns aus Bequemlichkeit und Alltagstrott auf, sie schaffen Problembewusstsein, motivieren unser Engagement und Handeln. Angst hingegen lähmt uns und macht passiv. Angst kann dazu führen, dass wir wie das Kaninchen auf die Schlange starren und letztlich gefressen werden, statt uns Gedanken zu machen, wie das Problem gelöst oder die Situation entschärft werden könnte. Sorgen sind konstruktiv. Angst ist destruktiv.

So soll dieses Buch, kurz gefasst, den verbreiteten Sorgen über eine schnelle Digitalisierung und den ›unterlegenen Menschen‹ nachgehen, ihnen eine Stimme geben, sie ernst nehmen und auf ihren Gehalt prüfen. Dies wird gelegentlich zu einer Entwarnung führen, teils aber auch zur Bekräftigung der Sorgen. Relativ oft musste ich beim Schreiben feststellen, teils für mich selbst überraschend, dass die wirklichen Sorgen gar nicht die sind, die in Medien und Öffentlichkeit zurzeit sehr präsent sind. Sondern es taten sich hinter den viel diskutierten Fragen andere und tiefer gehende Probleme auf.

Ich hoffe, ein klein wenig dazu beitragen zu können, dass die weitverbreiteten Sorgen um die Digitalisierung und ihre möglichen Folgen nicht in einen passiven Fatalismus münden. Stattdessen würde ich mir ein zupackendes Engagement wünschen. Wir dürfen die Digitalisierung weder sich selbst noch den IT-Experten oder den globalen KI- und Datenkonzernen überlassen, sondern müssen aktiv auf ihre menschenfreundliche Gestaltung drängen. Denn darum geht es: die wunderbaren Potenziale von Algorithmen, künstlicher Intelligenz und Robotern zu unser aller Wohl und für eine gute Zukunft zu nutzen.

Armin Grunwald, September 2018

TEIL I

ZUR EINSTIMMUNG

1. SCHÖNE DIGITALE ZUKUNFT?

VON PARADIESERZÄHLUNG UND UNTERGANGSBEFÜRCHTUNGEN

Eine volkstümliche Geschichte rankt sich um die Kölner Heinzelmännchen, die ehrbaren Leuten im Verborgenen unangenehme
Arbeiten abnahmen. Digitale Technologien, Algorithmen, künstliche
Intelligenz und Roboter werden gelegentlich wie die Heinzelmännchen der Zukunft beschrieben. Dem verbreiteten Wunsch geschuldet, die Technik möge uns von allen lästigen, langweiligen, schwierigen oder routinehaften Tätigkeiten entlasten, sollen digitale Helfer
uns mehr Zeit für die schönen Dinge im Leben freischaufeln. Einige
dieser stillen Helfer gibt es schon, etwa Roboter zum Staubsaugen
oder Rasenmähen. Andere sind in Arbeit wie der denkende Herd
oder der vorsorgende, sprich selbst einkaufende Kühlschrank. Von
anderen wiederum darf man bisher nur träumen: Ein Bügelroboter
etwa, der die Bügelwäsche erledigt, während wir shoppen gehen, ist
angesichts von Blusen mit verspielten Rüschen derzeit nicht wirklich
vorstellbar.

Die Sprachenvielfalt auf der Erde sorgt zwar für kulturellen Reich-
tum, macht aber vieles sehr mühsam. Wie leicht wäre die Verständi-
gung über alle Grenzen hinweg, wenn es das Sprachproblem nicht
gäbe! Wenn der Sprachenwirrwarr, wie es in der Bibel steht, von Gott
selbst verordnet wurde, um den menschlichen Übermut zu bremsen,
war er damit offensichtlich ziemlich erfolgreich. Die Digitalisierung
macht nun selbst lernende Übersetzungstools möglich, in die man
Deutsch hineinsprechen kann, während der gleiche Inhalt am anderen Ende in Ungarisch, Suaheli oder Japanisch herauskommt, je nach
gewählter Einstellung. Wenn diese Programme auch bei Weitem noch
nicht perfekt sein mögen: Verglichen mit der Übersetzungssoftware
von vor zehn Jahren, die meist nur krachendes Gelächter provozier-
te, ist der heutige Stand bereits beachtlich und für viele Alltagsdinge

sehr hilfreich. Den Sprachenwirrwarr mittels Digitalisierung zu überwinden und Gott damit ein Schnippchen zu schlagen, wer würde das nicht begrüßen?

Die industrielle Massenproduktion mit ihrer Fließbandarbeit ist ein Beispiel aus der Arbeitswelt. Automatisierung und Digitalisierung versprechen, die in der Industrie arbeitenden Menschen von mechanischen und monotonen Tätigkeiten zu befreien, damit sie stärker ihre kreativen Fähigkeiten ausprägen und einbringen können. Hier könnte man mit Karl Marx sagen: Arbeit soll in der digitalen Zukunft nicht mehr entfremdet, sondern selbstbestimmt und selbstverwirklichend sein (siehe Kapitel 3).

Auch der menschliche Tod wird von der Digitalisierung nicht verschont. Wenn man unser Bewusstsein digital auf eine Festplatte herunterladen und dann in einen anderen, künstlichen Körper wieder hochladen könnte, wäre digitale Unsterblichkeit vielleicht möglich (siehe Kapitel 6). Das Bewusstsein könnte dann sozusagen in einen anderen Körper umziehen, wenn der alte am Ende ist. Auch wenn das Gelingen solcher Ideen mehr als spekulativ ist: Der Wunsch nach Verlängerung des Lebens bis hin zur Unsterblichkeit ist stark, und der israelische Historiker Yuval Noah Harari sieht die Unsterblichkeit bereits als das nächste große Menschheitsprojekt an.

Die Digitalisierung setzt die Fantasie in Bewegung wie zurzeit kaum ein anderes Feld. Manche Futuristen bleiben nicht beim Individuum stehen: Über das Internet oder seine Nachfolger sollen sich irgendwann die Gehirne dieser Welt zu einer globalen Superintelligenz zusammenschließen und dann den Kosmos besiedeln. Dabei ist die Grenze zwischen haltloser Spekulation und realistischen Erwartungen oft nur schwer zu finden.

Allerdings begleiten die Digitalisierung auch Untergangserzählungen. Das Ende des Menschen sei absehbar – er sei zunehmend seinen eigenen digitalen Geschöpfen unterlegen. Schon seit über zwanzig Jahren ist der Computer besser als ›unser‹ Schachweltmeister, und im Jahre 2017 ist auch der König aller Brettspiele, das japanische Go, der Übermacht eines Algorithmus erlegen. Roboter sollen bessere Pflegekräfte werden als Menschen, weil sie unermüdlich sind und nie schlechte Laune bekommen, autonome Autos sollen uns viel sicherer durch den chaotischen Verkehr bringen als menschliche Autofahrer, Arztroboter sollen das gesamte Wissen ihrer Zunft ständig parat haben, auf *Big Data* gestützte psychologische Ferndiagnosen den Termin auf der Couch ersetzen, und so gehen die Geschichten weiter. Obwohl die digitale Technik von Menschen gemacht wird und sich nicht selbst herstellen kann, jedenfalls noch nicht, ist sie häufig schon besser als ihre Schöpfer.

Science-Fiction-Retro: 1984

Die Folgen sind kaum absehbar – für den zukünftigen Arbeitsmarkt, der zurzeit im Zentrum der Aufmerksamkeit steht, aber auch für unsere Freizeit und unseren Lebensstil. Und es stellt sich die Frage der Kontrolle, wenn wir autonomen technischen Systemen wie Robotern oder selbst fahrenden Autos immer mehr Eigenständigkeit und Entscheidungsvollmacht übertragen. Wer verantwortet die Folgen der Entscheidungen? Wer entscheidet gegebenenfalls über Leben und Tod? Dient vielleicht in Zukunft nicht mehr die Technik dem Menschen, wie es die alte Erwartung besagt, sondern müssen die Menschen der Technik dienen, weil sie auf Gedeih und Verderb von ihr abhängig geworden sind?

Das Buch *1984* von George Orwell ist der Klassiker unter den düsteren Erzählungen vom technischen Fortschritt, übrigens geschrieben noch lange vor jeder Digitalisierung. Der Roman schildert einen totalitären Überwachungsstaat im Jahre 1984 aus der Perspektive des Jahres 1948. Die von dem unsichtbaren Großen Bruder geführte Elite unterdrückt die breite Masse des Volkes mithilfe einer allgegenwärtigen Gedankenpolizei. Datengrundlage und Basis für die Kontrolle und Manipulation sind nicht abschaltbare Geräte, die alle Wohnungen visuell überwachen und abhören. Die Aktualität des Buches scheint ungebrochen: In den vergangenen Jahren fand sich *1984* regelmäßig wieder in den Bestseller-Listen.

Sogar Henry Kissinger, einer der profiliertesten und intellektuell wachsten Politiker des 20. Jahrhunderts, macht sich in der Juniausgabe 2018 des amerikanischen Magazins *The Atlantic* Sorgen, dass die demokratischen und freiheitlichen Errungenschaften der digitalen Technik zum Opfer fallen könnten.

Sorgen vor Kontrollverlust und Abhängigkeit von Technik sind nicht neu. Fritz Lang hat bereits 1927 in seinem Film *Metropolis* eine düstere Welt skizziert. In ihr müssen die meisten Menschen der Technik dienen, damit einige wenige auf Basis dieser Technik in Luxus leben können. Der Philosoph Herbert Marcuse befürchtete in den 1960er-Jahren, dass undurchschaubare technisch-wirtschaftliche Systeme uns zu ihren Handlangern machen könnten. Der Philosoph und Schriftsteller Günther Anders hat eine zunehmende Antiquiertheit des Menschen angesichts der von ihm selbst geschaffenen und immer besseren Technik beobachtet. Er erzählte schon vor etwa sechzig Jahren seine Geschichte über den unterlegenen Menschen. Aus heutiger Sicht wirkt sie wie ein prophetischer Vorgriff auf das digitale Zeitalter, an das damals nicht zu denken war. Eine Menge Stoff für dunkle Erzählungen über die Zukunft verbirgt sich hier, und die Kinowelt der Science-Fiction ist voll von bildgewaltigen Illustrationen. Vielleicht entspringen diese Filme nicht nur dem Wunsch nach Unterhaltung, sondern geben dem diffusen Gefühl eine Bühne, dass der Mensch gegenüber seinen digitalen Geschöpfen ein Auslaufmodell sein könnte.

Digitalisierung polarisiert. Digitale Erlösungsfantasien und apokalyptische Befürchtungen stehen sich schroff gegenüber. Viele Menschen scheinen sogar in sich selbst gespalten zu sein: Auf der einen Seite nutzen sie begeistert jede neue App, auf der anderen Seite sind sie besorgt, wohin das alles führen soll. Auch der Blick in Tageszeitungen und Fachzeitschriften, in Wissenschaftsmagazine und auf Beiträge in Fernsehen und Internet, auf Konferenzen und in die *Social Media* zeigt diese Spannung an. Nur in einem sind sich alle einig: dass im Zusammenhang mit der Digitalisierung viel, sehr viel für unsere Zukunft auf dem Spiel steht.

Neben den mehr oder weniger fantastisch anmutenden Visionen wirkt das Geschäft von Politik und Wirtschaft zuweilen hausbacken.

Aber auch hier steht die Digitalisierung ganz oben. Es hat ein digitaler Wettlauf eingesetzt, in dem die Zahl der Smartphones pro Kopf der Bevölkerung, die Länge des Breitbandnetzes oder die Zahl der Laptops in Schulen als Maßstab für Fortschrittlichkeit, Zukunftsperspektiven und Lebensqualität genommen wird. Die Regierungen überbieten sich gegenseitig mit ihren Zielvorgaben, jeder will der Erste sein. Die weitere Digitalisierung wird massiv mit Steuergeldern gefördert, ebenso der Ausbau der Dateninfrastruktur. Auch die abgelegene Försterei soll schnelles Internet bekommen, und schon im Kindergarten, sogar das fordern einige, soll das Programmieren gelernt werden. Für diejenigen, die in diesem digitalen Wettlauf abgehängt werden, bleiben nur düstere Prophezeiungen von Wohlstandsverlust und sozialem Abstieg. Aber auch die ethischen Probleme werden wahrgenommen: Der Deutsche Bundestag hat zuletzt, am 28. Juni 2018, eine Enquete-Kommission ›Künstliche Intelligenz – gesellschaftliche Verantwortung und wirtschaftliche Potenziale‹ eingesetzt.

In Politik und Wirtschaft wird der Weg in die digitale Zukunft meist als Einbahnstraße gesehen. Für Spannung sorgt höchstens noch das verzweifelte Wettrennen um die besten Plätze. Fragen ließe sich angesichts der vielfältigen Sorgen in Bezug auf die Digitalisierung, ob wir überhaupt noch umsteuern könnten, falls gravierende Fehlentwicklungen eintreten? Das Prinzip von Versuch und Irrtum hat den technischen Fortschritt lange Zeit geprägt: zuerst hoffen, dass alles gut geht, dann reparieren, wenn das nicht der Fall sein sollte. Aber viele Geschichten zeigen, wie schwer es sein kann, aus Problemen oder Fehlentwicklungen zu lernen. Der Kernenergieaus-

> **Herr und Knecht**
> **nach Hegel**
>
> Der Philosoph Georg Friedrich Hegel hat die Umkehr der Abhängigkeiten in ein einfaches Bild gebracht: Ein Herr hat einen Knecht. Dieser Knecht muss alles für den Herrn tun. Dadurch verlernt der Herr die lebensnotwendigen Dinge. Der Herr wird abhängig vom Knecht, und schließlich wird aus dem Knecht der eigentliche Herr. Der Herr muss dann dafür sorgen, dass es dem Knecht gut geht. Fatal daran ist: Der Übergang vom Herrn zum Knecht geschieht unmerklich.

stieg in Deutschland ist mühsam – aber noch weit mühsamer ist der Ausstieg aus der umwelt- und klimaschädlichen Verbrennung von Öl, Kohle und Gas, wie die aktuellen Debatten zur Zukunft von Verbrennungsmotor und Braunkohle zeigen. In der Digitalisierung geraten wir in eine noch weit stärkere Abhängigkeit von den Technologien. Bereits jetzt können wir das Internet nicht mehr abstellen, ohne umgehend die Weltwirtschaft zu ruinieren. Also müssen wir dem Internet dienen, es hegen und pflegen, weil ansonsten wir die Leidtragenden wären. Werden wir vom Herrn der Technik zu ihrem Knecht (S. 17)? Oder sind wir dies vielleicht schon?

TECHNIK ZWISCHEN VISION UND REALITÄT

Technik ist im Selbstverständnis unserer wissenschaftlich-technischen Zivilisation vor allem ein Symbol für Wohlstand und Fortschritt. Sie soll uns das Leben angenehm und komfortabel machen, die Wettbewerbsfähigkeit der deutschen Industrie sichern, mehr Gesundheit bis ins hohe Alter ermöglichen, durch Effizienz und Umweltverträglichkeit Klimawandel und Artenschwund bekämpfen, die Ernährung von demnächst wahrscheinlich zehn Milliarden Menschen sicherstellen, und so weiter. Erwartungen dieser Art prägen die Stellungnahmen aus Politik, Wirtschaft und Wissenschaft und werden vermutlich von den meisten Menschen geteilt.

Immer wieder werden ganze Zeitalter nach bestimmten Techniken benannt. So gilt das 19. Jahrhundert als Zeitalter von Kohle und Stahl mit einem extrem rasch wachsenden und prosperierenden Ruhrgebiet. Die 1950er- und 1960er-Jahre wurden als Kunststoff- oder Plastikzeitalter bezeichnet. Damals revolutionierten diese neuen Materialien nicht nur die Wirtschaft, sondern waren auch in Kultur und Mode das große Thema. Andere nennen den gleichen Zeitraum das Atomzeitalter, da die Kernenergie damals für eine gute Zukunft und unerschöpflichen Wohlstand stand (S. 19). Und heute heißt es, dass wir im digitalen Zeitalter der Bits und Algorithmen, der künstlichen Intelligenz und des Internets leben – oder wenigstens in einer frühen Phase davon – und dass dieses Zeitalter voller Verheißungen steckt.

Allerdings hat sich in der Technikgeschichte herausgestellt, dass nicht alle Hoffnungen erfüllt werden. So ging man um 1990 beispielsweise davon aus, dass ab dem Jahr 2000 Fabriken im Weltraum die Schwerelosigkeit für besondere Produktionsverfahren nutzen würden. Bis heute jedoch hat man davon nichts mehr gehört. Vergessen ist auch der Traum vom superteuren Überschallflugzeug Concorde, mit dem man an einem Tag von Paris nach New York zum Shoppen und wieder zurück fliegen könnte. Die technisch geniale und in der Entwicklung ebenfalls ziemlich teure Magnetschwebebahn Transrapid ist von der Erprobung direkt ins Deutsche Museum nach Bonn gefahren – anstatt den Fernverkehr in Deutschland zu revolutionieren. Und das erwähnte Atomzeitalter hat uns vor allem den Atommüll hinterlassen. Wenn also der technische Fortschritt in vielem eine Erfolgsgeschichte ist, so wird er doch immer auch von Ernüchterungen begleitet.

Zudem kommt es zu den bereits erwähnten ›Risiken und Nebenwirkungen‹ oder, in der Sprache der Technikfolgenabschätzung, zu den nicht intendierten Folgen. Gemeint sind Folgen, die mit dem Zweck der Technik nichts zu tun haben und sich erst allmählich einstellen und daher oft erst spät entdeckt werden. Der Klimawandel ist wohl das bekannteste Beispiel. Er ist zum gro-

Das Atomium in Brüssel als Symbol des Atomzeitalters

Das Atomium in Brüssel wurde für die Weltausstellung 1958 errichtet. Es ist das Symbol der damaligen Zeit, in der man über Atomflugzeuge und Atomautos, Atomeisenbahnen und Atomheizungen nachdachte. Mit dem Frachter Otto Hahn hat die Bundesrepublik Deutschland sogar ein Atomschiff gebaut. Das Atom galt damals als Symbol einer glänzenden Zukunft, als Synonym für Fortschritt und Wohlstand durch unbegrenzte und billige Energieversorgung.

ßen Teil eine Folge des reibungslosen Funktionierens von Hunderten von Millionen Benzin- und Dieselmotoren und von Tausenden Kohle-, Öl- und Gaskraftwerken, die zur Erfüllung ihrer Funktionen leider im großen Umfang auch Treibhausgase freisetzen. Ein anderes Beispiel sind die Fluorchlorkohlenwasserstoffe (FCKW). Sie wurden jahrzehntelang weltweit als Kühlmittel in Klimaanlagen und Kühlschränken eingesetzt und taten dort brav ihren Dienst. Dass sie über komplizierte Prozesse in der Erdatmosphäre das Ozonloch verursacht haben, ist eine typische nicht intendierte Folge.

Hellsichtig hat der Philosoph Hans Jonas in seinem berühmt gewordenen Buch *Das Prinzip Verantwortung* 1979 diagnostiziert, dass das zentrale ethische Problem der Technik nicht darin liege, dass sie gelegentlich nicht funktioniere und dann Unfälle verursache. Vielmehr sah Jonas, dass die großen Probleme wie Klimawandel und Ozonloch, wie Artenschwund und Versauerung der Ozeane gerade von einer reibungslos funktionierenden Technik verursacht wurden. Etwas pathetisch könnte man von der *Tragik des technischen Fortschritts* sprechen: Gerade in seinen großen Erfolgen zeigen sich leider auch seine Schattenseiten.

Wir können aus diesen Erfahrungen einiges für die Digitalisierung lernen. Wir sollten kritisch nachfragen, wann immer uns viel versprochen wird. Nicht um prinzipiell jede visionäre Idee schlecht zu machen, sondern um die Bedingungen zu prüfen, unter denen sie sich realisieren lässt. Auch bei der schönsten Utopie sollte die Frage nach den Risiken und Nebenwirkungen nicht fehlen. Gerade in der Digitalisierung steht zu viel auf dem Spiel, als dass wir es uns leisten könnten, nach dem alten Prinzip von Versuch und Irrtum zu verfahren. Angesichts der Tragweite der gesellschaftlichen Veränderungen und der Möglichkeit eines *Point of no Return* wäre eine solche Naivität grob fahrlässig. Sie wäre ethisch, politisch und ökonomisch verantwortungslos. Wir brauchen einen nüchternen Blick auf das Spektrum der möglichen Folgen, um vernünftig abwägen und uns ein angemessenes Urteil bilden zu können.

WAS KÖNNEN WIR ÜBER DIE ZUKUNFT WISSEN?

Die digitalen Erzählungen handeln von unserer Zukunft. Allerdings gibt es viele unterschiedliche und einander widersprechende Geschichten. So gibt es die Geschichte von der Zukunft, in der uns die Algorithmen und Roboter die Arbeit stehlen und am Ende die Menschheit unterwerfen. Und gleichzeitig gibt es die Geschichte von der Zukunft, in der die Roboter uns das Leben angenehmer machen und den Menschen brav zu Diensten sind.

Aber was stimmt denn nun? Müssten nicht die Wissenschaftler und Zukunftsforscher herausbekommen, welche Erzählungen zur Digitalisierung richtig sind und welche falsch? Beispielsweise gibt es zur Zukunft der Arbeit, wie wir in Kapitel 3 noch sehen werden, jede Menge wissenschaftlicher Studien. Aber auch hier liegen die Vorhersagen weit auseinander. Wie kann das sein? Richten die Wissenschaftler ihre Ergebnisse nach den Wünschen der Auftraggeber aus? Sind sie käuflich? Oder gibt es gute und weniger gute Zukunftsforscher, sodass wir nur den besten Wissenschaftlern trauen sollten? Ist die Forschung einfach noch nicht weit genug, um wirklich Klarheit schaffen zu können? Braucht die Zukunftsforschung mehr Geld, um mehr Daten erheben und die Zukunft dann besser vorhersagen zu können?

Alle diese Vermutungen führen in die Irre. Es ist eine falsche, wenngleich verbreitete Ansicht, dass sich die Zukunft so erforschen ließe wie eine neue Chemikalie im Labor oder die Fortpflanzungsgewohnheiten von Igeln. Denn die Zukunft gibt es noch gar nicht, anders als eben die Chemikalie im Labor oder das verliebte Igelpärchen. Man kann die Zukunft weder mit einem Fernrohr noch mit dem Mikroskop beobachten. Es gibt keine Daten aus der Zukunft. So gesehen ist das Wort Zukunftsforschung eigentlich Unsinn. Man muss es anders verstehen, um ihm Sinn zu geben. Den Schlüssel dafür hat vor über 1600 Jahren der Kirchenvater Augustinus gefunden:

Eigentlich kann man gar nicht sagen: Es gibt drei Zeiten, die Vergangenheit, Gegenwart und Zukunft, genau würde man vielleicht sagen müssen: Es gibt drei Zeiten, eine Gegenwart in Hinsicht auf die Gegenwart, eine Gegenwart in Hinsicht auf die Vergangenheit und eine Gegenwart in Hinsicht auf die Zukunft.

Augustinus hat erkannt, dass weder die Vergangenheit noch die Zukunft existieren. Nur die Gegenwart existiert, in der wir uns Gedanken über Vergangenheit und Zukunft machen. Die Zukunft ist immer nur das, was sich konkrete Menschen in ihrer jeweils konkreten Gegenwart über die Zukunft ausdenken. Da wir keine Daten aus der Zukunft haben, sind unsere wissenschaftlichen Studien keine Tatsachenberichte aus der Zukunft. Stattdessen geben sie das wieder, was die Wissenschaftler auf der Basis von Argumenten, Theorien und Trends jetzt über die Zukunft denken. Und weil die Menschen und eben auch die Wissenschaftler verschieden sind, erzählen sie unterschiedliche Geschichten über die Zukunft. Wir sollten daher nicht von der Zukunft im Singular, sondern von Zukünften im Plural sprechen.

Zukünfte werden durch Denken, Reden, Rechnen, Simulieren etc. *gemacht.* Wir können sie nicht finden oder entdecken, sondern müssen sie erzeugen. Jede Zukunftserzählung und jede Zukunftsstudie wird letztlich ausgedacht oder, technisch gesprochen, hergestellt, durch einzelne Menschen wie Science-Fiction-Autoren (S. 15) oder wissenschaftliche Institute. Die Autoren und Wissenschaftler haben nie eine Zeitreise in die Zukunft unternommen, auch wenn manche so tun, als wären sie dort gewesen. Sondern sie haben *Zukunftsbilder entworfen* – mit ihrem Wissen, ihrer Fantasie, ihren Werten und zuweilen gesteuert von Interessen. Zukunftserzählungen berichten also nicht einfach aus der Zukunft, sondern spiegeln Gegenwartsüberzeugungen wider. Sie erzählen davon, wie ihre Autoren sich die Zukunft vorstellen. Man kann gelegentlich sehr schön sehen, wie solche Zukunftsbilder mit der Zeit in die Jahre kommen und veralten. Ein Beispiel wären die Paradieserzählungen vom Atomzeitalter (S. 19), aber auch die heute altmodisch wirkende Ausstattung des *Raumschiff Enterprise* aus den 1960er-Jahren.

Manche Autoren und wissenschaftlichen Teams versuchen dennoch den Eindruck zu erwecken, dass ihre Studien die Zukunft ›richtig‹

vorhersagen. Ein beliebtes Mittel dafür ist, absurd genaue Zahlenwerte anzugeben, etwa für den zukünftigen Arbeitsmarkt. Gerade in einem solchen Fall ist jedoch Vorsicht geboten! Exakte Zahlenangaben verführen uns dazu, sie als Messwerte und damit als objektive Fakten anzusehen.

Oft kommen die Zukunftsgeschichten der Digitalisierung im Gewand weitreichender Visionen daher. Sie wurden und werden von den Gurus im Silicon Valley in messianischer Pose verkündet – früher von Steve Jobs, heute von Marc Zuckerberg oder Elon Musk. In den Medien finden diese Geschichten begeisterte Abnehmer, teils fühlt man sich an eine Hofberichterstattung erinnert. Selbst kleine kritische Untertöne werden vermieden, würden sie doch wie Majestätsbeleidigung klingen. Die Visionäre des digitalen Zeitalters werden wie Apostel der Zukunft gefeiert.

Absurd genaue Vorhersagen

The Boston Consulting Group sagt vorher, dass die Digitalisierung der Industrieproduktion in Deutschland 610 000 Jobs kosten wird. Im Gegenzug sollen 960 000 neue Jobs in der IT-Branche entstehen. Die Arbeitsmarktstudie von Frey und Osborne (Kapitel 3) gibt für viele Berufsgruppen in genauen Prozentzahlen an, wie viele Jobs wegfallen werden. In den USA soll dies insgesamt 47 % der Jobs betreffen mit 70 % Wahrscheinlichkeit, in Deutschland 42 %. Angesichts der Unvorhersehbarkeit der Zukunft sind so exakte Zahlen für das Jahr 2030 allerdings Unsinn. Leider fallen viele auf diese Schein-Objektivität herein und glauben die Zahlen, gerade weil sie so exakt sind. Es sollte umgekehrt sein: Wäre in der Studie der Boston Consulting Group von 500 000–700 000 wegfallenden Jobs die Rede anstatt von 610 000, würde ich ihr eher vertrauen.

Jedoch haben diese Gurus ebenso wenig einen privilegierten Zugang zur Zukunft wie Sie und ich. Sie haben die Macht, die Zukunft zu gestalten, aber kein konkretes Wissen, das aus der Zukunft zu ihnen gekommen wäre. Auch wenn sie von Medien und Politikern hofiert werden, können sich ihre Visionen im Nachhinein als Fehleinschätzung, als naiv-romantisch, als von bloßen Interessen geleitet oder als gefährlich oder gar mörderisch herausstellen (S. 24).

Wie Visionen abstürzen können, zeigt die Geschichte der Kernenergie. Das bereits erwähnte Atomzeitalter (S. 19) beflügelte die Visionäre des Fortschritts und große Teile der Gesellschaft noch vor wenigen Jahrzehnten. Statt einer glänzenden Zukunft und einer erfolgreichen Nutzung der Atomkraft folgten jedoch Massendemonstrationen, Kernschmelzen (Tschernobyl, Fukushima) und die ungelöste Frage nach dem Verbleib des radioaktiven Abfalls. Seine ordentliche Entsorgung in einem Endlager wird uns noch Jahrzehnte oder länger beschäftigen.

Die Ambivalenz von Visionen

Der Ingenieur Wernher von Braun hatte große Visionen: Er wollte mit Raketen den Weltraum für den Menschen zu erobern. Als sein größtes Verdienst gilt mit Recht die Apollo-Mondlandung 1969 mit dem berühmten ersten Schritt eines Menschen auf dem Mond. Zuvor jedoch hatte von Braun seine Visionen in den Dienst der Nazis gestellt. Dies führte zum Bau und Einsatz der V2-Raketen, mit denen gegen Kriegsende London bombardiert wurde. Die Folge waren Tausende von Opfern, für die Produktion mussten Tausende von Zwangsarbeitern sterben.

Ein anderes Beispiel aus der digitalen Welt: Die Pioniere des Internets in den 1990er-Jahren hatten hochfliegende Visionen einer Demokratisierung der Welt und einer Abschaffung von Hierarchien und Macht. Beim Blick in die Realität des heutigen Internets mit Shitstorms, Pornografie und Meinungsmanipulation müssten sie eigentlich ziemlich deprimiert sein. In einer zugegebenermaßen überspitzten Formulierung könnte man sagen: Letztlich können wir im Vorhinein nicht wissen, ob eine radikale Vision uns einer guten Zukunft oder dem Abgrund näherbringt.

Visionen haben also ihre Zeit. Sie können veralten, sich wandeln oder ganz verschwinden. Sie können aber auch nach einer Zeit des Dornröschenschlafs noch einmal ihre Kraft entfalten. Hier ist die künstliche Intelligenz ein schönes Beispiel. Sie ist gegenwärtig als Verheißung radikal-digitaler Zukünfte in aller Munde und erscheint als Errungenschaft unserer Zeit. In Wahrheit ist sie jedoch ein *Remake*. Sie war bereits das große Technikthema der 1970er- und frühen 1980er-Jahre – mit damals ganz ähnlichen Zukunftsbildern wie heute.

Dann verschwand sie von der Bühne, da aus den übersteigerten Visionen nichts wurde. Die Forschung entwickelte sich jedoch weiter, und heute ist künstliche Intelligenz wieder ein großes Thema.

Ein negatives Beispiel in diesem Zusammenhang ist der Boom der sogenannten *New Economy* Ende der 1990er-Jahre. Sie wurde als Internetwirtschaft propagiert, in der die klassischen Gesetze der Ökonomie nicht mehr gelten sollten. Start-ups schossen wie Pilze aus dem Boden, und die Anleger investierten in großem Umfang – bis die Blase zu Beginn des Jahres 2000 platzte. Zukunftsvisionen sind also mit Vorsicht zu genießen. Misstrauen ist angesagt, wenn jemand allzu sicher zu wissen glaubt, wie die Zukunft wird.

Was wird aus den heutigen Visionen der Digitalisierung werden? Könnte es sein, dass sich die Menschen in einigen Jahrzehnten fragen, was das für eine merkwürdige Zeit war, in der man Bits und Bytes, Algorithmen und Daten als Symbole einer guten Zukunft angesehen hat? Ich kann mir das zwar nicht vorstellen, schließlich bin auch ich ein Kind unserer Zeit. Aber das heißt natürlich nicht, dass es nicht trotzdem geschehen könnte. Zumindest können wir mit Blick auf die Vergangenheit nicht ausschließen, dass die digitalen Visionen sich im Laufe der Zeit tief greifend wandeln oder – wie die Visionen des Atomzeitalters – wieder verschwinden könnten. Es wäre ein fatales Missverständnis, heutige Visionen der Digitalisierung unhinterfragt als Tatsachenbeschreibungen der Zukunft zu verstehen, egal ob es sich um paradiesartige oder unheilvolle Erzählungen handelt.

Tatsächlich kann die von großen Visionen ausgehende Faszination das nüchterne Denken vernebeln. Notwendige und naheliegende Fragen nach ihrer Realisierbarkeit und ihren Folgen, nach den Gewinnern und Verlieren werden im Überschwang oft ignoriert. Wer auch nur die Frage nach möglichen nicht gewollten Folgen stellt, wird schnell als Spielverderber, Bedenkenträger, Langweiler oder Fortschrittsfeind in die Ecke gestellt. Die überbordende Faszination und das Heilspathos ihrer Apostel können allerdings auch in das genaue Gegenteil umschlagen. Allzu grandiose Paradieserzählungen können Misstrauen, Befürchtungen und Gegenwehr auslösen. Die Geschichte der Nanotechnologie ist dafür ein wunderbares Beispiel.

Weder Jubel um Visionen noch ihre Verdammung helfen also weiter. Stattdessen müssen wir die scheinbar langweiligen Fragen stellen: Wie realisierbar sind die Visionen, unter welchen Bedingungen sind sie realisierbar, wie sind die Chancen und Risiken auf verschiedene Bevölkerungsgruppen verteilt, wird es Verlierer geben, welche indirekten und nicht gewollten Folgen können sich ergeben, was kann getan werden, damit die Risiken klein gehalten werden, und so weiter. Es gilt, klaren Kopf zu bewahren.

Wir wissen heute nicht, wie die digitale Zukunft aussehen wird. Dass wir das nicht wissen können, ist jedoch kein Grund zum Lamentieren. Wir leben nun einmal nicht in einer vorherbestimmten und daher vorhersagbaren Welt. Positiv ließe sich formulieren: Die Unsicherheit des Zukunftswissens ist nichts weiter als Ausdruck der *Gestaltbarkeit* von Zukunft. Wie die Zukunft wird, postulierte einmal der Philosoph Sir Karl Popper, hängt von uns ab. Wer sich die Zukunft vorhersagen lasse, habe schon aufgegeben, sie gestalten zu wollen.

Entsprechend werde ich in diesem Buch nicht als Hellseher oder Pro-

**Wie aus Visionen
Horrorbilder werden können**

Nanotechnologie ist ein Bereich der modernen Materialforschung, der sich mit der Gestaltung von extrem kleinen Objekten befasst – bis hin zur zielgenauen Anordnung von Atomen und Molekülen. Sie galt zunächst als wahre Wundertechnologie, die alles möglich machen sollte. Der amerikanische Futurist Eric Drexler brachte 1986 einen sogenannten molekularen Assembler ins Gespräch, der beliebige Materie in einzelnen Atome auseinander- und diese dann wieder so zusammenbauen könnte, wie es für die Herstellung eines besonderen Produkts nötig wäre. Nanoroboter waren eine andere Idee. Sie sollten im menschlichen Blutkreislauf sozusagen Patrouille fahren und alles reparieren, was irgendwie im Körper nicht ordentlich funktioniert. Was jedoch würde passieren, wenn diese Roboter außer Kontrolle gerieten? Irgendwann kippte die Stimmung. Für einige Jahre galt die Nanotechnologie dann als Hochrisikotechnologie, ja sogar als ultimative Katastrophe, in den Worten des französischen Mathematikers Jean-Pierre Dupuy. Der Weg von übertriebenen Versprechungen zum Horrorbild ist manchmal verblüffend kurz.

phet auftreten. Ich habe keine Kristallkugel und weiß nicht, wie die digitale Zukunft im Jahre 2030 oder 2050 aussieht – aber ich bin daran interessiert, dass es für möglichst viele Menschen eine gute Zukunft sein wird. Wenn in den folgenden Kapiteln viel von dem unterlegenen Menschen die Rede ist, geht es entsprechend nicht um Schwarzmalerei, sondern darum, möglichst viele Menschen zu einer aktiven Gestaltung der Digitalisierung zu motivieren. Wenn wir nicht gestalten, werden wir gestaltet.

DER UNTERLEGENE MENSCH

In den zurückliegenden Jahrzehnten der Digitalisierung haben sich trotz vieler positiver Visionen allerlei nicht intendierte Folgen gezeigt: Datenmissbrauch, Bedrohung der Privatheit, Kinderpornografie im Netz, Manipulation der öffentlichen Meinung, Computer- und Internetsucht, digitale Spaltung, und vieles mehr. Die negativen Folgen sind selbstverständlich ernst zu nehmen und bedürfen ethischer Überlegungen, wissenschaftlicher Forschung, gesellschaftlicher Debatte und politischer und rechtlicher Gestaltung.

Dieses Buch konzentriert sich jedoch auf etwas anderes: Kann es sein, dass der Mensch schleichend seine Souveränität an die digitale Technik abgibt, dass sich seine Kontrollmöglichkeiten verflüchtigen und er haltlos abhängig wird, ohne es zu merken? Rutschen wir allmählich von der Herren- in die Knechtrolle (S. 17)? Schon heute können Algorithmen vieles so dramatisch viel besser als wir Menschen, und sie entwickeln sich immer weiter. Die Digitalisierung hat der Technik den Umgang mit riesigen Datenmengen beigebracht. Es besteht nun die Möglichkeit, alles miteinander zu verknüpfen. Die Technik ist lernfähig geworden. Eine Schaufel bleibt eine Schaufel, und ein traditionelles Auto ein traditionelles Auto. Aber eine zeitgemäße Software, die einen Botenroboter oder ein selbst fahrendes Auto steuert, soll im laufenden Betrieb nun ständig dazulernen. Ihr wird die Kraft zur eigenständigen Weiterentwicklung eingepflanzt. Die Fähigkeit des gezielten Lernens, bisher dem Menschen vorbehal-

Der garantiert fehlerfreie Roboter HAL 9000

Im Film *2001 – Odyssee im Weltraum* hat Stanley Kubrick bereits 1968 einem Computer eine der Hauptrollen gegeben: HAL 9000 ist ein Rechner, dem grundsätzlich kein Fehler unterlaufen kann. Er soll die Reise zweier Astronauten und einiger eingefrorener Menschen in den Weltraum organisieren und hat zu diesem Zweck das letzte Wort an Bord des Raumschiffs. Die Astronauten bemerken jedoch, dass er bei der technischen Betreuung ein Fehler gemacht haben muss. Da das nicht sein kann, wehrt HAL 9000 sich und bringt einen der Astronauten um. Dem zweiten Astronauten gelingt es, in das Innere des Computers vorzudringen und ihm den Stecker zu ziehen, metaphorisch gesprochen. Hier behält der Mensch nach einer dramatischen Auseinandersetzung das letzte Wort.

ten und wohl das zentrale Geheimnis seines Aufstiegs zur beherrschenden Kraft auf dem Planeten Erde, kann in Zukunft allmählich auf die digitale Technik übergehen. Wir wissen nicht und können heute nicht wissen, was wir dadurch lostreten. Im Extremfall digitalisieren wir uns weg.

Dies ist nicht die erste Geschichte über ein mögliches Ende der Menschheit, für das der Fortschritt verantwortlich wäre. Im Kalten Krieg wurde ein atomarer Selbstmord der Menschheit befürchtet, und in den 1970er-Jahren kam die bis heute andauernde Befürchtung auf, die Menschheit schaffe sich durch Ausplünderung und Zerstörung der Erde selbst ab. Ein befürchtetes digitales Ende der Menschheit hätte mit diesen Szenarien eins gemeinsam: Es wäre ein allmähliches Ende im Sinne der genannten nicht intendierten Folgen, ein Ende, dessen Näherkommen wir vielleicht erst erkennen, wenn es zu spät ist.

Hierzu gibt es eine anschauliche Geschichte. Ein Frosch sitzt in einem Topf mit ziemlich kaltem Wasser und bibbert vor sich hin. Dann stellt jemand den Topf auf einen Herd und heizt das Wasser auf. Der Frosch freut sich und fühlt sich zunehmend wohl. Es wird angenehm warm und immer wärmer. Der Frosch beginnt sich zu wundern und überlegt, was die Hitze bedeuten könnte und was er nun tun soll. Das Wasser wird schließlich heiß und heißer. Der Frosch beschließt auszusteigen – aber da ist es zu spät, er hat keine Kraft mehr und wird gekocht.

Diese kleine Geschichte illustriert wunderbar das Problem eines allmählich entstehenden Handlungsdrucks. Die Frage ist, wann und wie gehandelt werden müsste, bevor es zu spät ist. Wir wissen zwar heute nicht einmal, ob die Zukunft der Digitalisierung eine Gefahr darstellt, also ob es einen solchen *Point of no Return* überhaupt gibt. Was wir aber schon sehen ist, dass viele Menschen sich diesbezüglich Sorgen machen. Und das ist Anlass genug, einmal über die Gegenwart und Zukunft der Digitalisierung nachzudenken und den Sorgen nachzugehen.

In diesem Buch werde ich dazu die folgenden Thesen vertreten und an konkreten Beispielen erläutern und belegen:

Der Mensch zieht im Vergleich mit Algorithmen, künstlicher Intelligenz und Robotern immer häufiger den Kürzeren. Das können wir bereits heute beobachten.

1. Digitale Technologien machen vieles im Leben leicht und angenehm. Dies verleitet zu Bequemlichkeit und Sorglosigkeit. Angesichts der vielfältigen Verlockungen sind wir in Gefahr, problematische Entwicklungen zu übersehen oder zu ignorieren. Auch das ist bereits heute der Fall.
2. In absehbarer Zeit ist nicht die Unterlegenheit des Menschen die große Gefahr, sondern seine totale Abhängigkeit von der digitalen Technik.
3. Die oft befürchtete Übernahme der Kontrolle durch einen diktatorischen Algorithmus ist weniger das Problem; vielmehr geht es um eine Abhängigkeit von den Menschen und Unternehmen, die die Algorithmen und Daten kontrollieren.
4. Entscheidend für die Zukunft wird sein, ob wir in digitaler Mündigkeit oder Unmündigkeit in das neue Zeitalter eintreten.

Meine Sorge ist, dass wir in unserer überbordenden Faszination für die neuen Möglichkeiten der Digitalisierung blind werden – blind vor Begeisterung oder blind aus Bequemlichkeit. Diese Blindheit könnte uns in die vollkommene Abhängigkeit von digitalen Technologien führen, sodass wir letztendlich vom Herrn zu ihrem Knecht würden (S. 17). Statt die digitale Welt noch zu gestalten, bliebe uns nur die Anpassung. Nicht ein böser Algorithmus, der wie ein neuer Hitler nach Weltherrschaft streben würde, sondern die Macht unsichtbarer Konzerne und menschlicher Akteure würde Freiheit, Gestaltungskompetenz und Demokratie bedrohen.

Ob nun aus Faszination oder aus Bequemlichkeit, in beiden Fällen droht digitale Unmündigkeit. Der Mensch wäre dann wirklich und möglicherweise endgültig unterlegen, wenn er sich von den Verlockungen der digitalen Technologien einlullen ließe wie der Sage nach antike Seefahrer von den Gesängen der Sirenen; wenn er schleichend die Kontrolle und Gestaltungsmöglichkeiten abgäbe, seine Freiheiten und Gestaltungsmöglichkeiten dabei sanft und allmählich verschwänden, ohne dass er es bemerkte – nicht weil er unterdrückt würde, sondern weil eben das Leben in der Digitalisierung so angenehm und bequem ist.

Der Begriff der Unmündigkeit, so wie er hier gemeint ist, geht auf Immanuel Kant zurück. Er hat unser Menschenbild durch die Forderung nach Aufklärung geprägt, die er als Ausgang aus der selbst verschuldeten Unmündigkeit ansieht:

Aufklärung ist der Ausgang des Menschen aus seiner selbst verschuldeten Unmündigkeit. Unmündigkeit ist das Unvermögen, sich seines Verstandes ohne Leitung eines anderen zu bedienen. Selbst verschuldet ist diese Unmündigkeit, wenn die Ursache derselben nicht am Mangel des Verstandes, sondern der Entschließung und des Mutes liegt, sich seiner ohne Leitung eines anderen zu bedienen. ›Sapere aude! Habe Mut, dich deines eigenen Verstandes zu bedienen!‹ ist also der Wahlspruch der Aufklärung.

Ob wir Menschen der digitalen Technik letztlich unterliegen, hängt so gesehen von uns ab, nicht von den digitalen Technologien. Pathetisch könnte man in Anlehnung an Hamlet sagen: Digitale Mündigkeit oder Unmündigkeit, das ist hier die Frage!

Wenn dieses Buch ein klein wenig zur Rückeroberung der digitalen Mündigkeit beitragen könnte, wäre es das analoge Papier wert, auf dem es gedruckt ist. Entsprechend werden wir zum Ende des Buches auf den überlegenen Menschen zu sprechen kommen.

2. WODURCH IST DIGITALE TECHNIK ÜBERLEGEN?

TECHNIK IST IMMER BESSER ALS DER MENSCH

Technik ist auf eine sehr simple Weise besser als wir. Schon die ersten technischen Hilfsmittel in der Frühzeit der Menschheit brachten den damaligen Menschen erhebliche Vorteile. Mit einem Faustkeil aus einem harten Stein kann man erheblich besser Zeichen in einen Felsen ritzen als mit den Fingernägeln. Und mit einem abgerissenen Ast als Urbild einer Machete kann man sich besser den Weg durch ein Dornengestrüpp bahnen, als wenn man die Dornen mit den Händen entfernen oder mit den Füßen niedertreten müsste. Die Menschheitsgeschichte ist voll von technischen Erfindungen, die etwas können, was der Mensch ohne Technik nicht oder nicht so gut kann: die Eisenverhüttung, die Bewegung schwerer Lasten mit Kränen, der Transport großer Gütermengen mit der Eisenbahn, die Überwindung weiter Entfernungen im Auto, das schnelle Rechnen mit Computern oder die präzise Einsetzung einer neuen Hüfte. Ja, sogar zu fliegen hat der Mensch gelernt. Besser gesagt: Er hat Flugzeuge und Hubschrauber erfunden. Nicht wir selbst haben mit dem technischen Fortschritt das Fliegen erlernt, sondern wir haben Geräte entwickelt, die fliegen können und die uns mitnehmen.

Diese Beispiele erzählen von überlegener Technik und von Menschen, die der Technik unterlegen sind. So gesehen ist der ›unterlegene Mensch‹ aus dem Titel dieses Buches gar nichts Besonderes, sondern der Regelfall. Alles andere wäre auch unverständlich, denn warum sollte man ein technisches Gerät erfinden, wenn es nicht irgendetwas besser könnte als wir Menschen? Zumindest muss die Technik bestimmte Dinge gleich gutmachen, damit sie uns etwas abnehmen kann – sie muss zum Beispiel an einem Fließband zehn Stunden am Tag die immer gleiche Bewegung ausführen können (S. 58).

Damit ist aber die Tendenz zur Verbesserung schon angelegt. Denn kein Ingenieur würde die Arbeit einstellen, sobald seine Technik genauso gut Schrauben festziehen kann wie wir Menschen. Der Produktversion 4.3 folgt immer die Version 4.3.1 – oder die Version 4.4, oder gleich die Version 5. Die Vergabe von Versionsnummern überhaupt signalisiert seit der Industrialisierung, dass wir das technische Denken mit Fortschritt verbinden. Man könnte als verborgenen technologischen Imperativ formulieren: Bleibe nie bei der Technik stehen, die du hast, sondern entwickle sie weiter und mache sie besser! Der technische Fortschritt zielt darauf, Technik zu entwickeln, die manches besser kann als wir, und sie dann immer weiter zu verbessern.

Die Betonung liegt hier auf ›manches‹. Ein Flugzeug kann fliegen, aber keinen Rasen mähen. Eine Waschmaschine kann waschen, aber keinen Kuchen backen. Ein Computer kann rechnen und Daten speichern, aber nicht schwimmen. Ein Algorithmus zur Erkennung verdächtiger Personen beherrscht die Mustererkennung, kann aber nicht Klavier spielen. Hier liegt ein *erster* zentraler Unterschied zwischen Technik und Mensch: Technik wird für einen bestimmten Zweck gemacht und anschließend optimiert, während wir Menschen sehr viele und sehr unterschiedliche Fähigkeiten anhäufen. Das Geheimnis der Überlegenheit der Technik besteht darin, dass sie fast alles, was wir Menschen können, *nicht kann* – aber das, was sie kann, kann sie oft *besser* als wir. Der Vielseitigkeit des Menschen steht die Einseitigkeit der Technik gegenüber. In ihrer Einseitigkeit ist die Technik dem Menschen überlegen, das gilt gleichermaßen für den Faustkeil und die Apollo-Mondrakete. An seine Vielseitigkeit jedoch reicht sie nicht heran. Bislang jedenfalls nicht.

Ein *zweiter* Unterschied zwischen Technik und Mensch hat damit zu tun, wer das Sagen hat. Die Funktion, die ein technisches Produkt erfüllen soll, und die Art und Weise, wie sie diese Arbeit leisten soll, wird von Ingenieuren oder Managern – also Menschen – vorgegeben. Häufig orientieren sie sich dabei an der Aussicht auf den Markterfolg neuer Produkte, Dienstleistungen oder Systeme. Die Hierarchie zwischen Mensch und Technik ist klar: Wir sind die Macher, und die Technik wird von uns gemacht. Und obwohl Technik in vielerlei Hinsicht besser ist als der Mensch, bleibt klar, wer das Heft in der Hand hält – zum Zeitpunkt der Entwicklung, während der Nutzung, wenn abgeschaltet werden soll. Bislang jedenfalls.

Schließlich ein *dritter* Unterschied: Technik kann sich, anders als wir Menschen, nicht selbst überlegen, was sie tun möchte, ob sie zum Beispiel lieber Unterhaltungsmusik abspielen als Beton mischen möchte oder ob sie lieber ein Herd wäre als eine Waschmaschine. Technik ist auf die von Menschen vorgenommene Zweckbestimmung festgelegt. Gelegentlich funktionieren wir Technik um. Es ist ein Zeichen unserer Kreativität, wenn wir zum Beispiel mit einer Flasche einen Einbrecher niederschlagen oder eine ausgediente Badewanne zum Blumenkübel umfunktionieren. Die Technik kann nicht von sich aus entscheiden, etwas anderes werden zu wollen als das, wozu sie von uns bestimmt wurde. Bislang jedenfalls nicht.

Die Technik ist der Inhalt einer Werkzeugkiste oder des Instrumentenkastens in der Hand des Menschen. Je nach Bedarf und Wünschen bedienen wir uns daraus. Der technische Fortschritt macht diesen Werkzeugkasten immer mächtiger und reichhaltiger. Letztlich bleibt er aber unter unserer Kontrolle. Dass wir der Technik irgendwo immer unterlegen sind, macht nichts. Denn wir entscheiden – noch – über den Einsatz der Instrumente.

WUNDER DER DIGITALISIERUNG

Im Zuge der Digitalisierung sind in wenigen Jahrzehnten Dinge möglich geworden, an die unsere Eltern nicht zu denken gewagt haben, geschweige denn unsere Großelterngeneration. Auch wer nicht zu Pathos neigt, wird wohl zustimmen: Die Digitalisierung ist eine Revolution. Sie stürzt bestehende Verhältnisse gründlich um. Auch wenn sie dies zum Glück nicht ruckartig innerhalb weniger Tage macht wie eine politische Revolution – eine Revolution ist sie doch. Denn gemessen am bisherigen technischen Fortschritt geschieht vieles dramatisch schnell, so etwa die Durchdringung der weltweiten Finanzwelt mit Internetdiensten und Algorithmen, der Siegeszug des Smartphone oder die Veränderungen in unseren Kommunikationsgewohnheiten. Interessanterweise gewöhnen wir uns rasend schnell an diese Umwälzungen, vermutlich weil sie in vielen Aspekten sehr angenehm sind. Viele Menschen können sich heute gar nicht mehr vorstellen, wie die Welt ohne Computer, Internet und mobiles Telefon überhaupt funktionieren konnte. Das, was gestern noch unvorstellbar war, ist heute normal – und morgen altmodisch.

Diese revolutionäre Entwicklung beruht auf einem einfachen Grundprinzip. Die digitale Welt existiert in Form einer Entweder/Oder-Einteilung: ja/nein, schwarz/weiß oder, mathematisch gesagt, null/eins. Die Digitalisierung bildet unsere Welt, wie wir sie mit all ihren Schattierungen und allmählichen Übergängen kennen, in eine Abfolge von Nullen und Einsen ab. Alle fließenden Übergänge, zum Beispiel bei den Farben des Regenbogens oder in der *Unvollendeten* von Franz Schubert, werden gerastert und dann als meist ziemlich lange Ketten von Nullen und Einsen gespeichert, den sogenannten Bits. Eine passende Software sorgt dafür, dass die Bedeutung dieser Zeichenreihen auch wieder entschlüsselt werden kann. Aus der Welt der Fotografie sind die Pixel als klar erkennbare Rasterung bekannt. Je feinteiliger das Raster, umso näher kommt das digitale Abbild dem analogen Original und des-

Der digitale Zwilling

Digitale Zwillinge sind digitale, also auf dem Computer speicher- und verarbeitbare Gegenstücke zu ihren Vorbildern aus der realen Welt, z. B. einer industriellen Produktionsanlage, eines Autos (Bild), eines Gebäudes oder auch eines Menschen. Sie können auch Algorithmen enthalten, die ihr Vorbild mit seinen Eigenschaften beschreiben. Digitale Zwillinge entstehen aus Daten über die realen Objekte. Sie können im Computer manipuliert oder für Mustererkennung oder Suchprozesse verwendet werden. Die daraus gewonnenen Erkenntnisse können dann wieder in die Wirklichkeit zurückübertragen werden.

to größer wird allerdings auch der Speicherbedarf. Meist bleibt das analoge Original das Vorbild, nach dem sich die digitalen Abbilder richten müssen. Es soll Musikliebhaber geben, die immer noch digitale Speicher- und Wiedergabetechniken ablehnen, weil sie in der digitalen Rasterung die weichen Übergänge nicht wiederzufinden glauben.

Kaum zu glauben ist, dass auf der Übertragung der analogen Eindrücke in Null/Eins-Ketten tatsächlich alle Wunder der digitalen Technik beruhen, um die es gleich gehen wird. Dabei darf freilich nicht vergessen werden: Nichts geht ohne Materie. Keine Software und kein Algorithmus läuft ohne Hardware. Die digitale Welt des Virtuellen braucht ein materielles Fundament und jede Menge Energie. Erst die günstigen physikalischen Eigenschaften von Silizium machen die umfassende Digitalisierung technisch möglich. Kein Wunder, dass das Silizium dem Silicon Valley seinen Namen gab. Silizium ist übrigens ein Element, das es massenhaft auf der Erde gibt, vor allem in Form von Sand. In der physikalischen Halbleiterwelt der Siliziumkristalle lassen sich integrierte Schaltkreise, die Mikrochips, auf kleinstem Raum bauen. Sie sind das materielle Gerüst der modernen Digitalisierung. Mit ihnen werden die Nullen und Einsen gezielt speicherbar und kopierbar, allerdings auch manipulierbar. Durch Speicherung von Daten finden Objekte aus der analogen Welt ihr digitales Abbild in Siliziumkristallen, sozusagen in ihrem ›digitalen Zwilling‹ (S. 36). Die Kombination aus der Kreativität der Informatiker, die sich zum Beispiel in Software-Architekturen und Algorithmen (S. 41) niederschlägt, und der günstigen physikalischen Eigenschaften des Siliziums ist die Grundlage der digitalen Wunder, von denen im Folgenden die Rede ist.

WUNDER 1: KOPIEREN LEICHT GEMACHT

Kopieren war in der Menschheitsgeschichte meist sehr mühsam und mit dem Abschreiben von Papyrusrollen oder dem Einritzen von Hieroglyphen in Stein verbunden. Im Mittelalter war das Abschreiben der Bibel, vor allem in den Orden, ein wichtiger Kopiervorgang. Der Buchdruck revolutionierte die mühsame handschriftliche Arbeit durch eine

Technik, die Bücher erheblich besser und vor allem schneller kopieren konnte. Dadurch wurde die Entwicklung der Massenmedien möglich wie zum Beispiel der Druck von Flugblättern und auflagenstarker Tageszeitungen im 19. Jahrhundert. Im privaten Bereich war das Kopieren noch vor wenigen Jahrzehnten etwas Besonderes. Aus meiner Schulzeit in den 1970er-Jahren kann ich mich an sogenannte Spiritusdrucker erinnern. Sie standen im Lehrerzimmer zur Vervielfältigung von Arbeitsblättern oder Klausuren bereit und produzierten schlechte Kopien mit einem sehr charakteristischen Geruch.

Die Digitalisierung hat das Kopieren leicht gemacht. Wenn digitale Inhalte, ob nun Musik, Videos, Texte oder Bilder in Form von Null/Eins-Ketten gespeichert worden sind, lässt sich eine Kopie dieser Inhalte erstellen, die identisch mit dem Original ist. Dies ist jedenfalls dann der Fall, wenn der Kopiervorgang qualitätsgesichert ist, was technisch durchaus eine Herausforderung ist. Das Kopieren von Kopien ist dann nicht mehr wie früher mit einem Qualitätsverlust verbunden. Man kann beliebig viele gleich gute Kopien von einem digitalisierten Original anfertigen, und das in kurzer Zeit. Prinzipiell halten digitale Daten ewig und können in identischer Form beliebig weiterverbreitet werden. Allerdings können die Datenträger unlesbar werden, und es muss natürlich immer die Technik vorhanden sein, um die Daten sinngemäß auslesen zu können.

Manche vergleichen die Digitalisierung im Hinblick auf die Revolutionierung des Kopierens mit der Erfindung des Buchdrucks. Das scheint mir nicht übertrieben.

WUNDER 2: GLOBALE VERNETZUNG

Das Internet stellt weltweit vielfältige Möglichkeiten der Information, Kommunikation und Partizipation bereit. Das ist keine neue Erkenntnis, sondern für uns längst selbstverständlich geworden, auch wenn die große Internetwelle erst vor knapp zwanzig Jahren begann. Das Internet ermöglicht Datenübertragung, die entfernungsunabhängig und damit global nutzbar, preisgünstig und praktisch ohne Zeitverlust möglich ist. Globale Kommunikation in Echtzeit, das ist eine bahnbrechende Innovation der Menschheitsgeschichte. Und noch mehr: Diese Kommunikation geht nicht nur von den Mächtigen und Einflussreichen zu den Empfängern ihrer Botschaften, sondern in beide Richtungen. Wir alle können Informationen für andere bereitstellen und damit wird Zwei-Kanal-Kommunikation ermöglicht. Im Gegensatz zu den traditionellen Massenmedien können nun alle, die traditionell immer nur Empfänger waren, Inhalte für einen potenziell globalen Adressatenkreis bereitstellen. Damit wird globale *Interaktivität* möglich, so etwa über die *Social Media* mit ihren Vernetzungsmöglichkeiten, die teils in wenigen Jahren Hunderte von Millionen Nutzer gefunden haben.

WUNDER 3: KLEINER UND KLEINER

Vor einigen Jahrzehnten waren die Speicher für heute vergleichsweise kleine Datenmengen noch riesige Kästen, die mühsam gekühlt werden mussten. Der technische Fortschritt erlaubt, immer mehr Daten auf immer kleinerem Raum unterzubringen. Ursprünglich war die Raumfahrt eine große Triebkraft, denn zur Steuerung der Raumfahrzeuge, insbesondere im Verlauf der Apollo-Mondmission, brauchte man Computer und Datenspeicher. Diese durften weder groß noch schwer sein, denn das hätte die Antriebsraketen überfordert. Das bereits 1965 formulierte Moore'sche Gesetz besagt, dass sich die in einem bestimmten Volumen speicherbare Datenmenge etwa alle 18 Monate verdoppelt (S. 40).

Die Miniaturisierung macht es heute möglich, in einem stecknadelkopfgroßen Speicher den Inhalt ganzer Bibliotheken unterzubringen. Wir haben uns daran gewöhnt, ganze Filme oder die umfangreiche und jahrzehntealte Diasammlung digital auf einem kleinen Stick speichern zu können. Die digitale Technik ist dem Menschen mit seinem begrenzten Gedächtnis und seiner Vergesslichkeit inzwischen weit überlegen, was wir als vollkommen selbstverständlich hinnehmen. Dabei sollten wir das Staunen darüber nicht verlernen.

WUNDER 4: MEHR UND MEHR DATEN

Galten in meiner Jugend noch Dateien im Kilobyte-Bereich als ziemlich groß, so sind heute Megabytes normal (ein Megabyte sind 1000 Kilobytes) und auch Gigabytes (ein Gigabyte sind 1000 Megabytes) und selbst Terabytes im privaten Bereich nichts Ungewöhnliches mehr (ein Terabyte sind 1000 Gigabytes). Die professionelle Datenverarbeitung ist längst mit der Bewältigung von Datenmengen in der Größe von Petabytes (ein Petabyte sind 1000 Terabytes) konfrontiert. Forschung und Entwicklung denken an Computer im Bereich von Exabytes (ein Exabyte sind 1000 Petabytes). Das sind atemberaubende Steigerungen, denn von einer Stufe zur nächsten wird immer gleich eine Vertausendfachung (!) der Speicherleitung notwendig. Wir sind Zeugen eines exorbitanten Anstiegs der Datenmengen, die erhoben, gespeichert und ausgewertet werden.

Das weltweite erzeugte Datenvolumen verdoppelt sich etwa alle zwei Jahre. Es entsteht vor allem durch die maschinelle Erzeugung von Daten in der Telekommunikation, im Internet und durch eine schnell wachsende Zahl von Sensoren, Webcams

Das Moore'sche Gesetz

Der Ingenieur Gordon Moore, Mitbegründer des weltweit größten Chip-Herstellers Intel, sagte 1965, nur wenige Jahre nach Erfindung der integrierten Schaltung, eine jährliche Verdoppelung der Speicherkapazität voraus. Er korrigierte diese Aussage später auf eine Verdoppelung alle zwei Jahre. Die Halbleiterindustrie geht in ihren Entwicklungsplänen von einer Verdopplungszeit der Leistungsfähigkeit von Chips von 18 Monaten aus. Moore gab keine Begründung, warum die Entwicklung in dieser Geschwindigkeit und in dieser Form verlaufen sollte. Das Moore'sche Gesetz ist daher kein wissenschaftliches oder technisches Gesetz, sondern eher eine Vision. Dadurch, dass viele diese Vision ›geglaubt‹ haben, kann man von einer sich selbst erfüllenden Prophezeiung sprechen. So orientierten sich z.B. Entwicklungsarbeiten zahlreicher Zulieferer an diesem vermeintlichen Gesetz. Moore selbst sagte 2007 das Ende seines Gesetzes voraus, weil physikalische Grenzen der Miniaturisierung im Rahmen der Siliziumtechnik erreicht würden. Entsprechend werden derzeit Lösungsansätze zu ihrer Ablösung erprobt, z.B. sogenannte Quantencomputer mit noch erheblich kleinräumigeren Möglichkeiten der Speicherung und Datenverarbeitung.

und Überwachungskameras. Riesige Datenmengen fallen in der Finanzindustrie an, werden durch Verbrauchsdaten im Energiesektor erhoben, entstehen im Gesundheitswesen und durch die elektronischen Spuren des Handelns und Surfens im Internet. Massenweise Daten werden über die Aktivitäten von Hunderten Millionen von Mitgliedern in den sogenannten Sozialen Netzwerken wie Facebook, WhatsApp oder Twitter erzeugt, über die Nutzung von GPS-Navigationssystemen oder über Smartphones. Zugang zu diesen Daten haben die entsprechenden Konzerne, etwa die Betreiber von Suchmaschinen wie Google, von *Social Media* oder von Handelsplattformen wie Amazon, vielfach aber auch die staatlichen Geheimdienste. Erhebung, Speicherung und Auswertung der Daten sind nicht nur durch ihre schiere Menge eine Herausforderung, sondern auch weil es in vielen Fällen auf eine schnelle Auswertung ankommt, etwa bei selbst fahrenden Autos oder beim medizinischen Operationsassistenten. Hierzu ist eine Kombination von effektiven Algorithmen (S. 41) und schneller Rechenkapazität erforderlich.

Was ist ein Algorithmus?

Ein Algorithmus ist formal nichts weiter als eine Handlungsvorschrift zur Lösung eines Problems. Auch außerhalb der Informatik wird der Begriff verwendet, wenn man von Problemlösungen spricht. Sogar ein Kuchenrezept könnte man als Algorithmus bezeichnen, denn es besteht, wie es die Definition von ›Algorithmus‹ sagt, aus endlich vielen und klar definierten Einzelschritten. Algorithmen im Sinne der Informatik, etwa in einem Computerprogramm, wandeln eine unbestimmte in eine bestimmte Ausgabe um, die dann z. B. von anderen Algorithmen weiterverarbeitet werden kann. Algorithmen für Computer und im Internet sind heute vielfältig im Einsatz als Kern vieler Apps, Programme, Dienstleistungen oder noch anderer Anwendungen, die sie möglich machen. Beispiele sind Algorithmen für Suchmaschinen im Internet, Algorithmen für Rechtschreib- und Satzbau-Kontrolle in Textverarbeitungsprogrammen oder Algorithmen für die Analyse von Aktienmärkten.

Spezielle Algorithmen erlauben die Zusammenführung bislang getrennter Daten, um nach Mustern und Ähnlichkeiten zu suchen. Das ist möglich, sobald die Daten in den digitalen Null/Eins-Ketten vorliegen und von Algorithmen richtig interpretiert werden können. Die Null/Eins-Kodierung ist damit so etwas wie eine internationale Sprache geworden. Beispielsweise können auf diese Weise Daten aus der Handynutzung mit Daten aus dem Kaufverhalten verbunden werden. Aus dieser Art der Zusammenführung lassen sich zunehmend Rückschlüsse auf die Eigenschaften des einzelnen Menschen ziehen.

Die integrierte Auswertung von riesigen Datenmengen *(Big Data)* ermöglicht zum Beispiel die Erstellung von Kundenprofilen, bringt Erkenntnisse in der Marktforschung und verspricht die Gewinnung sicherheitsrelevanter Informationen zur Bekämpfung von Kriminalität und Terror. Algorithmen suchen nach Mustern: Beispielsweise kann aus Handykommunikation der Verlauf von Grippewellen mittlerweile schneller erfasst werden als durch die Befragung von Ärzten. Die Polizei würde gern aus den *Big Data* erfahren, wann und wo Kriminelle und Terroristen aktiv werden wollen. Dann könnte sie am Ort des Geschehens in Ruhe auf die Täter warten. Freilich ist das bislang nur eine Vision und wird es vielleicht auch immer bleiben. Jedenfalls ermöglichen uns die *Big Data*-Technologien, Dinge zu sehen und zu erkennen, die uns sonst verborgen bleiben würden. Es ist, als ob wir ein neues Sinnesorgan hinzugewonnen hätten.

WUNDER 6: DIGITALE KARTIERUNG DER ANALOGEN WELT

Das Sich-Zurechtfinden in unbekannten Regionen war in der Menschheitsgeschichte stets ein besonderer Motivationsimpuls für die Wissenschaftler. Bereits in der Antike forschten die Astronomen, und im ausgehenden Mittelalter interessierten sich Kopernikus, Kepler und Galileo für dieses Thema. Insbesondere die Navigation auf den Meeren und die Optimierung von Handels– und Kriegsrouten war eine große Herausforderung. Der Kompass als Sensor für das Erdmagnetfeld eröffnete dem Menschen neue Möglichkeiten: See- und Landkarten dienten der Orientierung, gefolgt von den Straßenkarten im Zuge der wachsenden Automobilität.

Die Digitalisierung hat im Verein mit technischen Entwicklungen in der Raumfahrt und Sensortechnik die Kartierung, Navigation und Orientierung revolutioniert. Die Kartierung der analogen Welt in digitalen Daten sowie die GPS-gestützte Ortung machen traditionelle Hilfsmittel wie Land- und Straßenkarten weitgehend überflüssig. Das satellitengestützte GPS *(Global Positioning System)* geht auf militärische Interessen der Ortung zurück, wurde aber Anfang der 2000er-Jahre für die zivile Nutzung freigegeben (S. 90).

Auch Notdienste, Bergrettung, Feuerwehr, Landwirtschaft, Leistungssport und Logistikunternehmen verwenden GPS. Ob damit der Aufenthaltsort von nahestehenden Menschen nachverfolgt wird, strafrechtlich Verurteilte durch die ›elektronische Fußfessel‹ kontrolliert werden oder interaktive Karten beim Trekking und Bergsteigen helfen: All dies wird erst durch die Digitalisierung möglich.

Das betrifft auch die Erfassung von Gütern jeglicher Art im ›Internet der Dinge‹. Jedem Gegenstand wird so etwas wie ein ›digitaler Zwilling‹ an die Seite gestellt, ein Datensatz, der wichtige Informationen über den realen Gegenstand enthält (S. 36).

Das Navi im Auto

Das Navi im Auto ist wahrscheinlich die bekannteste Anwendung. Eine angenehme Frauenstimme gibt die Anweisung: Biegen Sie nach 100 Metern links ab! Und vermutlich folgen Sie brav dieser Ansage, ohne sich groß Gedanken zu machen. Fast immer kommen Sie dann zu Ihrem Ziel, ohne sich zu verfahren, ohne Leute am Straßenrand ansprechen zu müssen, ohne anzuhalten und im Stadtplan nach der Route zum Ziel zu suchen.

Die Kartierung der Dinge der analogen Welt mit digitalen Mitteln, also die Herstellung möglichst vieler digitaler Zwillinge, ermöglicht dann die Anwendung all der genialen Algorithmen auf diese digitalen Abbilder. Suchmaschinen und Algorithmen der Mustererkennung können die vielen digitalen Zwillinge miteinander vergleichen. Sie können zum Beispiel Ähnlichkeiten feststellen, die wir in der analogen Welt nicht sehen würden, oder sie können mithilfe der Suchmaschinen Verbindungen zu Menschen herstellen, die ähnliche Probleme haben wie wir, die wir aber sonst gar nicht kennenlernen würden. Das Navigieren und Suchen im Datenmeer der digitalen Zwillinge ermöglicht vollkommen neue Erkenntnisse für die analoge Welt. Dies dürfte eines der am meisten unterschätzten Wunder der Digitalisierung sein.

WUNDER 7: EFFEKTIVE ALGORITHMEN UND SCHNELLE RECHNER

Um die riesigen Datenmengen aus der Realwelt und dem Internet auswerten und in Entscheidungen umsetzen zu können, braucht es große Verarbeitungskapazitäten und optimierte Algorithmen. Fortschritte in der Informatik haben diese geliefert. Anderenfalls wäre an so etwas wie selbst fahrende Autos gar nicht zu denken: Der Bordcomputer muss blitzschnell alle Daten auswerten, die Verkehrslage interpretieren und entscheiden, was als Nächstes getan werden muss – ob zum Beispiel eine Vollbremsung sinnvoll ist. Schnelle Algorithmen in Verbindung mit großen Datensätzen haben die digitale Technik auch

Deep Blue schlägt Garri Kasparow

Im Jahre 1996, also vor bereits über 20 Jahren, schlug das auf einem IBM-Großrechner laufende Programm *Deep Blue* zum ersten Mal den damaligen Schachweltmeister Garri Kasparow unter Turnierbedingungen. Das sorgte für internationale Schlagzeilen und Betroffenheit. Der Wettkampf ging um einen Preisfonds von 500000 US-Dollar und wurde live im damals noch neuen Internet übertragen. Ausgerüstet mit einer noch stärkeren Hardware konnte *Deep Blue* 200 Millionen Stellungen pro Sekunde (!) berechnen und gewann 1997 auch die Revanche. Allerdings war der Sieg nicht unumstritten. Die Programmierer konnten das Schachprogramm zwischen den Partien modifizieren und während des Wettkampfs Fehler beseitigen. Kasparow spielte also nicht nur gegen die Maschine, sondern auch gegen das ganze (menschliche) Team von *Deep Blue*. Der Sieg des Computers verdankte sich übrigens der enorm hohen Rechenkapazität, nicht aber der eigenständigen Lernfähigkeit des Programms im Sinne der künstlichen Intelligenz (s. u.).

zu überlegenen Spielern gemacht, die selbst gegen menschliche Weltmeister gewinnen können (S. 44).

Die Digitalisierung erlaubt also eine dramatische Beschleunigung von Erkenntnis- und Bewertungsprozessen. Mit den Worten der Zeitwissenschaftler Hartmut Rosa und Karlheinz Geißler können wir von ›Zeitverdichtung‹ sprechen. Der schnelle Datenaustausch durch die Fernkopie digitaler Daten, die Mustererkennung in riesigen Datenmengen sowie die Bewertung der Muster nach einem bestimmten Kriterienraster übertreffen an Schnelligkeit bei Weitem die Fähigkeiten des Menschen. Die Möglichkeit, extrem viele Optionen zur Bestimmung der besten Entscheidung in kurzer Zeit durchzuspielen, gehören zu den digitalen Wunderdingen. Häufig können diese Entscheidungen vom Menschen weder nachvollzogen noch kontrolliert werden. Darauf werden wir zurückkommen müssen.

KÜNSTLICHE INTELLIGENZ

Mit der künstlichen Intelligenz (KI, oder: *artificial intelligence, AI*) werden wohl die größten Hoffnungen, vielleicht auch die meisten Befürchtungen im Zusammenhang mit der Digitalisierung verbunden. Allein mit ihrem Namen rückt sie uns Menschen so nahe wie kaum eine andere Technik. Intelligenz gilt, auch wenn sie schwer zu definieren ist, als Kennzeichen des Menschen. Hierzu gehören die eigenständige Lösung neu auftretender Probleme, das kreative Finden innovativer Wege und Strategien, das Durchspielen verschiedener Handlungsmöglichkeiten und das durch Kriterien angeleitete Abwägen zwischen unterschiedlichen Optionen. Intelligenz ist zwar nicht gleich Vernunft – auch die ist schwer zu definieren –, aber doch irgendwie nahe dran. Egal wie die Intelligenz im Detail nun definiert wird, der Begriff ist jedenfalls eng mit unserem Bild von uns selbst verbunden.

Ganz in diesem Sinne bezeichnet künstliche Intelligenz ursprünglich den Versuch, menschenähnliche Entscheidungswege durch Algorithmen nachzubilden. Algorithmen sollen künstlich die natürliche Intelligenz des Menschen abbilden und dann *eigenständig*, also nicht

Algorithmen spielen Go

Das japanische Brettspiel Go gilt als erheblich anspruchsvoller als Schach (S. 44), weil es ein größeres Spielfeld und viel mehr Kombinationsmöglichkeiten hat. Der digitale Fortschritt hat aber auch hier den Menschen entthront: Das auf Prinzipien neuronaler Netze beruhende Programm AlphaGo hat die weltbesten Spieler nach den üblichen Turnierregeln besiegt. Das Nachfolgeprogramm AlphaZero erlernte 2017 innerhalb weniger Stunden nacheinander die Spiele Schach und Go. Es lernt, indem es gegen sich selbst spielt und dabei Spielstrategien eigenständig entwickelt, statt sie aus einer Datenbank abzurufen. Dadurch kommt das Programm auch auf Spielstrategien, die erfolgversprechend sind, aber uns Menschen bisher als aussichtslos galten.

einfach angelernt, Probleme lösen können. Diese sogenannte *starke KI*, die vor allem in den 1970er- und 1980er-Jahren propagiert wurde, will eine Intelligenz erschaffen, die sich wie ein Mensch verhält. Genau das macht einerseits ihre Faszination aus, führt aber andererseits zu Unbehagen. Bisher ist das Ziel, die menschliche Intelligenz nachzubauen, noch immer gescheitert. Freundlicher formuliert: Es bleibt eine Vision.

In der *schwachen KI* geht es darum, konkrete Anwendungsprobleme zu meistern und Menschen mit Mitteln der Mathematik und der Informatik in der Problemlösung zu unterstützen. Anwendungen sind etwa automatisierte Diagnoseverfahren in der Medizin, die für den Sicherheitsbereich wichtige Gesichtserkennung, Aktienmarktanalysen, Sprach- und Texterkennungen sowie Übersetzungen. Hierbei handelt es sich um geschlossene Systeme, die bislang die Stärke der künstlichen Intelligenz sind. Auch Brettspiele sind geschlossene Systeme, in denen Algorithmen ihre Stärken entfalten können. Das japanische Brettspiel Go ist hier ein schönes Beispiel.

Freilich spielen sich die meisten Herausforderungen unserer Welt nicht in geschlossenen Systemen ab. Es kann überall zu Überraschungen kommen: beim Autofahren, in der Pflege, im Haushalt oder in der Terrorbekämpfung. Problemlösungen sind in der analogen Welt, in der wir nun einmal leben, meist nur in offenen Systemen möglich, in denen mit Überraschungen gerechnet werden muss. Wenn uns die künstliche Intelligenz hier helfen soll, muss sie mit Überraschungen umgehen können, also das Lernen lernen.

Maschinelles Lernen meint die Erzeugung von Wissen aus Erfahrung und Daten. Den dazugehörigen Algorithmen liegt die Methode der künstlichen neuronalen Netze zugrunde, die bereits auf die 1940er-Jahre zurückgeht, sich aber erst durch die gewaltigen Rechen- und Speicherkapazitäten der Gegenwart richtig entfalten konnte. Die Idee folgt der neurowissenschaftlichen Vorstellung, dass das Lernen in natürlichen Nervensystemen, also auch in unserem Gehirn, über eine große Zahl von Neuronen erfolgt, die miteinander in Verbindung stehen.

Am Anfang des maschinellen Lernens stehen keine Regeln oder Gesetzmäßigkeiten, sondern Datensätze, in denen nach Ähnlichkeiten und wiederkehrenden Mustern gesucht wird. Um den Algorithmen beizubringen, wonach sie suchen sollen, werden die Netze trainiert. Da künstliche Intelligenz zur Lösung bestimmter Probleme nicht nach beliebigen, sondern nach bestimmten Mustern suchen soll, kommt es auf das richtige Trainingsprogramm an. Über Trainingsdaten werden Algorithmen gebildet, die bestimmte Muster und Merkmale erkennen können. Wenn die Suche erfolgreich ist, dann wird der Algorithmus bestärkt – wenn nicht, muss er aus dem Fehler lernen. Es geht also letztlich um das Prinzip von Versuch und Irrtum in einem überwachten Lernprozess. Erst wenn das neuronale Netz zuverlässig trainiert ist, kann es auf neue Daten ›losgelassen‹ werden, um dort ohne Überwachung nach neuen Erkenntnissen zu suchen. Der Weg zu dieser Selbstständigkeit kann durchaus mühsam und langwierig sein. Tröstlich für den Menschen ist: Auch Algorithmen fällt das Lernen nicht leicht.

In Wikipedia findet sich ein schöner Vergleich: Kleinkinder lernen die Regeln der Muttersprache *implizit*, einfach durch Zuhören und Mitmachen etwa in Familie und Kindergarten. In der Schule wird die Grammatik dann *explizit* gelernt, also nach Regeln. Künstliche neuronale Netzwerke lernen implizit wie Kleinkinder. Die Rolle, die bei den Kindern die Familie und der Kindergarten einnehmen, übernehmen die Datensätze, mit denen die neuronalen Netzwerke gefüttert werden.

Freilich sollten wir nicht so ohne Weiteres das maschinelle Lernen mit dem menschlichen Lernen auf eine Stufe stellen. Dazu ist es bei allen Fortschritten noch immer vergleichsweise einfach.

Komplexe lernende Verfahren sind erforderlich für autonome Systeme, etwa von Botenrobotern, selbst fahrenden Autos oder Roboter-Kollegen in der Fabrik. Sie müssen, wie gesagt, mit Überraschungen umgehen können. Derartig lernende Systeme sind etwas grundsätzlich Neues. Traditionell hat der Mensch technische Geräte produziert, die auf bestimmte Zwecke, Funktionen und Eigenschaften festgelegt waren. Lernende Systeme jedoch können sich selbst verändern und für uns undurchschaubar werden. Lernende Technik bekommt ein Eigenleben. Dadurch können sich die Eigenschaften von Algorithmen in einer nicht vorherzusehenden Weise ändern. Denn die Anlässe, aus denen gelernt wird, sind genauso wenig vorhersehbar wie die Ergebnisse des Lernens. Beispielsweise könnte sich der Algorithmus eines selbst fahrenden Autos verändern, wenn er bemerkt, dass man durch aggressives Fahren schneller vorankommt. Es müsste immer kontrolliert werden, ob der veränderte Algorithmus noch mit der Straßenverkehrsordnung und den ethischen Leitlinien in Einklang steht (siehe Kapitel 5). Es ist genau dieser Schritt des Lernens, der vielfach Anlass zur Sorge gibt. Oder wie es der Münchner Technikphilosoph Klaus Mainzer formuliert hat: Die Frage ist, wann denn die Maschinen übernehmen.

Noch eine andere grundlegende Konfiguration verändert sich. Üblicherweise sehen wir Menschen uns als Subjekte und die Technik als Objekt. Wir handeln als freie Menschen, und die Technik ist für uns Gegenstand der Gestaltung oder Nutzung. Wir sind aktiv, und die Technik muss sich passiv nach uns richten. Mit der künstlichen Intelligenz jedoch verschiebt sich diese bislang selbstverständliche Ordnung. Künstliche Intelligenz ist nicht mehr nur eine Menge von einzelnen Instrumenten, Apparaten, Maschinen und Anlagen, die zum Mensch in einem klaren Objektverhältnis stehen – wie etwa eine Waschmaschine. Stattdessen sind diese Systeme selbst vernetzt, bilden komplexe Strukturen und Systeme aus und werden zu Partnern des Menschen. Wir stehen als Menschen nicht länger einzelnen Geräten oder Maschinen gegenüber wie beispielsweise der Fahrer seinem Automobil, sondern wir werden zu Bestandteilen komplexer Netzwerke zwischen Technik und Mensch (siehe Kapitel 10). Dabei nahmen Menschen gelegentlich die Subjekt-, teils aber auch die Objektrolle ein. Damit haben dann nicht mehr nur wir Menschen ein Eigenleben und können uns aus uns selbst heraus weiterentwickeln, sondern auch die Technik eignet sich dies an – und wir helfen ihr kräftig dabei.

Die nächste Frage wird sein, ob lernende Systeme sich irgendwann nicht nur selbst weiterentwickeln können, sondern ob sie die weitere digitale Entwicklung eigenständig vorantreiben könnten. Ein Master-Algorithmus könnte aus eigener Kraft, basierend auf vollständiger Weltkenntnis und eigenen Kompetenzen, andere Algorithmen entwickeln, vielleicht sogar andere Master-Algorithmen, die dann wieder andere Algorithmen entwickeln. Manche Zukunftsprojektionen erwarten eine technologische Singularität, von der an künstliche Intelligenz fähig wäre, aus sich selbst heraus den weiteren technischen Fortschritt hervorzubringen. Der Mensch würde dann entbehrlich. Er wäre am Endpunkt seiner Geschichte angekommen. Vielleicht würde eine solche Entwicklung nicht das Ende der Zivilisation auf dem Planeten Erde bedeuten. Es wäre jedoch eine andere Form der Zivilisation als die bisher bekannte.

TEIL II:

ZUR SACHE: DIE ÜBERLEGENEN ALGORITHMEN

3. DIE DIGITALE ARBEITSWELT VON MORGEN

VON MASCHINENSTÜRMERN UND AUTOMATISIERUNGS-VERLIERERN

So aktuell die Frage auch ist, ob uns die Arbeit ausgeht: Neu ist das Thema nicht. Schon vor über 200 Jahren gab es Sorgen, dass durch den technischen Fortschritt ganzen Bevölkerungsgruppen der Boden unter den Füßen weggezogen würde. Existenzielle Probleme, sozialer Abstieg und gar der drohende Hungertod wurden befürchtet. Vor allem in England protestierten Maschinenstürmer gegen die Industrialisierung im Textilbereich. Tuchscherer, Strumpfwirker und Weber, alles angesehene Handwerksberufe mit langer Tradition, aber auch Schmiede und andere Metallberufe waren durch den Fortschritt bedroht. Denn mit modernen Webstühlen wurden handwerklich hochwertige Tätigkeiten überflüssig. Statt in kleinen Handwerksbetrieben konnte nun in großen Fabriken produziert werden, deren Maschinen von ungelernten und daher billigen Arbeitskräften bedient wurden. Fabrikbesitzer konnten also günstiger produzieren, während die traditionellen Handwerker ins ökonomische Abseits gerieten. Sie zerstörten Maschinen oder neu errichtete Fabriken, um die von den kapitalkräftigen Fabrikanten beabsichtigte Revolution der Produktion zu verhindern. Viel Erfolg haben sie damit letztlich nicht gehabt.

Karl Marx hat den Maschinenstürmern Technikfeindlichkeit vorgehalten. Technik in Form der damals neuen Maschinen war aber nur das Symptom für soziale Abstiegs- und Existenzsorgen. Besonders die Weberaufstände (S. 54) haben die soziale Problematik hinter der technischen Automatisierung deutlich gezeigt.

Viele werden sich an die Automatisierungswelle in den 1970er- und 1980er-Jahren erinnern. Die alte Welt der Fließbandarbeit, für die Charlie Chaplin im Film *Modern Times* (S. 58) eindringliche Bilder gefunden hat, wurde abgelöst von automatisierten Fertigungsstraßen mit Industrierobotern statt menschlichen Arbeitern. Die Autoindustrie mit ihren Hunderttausenden von Arbeitsplätzen war ein Hauptschauplatz dieser Automatisierung. Der Arbeitsmarkt reagierte heftig. Nun wurden vor allem die einfachen, oft mechanischen Tätigkeiten ersetzt, und auf der Strecke blieben Menschen mit niedrigen Qualifikationen. Die Arbeitslosigkeit stieg stark an, in Deutschland innerhalb von gut zwanzig Jahren von unter einer Million auf fünf Millionen um die Jahrhundertwende. Zwar war die Automatisierung nicht die alleinige Ursache. Hinzu kamen die damals abnehmende Wettbewerbsfähigkeit deutscher Produkte auf dem Weltmarkt und ab 1990 auch der weitgehende Zusammenbruch der Volkswirtschaft der DDR. Dennoch hatte die Automatisierung einen großen Anteil an dieser Entwicklung. Gesellschaftliche Alarmstimmung war die Folge, insbesondere in Erinnerung an die Weltwirtschaftskrise der früher 1930er-Jahre mit ihren sechs Millionen Arbeitslosen, die als wesentliche Ursache für den schnellen Aufstieg der Nationalsozialisten gilt. Heute haben wir diese Krise überwunden – noch nie waren so viele Menschen in Deutschland in Arbeit, und das trotz aller Automatisierung.

Ist also die ganze Aufregung überflüssig? Gilt

Die Weberaufstände

Ende des 18. und zu Beginn des 19. Jahrhunderts kam es in mehreren Gegenden Deutschlands, etwa in Augsburg und in Schlesien, zu Weberaufständen. Der technische Fortschritt ermöglichte die Industrialisierung der Textilwirtschaft, vor allem durch die damals aufkommenden Webstühle. Einfache Handwerksbetriebe in ländlichen Gegenden konnten sich diese nicht leisten. Sie verloren ihre Wettbewerbsfähigkeit auf dem Textilmarkt; die Folge war bittere Armut bis hin zur existenziellen Bedrohung durch den Hungertod. Die Weberaufstände wurden zumeist rasch von Polizei und Militär niedergeschlagen. Sie haben ihren Platz im kulturellen Gedächtnis Deutschlands vor allem durch das Drama *Die Weber* von Gerhart Hauptmann (Uraufführung 1892) und den Bilderzyklus *Ein Weberaufstand* von Käthe Kollwitz (1897) (Bild) erhalten.

der Paragraf 3 aus dem kölschen Grundgesetz »Et hätt noch immer jot jejange!« (für Nichtkölner: Es ist noch immer gut gegangen!) auch für die Digitalisierung des Arbeitsmarktes? Entstehen durch die Digitalisierung vielleicht mehr neue Jobs, als alte wegfallen? Entstehen vielleicht sogar bessere Jobs? Nicht wenige Stimmen, vor allem aus der Wirtschaft, halten die Aufregung in der Tat für künstlich. Der Schweizer Historiker Caspar Hirschi meint in der *Neuen Zürcher Zeitung* sogar, dass die Automatisierungsängste ein Milliardengeschäft seien. Sie würden von Beratungsunternehmen, Wissenschaftlern und Medien verbreitet, die daran verdienen oder mit ihnen bekannt werden wollen.

So einfach ist die Geschichte aber nicht. Erstens dürfen wir die erheblichen Probleme nicht vergessen, die bislang jede Automatisierungswelle gebracht hat. Auch wenn nach einiger Zeit alles oder wenigstens das meiste wieder gut oder sogar besser war, hat jede dieser Wellen Opfer hinterlassen. Die Hungersnöte in der frühen Industrialisierung ebenso wie die Massenarbeitslosigkeit Anfang dieses Jahrhunderts sind Warnzeichen. Sicher wird es viele Gewinner der Digitalisierung geben: die Konzerne aus dem Silicon Valley mit ihren weltweiten Verzweigungen, kreative und flexible junge Leute, die laufend neue Geschäftsmodelle entwickeln und blitzschnell und erfolgreich ihre Ideen auf globalen Plattformen verbreiten, pfiffige IT-Experten, die durch neue Algorithmen aus Daten Geld machen *(Data Mining)*, aber auch der avancierte Maschinenbau, der Roboter und digitale Anlagen in alle Welt liefert.

Die Verlierer sind dagegen eher eine diffuse Gruppe. In einer auf Erfolg getrimmten Gesellschaft spricht man nicht gern von ihnen. Wir reden lieber von dem deutschen Jobwunder der letzten fünfzehn Jahre und verschweigen Entwicklungen, die keineswegs nur glänzend sind. Wir haben weiterhin zwei bis drei Millionen Arbeitslose, darunter viele Langzeitarbeitslose ohne reale Chance auf Rückkehr zur Erwerbsarbeit. Viele Menschen kommen nur schlecht über die Runden und müssen mehrere Jobs kombinieren. Andere sind gestresst und leiden unter dem zunehmenden Wettbewerb, hinter dem der *Burn-out* droht. Die Automatisierung – gemeinsam mit anderen Entwicklungen wie der Globalisierung – hat nicht nur positive Spuren hinterlassen. Auch wenn die Bilanz auf dem Arbeitsmarkt während der weiteren Digitalisierung ausgeglichen oder sogar positiv sein sollte, kann und darf uns nicht egal sein, wer und wie viele zu den Verlierern gehören und was aus ihnen wird.

Zweitens: Selbst wenn die bisherigen Automatisierungswellen im Endeffekt gut ausgegangen sind, muss das keineswegs auch in Zukunft so sein. Geschichte kann, muss sich aber nicht wiederholen. Wir wissen nicht, was wir aus der Vergangenheit auf die Zukunft übertragen können und was nicht. Immer wieder ist die Zukunft für Überraschungen gut. Dass die ungeheuren technischen Fortschritte der Robotik und der Informatik für Überraschungen auch auf dem Arbeitsmarkt sorgen könnten, kann mit keinem historischen Argument ausgeschlossen werden.

Drittens sagt die Vermutung, dass die Warner letztlich nur Geschäftemacher seien, nichts zur Sache. Dadurch dass man den Warnern unehrenhafte Motive unterstellt, werden die Warnungen ja nicht widerlegt. Selbst wenn die Warner wirklich üble und bloß egoistische Motive haben sollten, sagt das über die Zukunft der Arbeitswelt nichts, aber auch rein gar nichts aus. Genauso könnte man ja den digitalen Optimisten aus Wirtschaft und Informatik unterstellen, dass ihr Optimismus nicht aus Sachkenntnis, sondern aus Gewinnerwartungen gespeist wird. Auch das hilft in der Sache nicht weiter.

Wir müssen uns selbst ein Bild machen, wie, wo und warum Algorithmen und Roboter den Menschen ersetzen könnten oder sollten und wo besser nicht.

ROBOTER ALS BESSERE MITARBEITER?

Worin besteht eigentlich der Antrieb, menschliche durch technische Arbeit zu ersetzen? Zur Zeit der Maschinenstürmer versprach die Automatisierung in der beginnenden Industrialisierung den Fabrikanten Marktanteile und Gewinne. Gewinnmaximierung und Kosteneinsparung sind auch heute die vermutlich wichtigsten Motive des Wechsels vom Menschen auf Roboter. Sie sind aber bei Weitem nicht die einzigen.

Roboter im Weltraum

Die bemannte Raumfahrt war zunächst ein Propagandainstrument im Kalten Krieg. Sigmund Jähn, ›unser Mann im All‹ für die DDR, stand für die technische Leistungsfähigkeit des Kommunismus genauso wie der Amerikaner Neil Armstrong, der erste Mensch auf dem Mond, für die Überlegenheit des Kapitalismus. Heute arbeiten einige wenige Astronauten auf der Internationalen Raumstation ISS. Roboter könnten die wissenschaftlichen Experimente weitgehend genauso gut und auf jeden Fall erheblich billiger durchführen, weil man auf teure Notfallsysteme zur Rettung der Astronauten verzichten könnte. Auch eine bemannte Marsmission, immer wieder angekündigt, wäre erheblich einfacher und billiger mit Robotern zu machen, wird aber stets wieder verschoben. Es scheint ein symbolisch wichtiger Unterschied zu sein, ob ein Mensch oder ein Roboter den ersten Schritt auf einen anderen Planeten macht.

So gibt es eine ganze Reihe von Tätigkeiten, bei denen Roboter weder besser noch billiger sein müssen und dennoch menschliche Arbeit ersetzen. Für viele gefährliche Tätigkeiten ist es ethisch geradezu geboten, Roboter statt Menschen einzusetzen, sobald das möglich ist. Die Räumung von Landminen, die Wartung von hoch radioaktiv belasteten Bereichen in Kernkraftwerken, die Entschärfung von Fliegerbomben aus dem Zweiten Weltkrieg und die Bekämpfung von Bränden nach Chemieunfällen, bei denen giftige Gase ausgetreten sind – all das sind klare Beispiele. Wir sind froh, Roboter zu haben, die diese Dinge für uns erledigen. Für die Arbeitswelt sind diese Tätigkeiten zahlenmäßig freilich ohne Bedeutung.

Als Nächstes ist an Arbeiten zu denken, die mühsam und mit hohen Risiken verbunden sind. Bergleute im Kohlebergbau sind eine Risikogruppe – man denke nur an die nicht seltenen Berichte über schwere Grubenunglücke. Minenarbeiter in der Metallgewinnung sind oft erhöhten Schwermetallbelastungen ausgesetzt. Auch Schwerstarbeitende im Baugewerbe oder Straßenbau werden gesundheitlich belastet. In der Arbeit für ihren Lebensunterhalt müssen diese Berufsgruppen häufig einen erheblichen Preis zahlen. Die Asbestwirtschaft mit weltweit Hunderttausenden von Arbeitern, die durch Einatmen von Asbestfasern an Staublunge, Mesothelioma-Krebs oder Lungenkrebs erkrankten und vorzeitig gestorben sind, stellt vermutlich den schlimmsten je eingetretenen Fall von Vergiftung am Arbeitsplatz dar. Robotern wäre das nicht passiert.

Eine weitere Kategorie von Arbeitsverhältnissen sind stupide, mechanische oder einfach langweilige Tätigkeiten. Menschliche Arbeit sollte Ausdruck seiner Persönlichkeit sein, in ihren Ergebnissen sollte der Mensch sich selbst wiedererkennen – diesen Anspruch hat Karl Marx vor über 150 Jahren formuliert. Die Realität in Deutschland und weltweit sieht anders aus. Sie zeigt uns Kassierer in Supermärkten, Security-Personal an Flughäfen, Sachbearbeiter in Behörden und Unternehmensabteilungen, Straßenbauarbeiter, Zusteller bei Logistikdienstleistern oder Lkw-Fahrer, die

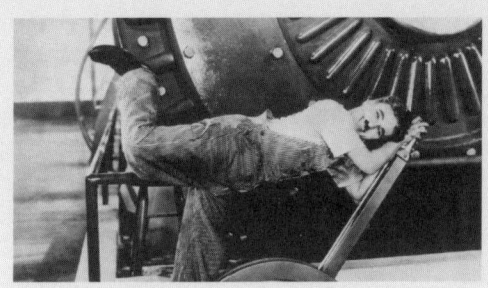

Fließbandarbeit als Sinnbild für stupide Tätigkeit

Das Fließband stellt einen wichtigen Schritt in der Steigerung der industriellen Produktion dar. Das Produkt, das gefertigt werden soll, fährt mithilfe von verketteten Fördersystemen eine bestimmte Strecke entlang. Auf dieser Reise werden von Menschen, heute oft von Industrierobotern, jeweils bestimmte Teile montiert. Die Arbeitsschritte bestehen meist aus wenigen und einfachen Handgriffen. In der konsequentesten Form wiederholt ein Arbeiter an jedem vorbeifahrenden Bauteil den exakt gleichen Handgriff. Mit dieser Technik konnte der amerikanische Autopionier Henry Ford seine Produktion verachtfachen, den Preis für sein berühmtes Massenauto ›Model T‹ drastisch senken und dabei sogar die Löhne erhöhen. Allerdings mussten die Arbeiter sich komplett dem Fließband unterordnen. Der Mensch muss im Takt der Maschine arbeiten, wie Charlie Chaplin dies in *Modern Times* (1936) meisterhaft karikiert und kritisiert hat. Chaplin zeigt aber auch, dass hinter der Maschine ein Fabrikbesitzer steht, der den Takt der Maschine vorgibt.

quer durch Europa fahren und nur ab und zu bei ihren Familien vorbeikommen. Viele arbeiten, um am Feierabend oder am Wochenende ›richtig‹ zu leben. Ließen sich Arbeiten dieses Typs nicht unproblematisch durch Roboter ersetzen, sofern man für finanzielle Entschädigung sorgt? Dieser Schluss wäre wohl voreilig. Denn auch in einfachen Tätigkeiten gibt es Elemente der Erfüllung: Mitglied in einem guten Team zu sein, soziale Beziehungen zu pflegen, Menschen helfen zu können, weit herumzukommen und zu wissen, dass man gebraucht wird. Die Übernahme solcher Tätigkeiten durch Roboter hätte also bei Weitem nicht nur finanzielle Aspekte.

Schließlich gibt es Bereiche, wo es zu wenige Menschen für sehr viel Arbeit gibt. Der Pflegenotstand ist das wohl am häufigsten genannte Beispiel. Es gibt viel zu wenig Fachkräfte in der Pflege, die zudem schlecht bezahlt sind – und das angesichts des demografischen Wandels (siehe Kapitel 6). Roboter zur Entlastung der Pflegekräfte und zur Minderung des Notstands einzusetzen, würde wohl keine Menschen aus dem Arbeitsmarkt verdrängen, sondern im Gegenteil helfen, eine eklatante Lücke zu schließen. Man müsste sich allerdings fragen, was es denn bedeutet, wenn im Senioren- oder Pflegeheim emotionslose Roboter herumfahren, den Bewohnern das Essen bringen und vielleicht auch noch die medizinische Versorgung peinlich genau überprüfen. Offenkundig stellen sich hier in ethischer Hinsicht ganz andere Fragen als zur Automatisierung in der industriellen Produktion (Kapitel 6).

Wenn wir uns mit der Zukunft der Arbeitswelt befassen, müssen wir also zunächst nach Stärken und Schwächen von Robotern und Algorithmen auf der einen und dem Menschen auf der anderen Seite fragen. Worin sind Roboter und Algorithmen überlegen?

Auf der Habenseite von Algorithmen und Robotern ist zunächst ihre Ausdauer zu nennen. Roboter und Algorithmen sind keine biologischen Wesen. Sie werden nicht müde wie der Mensch, brauchen keine Pausen und müssen nicht schlafen. Ihre Energieversorgung muss gesichert sein, aber essen müssen sie zwischendurch nicht. Ihre gefühllose technische Funktionalität verhindert, dass ihnen, menschlich gesprochen, der Geduldsfaden reißt, auch wenn Kunden noch so nervige Fragen stellen. Stattdessen werden sie stoisch und geduldig ihren Aufgaben nachgehen. Sie sind nicht launisch und werden nicht aggressiv, wenn ihnen der Kollege Mensch dämlich kommt – es sei denn ihr Lernlogarithmus funktioniert nicht ordentlich. Das ließe sich freilich mit einem Software-Update leicht beheben.

Präzision ist ein weiteres Thema. Roboter erreichen bereits in der längst etablierten Industrierobotik bei vielen manuellen Tätigkeiten eine höhere Präzision als Menschen. Ihre Fähigkeit zur Präzision, man möchte metaphorisch sagen, ihre ›ruhige Hand‹, findet auch Anwendung, wenn Operationsroboter im Krankenhaus assistieren. Wenn sie entsprechend konstruiert sind, können Roboter erheblich mehr Kraft aufwenden als Menschen und trotzdem sehr präzise sein. Weiterhin ist Schnelligkeit ein Argument. Millionen von Optionen in Sekunden durchrechnen und in riesigen Datenmengen augenblicklich das Gesuchte entdecken – das können wir einfach nicht.

Diese Kategorie von Pluspunkten für digitale Arbeiter stammt aus den technischen Fähigkeiten digitaler Technik

Aktenberge als Futter für Algorithmen

Ein Synonym für große Datenmengen lautet in der analogen Welt ›meterhohe Aktenberge‹, etwa in Archiven, in Dokumentationen komplexer Justizprozesse oder in der Personalverwaltung großer Unternehmen. Dort arbeitende Menschen müssen oft mühsam diese Aktenberge durchforsten, Seite für Seite, um eine Stecknadel im Heuhaufen zu finden, von der sie vielleicht nicht einmal wissen, ob es sie überhaupt gibt. Die digitalen Speichermöglichkeiten und schnelle Algorithmen zur Suche und zur Mustererkennung sind deutlich schneller, effizienter und gründlicher als Menschen. Sind die Aktenberge digitalisiert, reicht ein kluger Suchbefehl, und die Nadel im Heuhaufen ist in Sekundenbruchteilen gefunden.

(Kapitel 2) und ist ohne Zweifel beeindruckend. Das ist aber noch lange nicht alles, denn es gibt eine zweite und ganz andere Kategorie von Pluspunkten. Roboter und Algorithmen haben kein Recht auf Urlaub.

Sie müssen höchstens zur Wartung oder in die Werkstatt zum Software-Klempner. Roboter werden nicht schwanger und gehen nicht in Mutterschutz. Sie werden nicht krank, sondern gehen höchstens mal kaputt. Kosten für Kranken- und Sozialversicherung sowie Altersvorsorge fallen nicht an. Roboter genießen keinen Arbeitsschutz, sondern dürfen ohne Weiteres hundert Stunden oder mehr in der Woche arbeiten. Wenn sie neue Dinge lernen müssen, schickt man sie nicht auf teure Weiterbildungsveranstaltungen, sondern spielt ein Software-Update auf. Roboter stehen nicht unter Kündigungsschutz, haben keine Mitbestimmungsrechte, engagieren sich nicht in Gewerkschaften und gehen nicht in Streik. Und schließlich: Ein wohlerzogener Roboter weiß, dass man seinem Chef nicht widerspricht.

Für die Frage nach dem zukünftigen Arbeitsmarkt dürfte die Kombination beider Kategorien von Pluspunkten entscheidend sein – ihre Effektivität und ihre Anspruchslosigkeit. Die Frage ist nicht einfach, was Roboter ›besser‹ können. Wichtiger ist, ob sie in den Gesamtablauf der industriellen Produktion, der Bildung oder anderer Dienstleistungsbereiche so eingepasst werden können, dass dieser Gesamtablauf ›besser‹ funktioniert als mit menschlichen Mitarbeitern. Hier gilt es allerdings sorgfältig nachzufragen. Denn was ›besser‹ in diesem Zusammenhang bedeutet, kann sehr verschieden sein. Oft ist im wirtschaftlichen Wettbewerb der globalisierten Welt unter dem Druck der Kostensenkung einfach gemeint, dass Roboter und Algorithmen wirtschaftlicher sind, analog zu den industriellen Webstühlen in der Zeit der Maschinenstürmer. Sie sind billiger, das ist eine einfache Diagnose, jedenfalls wenn sie ausgereift sind, nicht dauernd kaputtgehen, lange halten und gute Arbeit leisten. Menschliche Mitarbeiter erhalten Lohn, während Roboter, einmal angeschafft, nur geringe laufende Kosten erzeugen. Es soll einmal ein Manager menschliche Mitarbeiter als ›Kosten auf zwei Beinen‹ bezeichnet haben. In dieser Weltsicht ist die Zukunft der digitalen Arbeitswelt klar: Kostenreduzierung durch Wegrationalisierung menschlicher Mitarbeiter. Dabei wird es fast zur Nebensache, ob Roboter und Algorithmen irgendetwas besser können als Menschen. Es zählen einzig die Kosten im Produktionsprozess.

Was hätte nun der Mensch diesen Pluspunkten für den digitalen Arbeiter entgegenzuhalten? Meist fallen in diesem Zusammenhang Stichworte wie menschliche Kreativität, die Fähigkeit, unkonventionelle Problemlösungen zu finden, die menschliche Emotionalität, die Beurteilungs- und Entscheidungsfähigkeit, die Problemlösekompetenz sowie Intuition und Flexibilität. Freilich schrumpfen diese Argumente mit Blick auf künstliche Intelligenz. Ist nicht das Programm AlphaZero (S. 46) kreativer als jeder menschliche Go-Spieler, eben weil es auch Optionen durchrechnet, die dem Menschen zu früh als aussichtslos vorkamen? Und wozu braucht man Emotion in der industriellen Produktion, oder wenn es darum geht, meterdicke Aktenberge zu durchforsten? Sind Gefühle da nicht eher störend? Sodann die Beurteilungs- und Entscheidungsfähigkeit – künstliche Intelligenz ist auf der Basis von *Big Data* genau hierzu in der Lage, und das auf Basis erheblich größerer Datenmengen als der Mensch. Na ja, und die Flexibilität – ist es nicht gerade der Mensch, der unflexibel auf Routinen und Gewöhnung festgelegt ist?

Alle diese Argumente helfen also nicht wirklich. Und selbst wenn: Der digitale Fortschritt würde unsere heutigen Antworten vermutlich bald obsolet machen. Wenn wir es uns an dieser Stelle zu einfach machen, wäre das Selbstbetrug. Wir würden uns in Sicherheit wiegen, um Zeit zu gewinnen. Wir werden später sehen, dass Argumente auf einer ganz anderen Ebene herangezogen werden müssen, um für den Menschen zu argumentieren (siehe Kapitel 12 und 13).

Was aber bedeutet dies alles nun für die Arbeitswelt von morgen? Volkswirtschaftlich sehen die Auswirkungen der Digitalisierung in den weitaus meisten Studien sehr gut aus. Wachstum, Wettbewerbsfähigkeit der deutschen Wirtschaft, Steueraufkommen des Staates – um all diese Kenngrößen scheint es in absehbarer Zeit gut zu stehen. Beim Arbeitsmarkt jedoch scheiden sich die Geister. Werden Algorithmen und Roboter die Gesamtmenge der zu leistenden menschlichen Arbeit nicht verkleinern, sondern nur verändern? Oder werden sie uns doch die Arbeit wegnehmen?

SZENARIO 1: DER ARBEITSMARKT BRICHT ZUSAMMEN

Zahlreiche Stimmen zur Zukunft des Arbeitsmarkts sind skeptisch oder sogar pessimistisch. Die berühmt-berüchtigte Studie der Forscher Carl Benedict Frey und Michael Osborne an der Eliteuniversität von Oxford steht am Anfang der aktuellen Sorgen. Immer wieder heißt es in den Medien, dass uns die Roboter die Arbeit abnehmen werden, dass der Arbeitsmarkt zusammenbrechen wird, dass damit auch die sozialen Sicherungssysteme nicht mehr finanzierbar sein werden, dass vielleicht sogar die Demokratie westlichen Typs ihre Grundlage verlieren könnte. Das sind extrem weitreichende Sorgen.

Die Arbeitsmenge, die von Menschen bewältigt wird, würde sich nach Einschätzung der pessimistischen Studien um 20 bis 50 Prozent in den nächsten 20 Jahren verkleinern. Eine ganze Reihe von Berufen und Berufsgruppen im klassischen Arbeiterbereich der industriellen Produktion würde komplett verschwinden. Ebenfalls würden Berufe im Dienstleistungsbereich in großem Stil automatisiert, etwa im arbeitsintensiven Hotel- und Gaststättengewerbe. Im Verwaltungsbereich würden rechercheinten-

Vom Zusammenbruch des Arbeitsmarkts

Der Ursprung der internationalen Debatte um die Zukunft der Arbeit hängt mit einer einzigen Studie zusammen. Für den US-amerikanischen Arbeitsmarkt prognostizierten Carl Benedict Frey und Michael Osborne bereits 2013, dass 47 % aller Beschäftigten in den USA in den nächsten 10 bis 20 Jahren mit hoher Wahrscheinlichkeit durch digitale Technologien ersetzt oder durch den digitalen Wandel überflüssig werden. Die Übertragung der Berechnungen auf den deutschen Arbeitsmarkt kam zu einer ähnlich hohen Automatisierungswahrscheinlichkeit (42 % der Beschäftigten). Das sind extrem alarmierende Zahlen, zumal es inzwischen nur noch fünf bis fünfzehn Jahre bis zum Eintritt dieser massiven Ersetzung wären. Jedoch geriet diese Studie stark in die Kritik. So beruhen die Einschätzungen auf Expertenmeinungen, die eher zu einer Überschätzung der technischen Möglichkeiten und der Geschwindigkeit der Änderungen tendieren. Gesellschaftliche, rechtliche und ethische Aspekte, die die Einführung neuer Technologien begleiten, wurden nicht berücksichtigt. Auch dass nicht nur Arbeitsplätze wegfallen, sondern an anderer Stelle neu entstehen, spielte kaum eine Rolle.

sive Berufe entbehrlich, in den Medien würden Journalisten und Kommentatoren durch *Big Data* Algorithmen ersetzt. Auch der akademische Bereich kann betroffen sein. Einige gesellschaftlich hoch anerkannte Berufsgruppen wie Rechtsanwälte, Steuerberater und Mediziner würden unter Automatisierungsdruck geraten. In allgemeinbildenden Schulen könnten Lehrer möglicherweise ersetzt werden. Der digitale Professor, sprich die Umstellung der traditionellen universitären Bildung auf digitale Lehrformate, ist an vielen

> **Der Algorithmus als besserer Lehrer**
>
> Lehrer haben es schwer in der gegenwärtigen Schule. Schüler und Schülerinnen auch. Und Eltern sind immer unzufrieden. Eine (erfundene) digitale Zukunftsvision könnte lauten: Jeder Schüler sitzt vor einem Bildschirm ohne Tastatur. Er spricht mit seinem digitalen Lehrer wie mit einem Menschen. Dieser Lehrer schafft es aufgrund seiner hohen Rechenkapazität, mit 30 Schülern gleichzeitig zu sprechen, und zwar nicht mit allen dasselbe wie ein menschlicher Lehrer in einer heutigen Schulklasse, sondern mit jedem individuell: Er führt dann dreißig unterschiedliche Gespräche gleichzeitig. Der digitale Lehrer hat Zugang zum weltweit verfügbaren Wissen. Er weiß einfach alles. Er ist geduldig mit jedem einzelnen Schüler und geht individuell gezielt auf Schwächen ein und stärkt die Stärken. Die Benotung erfolgt unbestechlich und objektiv. Der Beruf des Lehrers in der uns bekannten Form stirbt aus. Um die sozialen Fragen der Kinder kümmern sich Psychologen und Sozialarbeiter.

Universitäten bereits in der Umsetzung. Diese Möglichkeiten markieren den Kern der Sorgen zur digitalen Arbeitswelt der Zukunft. Automatisierung betrifft nicht mehr nur gering qualifizierte Arbeitskräfte wie in früheren Automatisierungswellen, sondern reicht weit darüber hinaus in die Mitte der Gesellschaft.

Diese Entwicklungen könnten im schlimmsten Fall in nur wenigen Jahren geschehen. Damit würden massenhaft Menschen in die Arbeitslosigkeit entlassen ohne rasch verfügbare Alternativen. Verschlimmert würde dies durch den globalen Druck und weiter zunehmende internationale Arbeitsteilung der Wertschöpfung. Von neu entstehenden Berufen würden dann möglicherweise vor allem Schwellenländer wie Indien mit ihren erheblich niedrigeren Kosten profitieren. Entsprechend würde digitale Wertschöpfung massiv dorthin abwandern.

Von derartigen Veränderungen wäre unsere ganze Gesellschaft stark betroffen. Es könnte zu einer dramatischen Zunahme der Arbeitslosigkeit in Deutschland kommen, wie dies etwa vor zwanzig Jahren der Fall war, möglicherweise zu noch extremeren Zahlen. Die Schere zwischen Gewinnern und Verlierern der Digitalisierung würde immer weiter auseinanderklaffen, mit der Folge einer weiteren sozialen Spaltung der Gesellschaft. Massive Finanzierungsprobleme der sozialen Sicherungssysteme aufgrund der hohen Arbeitslosenzahl und einer erheblich kleineren Zahl von Beitragszahlern wären die Folge. Es käme zu einem stark sinkenden Steueraufkommen der öffentlichen Hand und einer entsprechenden Haushaltskrise. Die Gewerkschaften würden massiv an Bindungskraft und Einfluss verlieren und damit ihre stabilisierende Funktion in der Gesellschaft einbüßen. Die demokratie- und staatstragende Mittelschicht würde von Abstiegssorgen geplagt und dem Gefühl zunehmender Unsicherheit verfallen.

Das vollautomatische Hotel

In Japan, dem Land mit der vielleicht größten Roboter-Begeisterung, wurde bereits 2015 das erste Roboter-Hotel der Welt eröffnet, wie der *Asienspiegel* berichtet. Das ist nicht ein Hotel für Roboter, sondern ein Hotel, das praktisch komplett von Robotern geführt und organisiert wird. Der japanische Reisebüro-Konzern H.I.S betreibt im Unterhaltungspark *Huis Ten Bosch* bei Nagasaki das *Henn na Hotel*. An der Rezeption werden Gäste zum Einchecken von Robotern in unterschiedlichen Gestalten (darunter auch Dinosaurier) in verschiedenen Sprachen empfangen. Transportroboter bringen das Gepäck zum Zimmer, und in jedem Zimmer gibt es einen Diener, natürlich auch ein Roboter, mit einem permanenten Lächeln im künstlichen Gesicht. Das Konzept ist sehr erfolgreich und ist dabei, sich zu einer Kette zu entwickeln.

Das Vertrauen in das demokratische Gemeinwesen würde abnehmen, während radikale populistische Positionen mit Kapitalismus- und Globalisierungskritik noch mehr Zulauf gewinnen würden. Die deutsche

Demokratie, nach dem Zweiten Weltkrieg mühsam aufgebaut und über Jahrzehnte sehr stabil, könnte in eine Existenzkrise geraten.

Es ist leicht möglich, diese Gedanken als wenig plausibel zu bezeichnen. Das Wort ›plausibel‹ ist allerdings zum rhetorischen Kampfbegriff geworden. Denn wie plausibel ist ›wenig plausibel‹? Wie kann man feststellen, ob etwas plausibel, ziemlich plausibel, wenig plausibel oder gar nicht plausibel ist? Mit rhetorischer Vehemenz vorgetragene Verdikte, etwas sei plausibel und etwas anderes wenig plausibel, sind nichts weiter als der Ausdruck von Bauchgefühl und eigenem Interesse. Ihr einziger Nutzen ist, wenn sie überhaupt einen haben, zu provozieren und zum Nachdenken anzuregen.

Wichtig an dieser Stelle ist der Hinweis, dass alle diese üblen Erzählungen zur Zukunft der Arbeitswelt keine Vorhersagen sind. Sie beschreiben mögliche Entwicklungen auf der Basis bestimmter Annahmen und dürfen nicht als Berichte aus der Zukunft missverstanden werden, auch wenn manche Zukunftsforscher diesen Eindruck erwecken (S. 23). Man kann an ihrer Plausibilität zweifeln, wird aber nicht beweisen können, dass sie unmöglich sind. Von daher verdienen sie unsere Aufmerksamkeit im Sinne eines ethischen Vorsorgeprinzips (s.u.).

SZENARIO 2: DER ARBEITSMARKT WANDELT SICH ALLMÄHLICH

Menschliche Arbeit verändert sich seit der Erfindung von Technik, also vermutlich seit Beginn der Menschheitsgeschichte. Der technische Fortschritt hat so gesehen immer als Jobwandler gewirkt. Technik- oder Freilichtmuseen ermöglichen einen Blick in die Arbeitswelt früherer Zeiten. Sie zeigen ausgestorbene Berufe wie Hufschmied, Strumpfwirker und Gerber, die einmal hoch anerkannt waren. Auf der anderen Seite entstehen dauernd neue Berufe, heute vor allem im Bereich der digitalen Technik und der sie nutzenden neuen Geschäftsmodelle.

Auch in früheren Zeiten gab es, wie schon gesagt, Automatisierungswellen. Sie sind auf längere Sicht hin glimpflich bis positiv verlaufen. Entsprechend nehmen Optimisten an, dass auch die Gesamtbilanz auf dem Arbeitsmarkt in der zukünftigen Welt der Industrie 4.0 (S. 68) mindestens ausgeglichen sein wird. Sie glauben, dass es vielleicht sogar mehr, zumindest aber qualitativ bessere Arbeit für Menschen geben wird als heute. Dahinter steht die Erwartung, dass Wirtschaftswachstum und Wertschöpfung den Arbeitsmarkt insgesamt vergrößern werden. Auch wenn Roboter und Algorithmen einen wachsenden Teil davon übernehmen, bleibe für uns Menschen genug oder sogar mehr als genug übrig, weil die Gesamtmenge wachse. Dass Roboter uns ein Stück vom Kuchen wegnehmen, macht nichts, wenn der Kuchen einfach größer wird.

Der demografische Wandel liefert den Optimisten weitere Argumente. Die Gesellschaft altert, der Anteil der Rentner an der Bevölkerung nimmt zu und der Anteil der Erwerbstätigen ab. Immer mehr Rentner müssen durch immer weniger Arbeitende finanziert werden. Einen Mangel an Fachkräften gibt es bereits heute in vielen Bereichen, so in technischen Berufen, im Handwerk und im Pflegebereich. Also sollten wir uns nicht so viele Sorgen machen, sondern froh sein, wenn Algorithmen und Roboter uns die Arbeit abnehmen. Ohne sie ließe sich unser Wohlstand in Zukunft gar nicht aufrechterhalten.

Aber auch Optimisten zweifeln nicht daran, dass tief greifende Veränderungen in der Arbeitswelt bevorstehen. Viele Menschen sind insbesondere an folgenden Fragen interessiert: Welche Berufe werden unter Druck geraten und eventuell ins Museum abwandern, und welche Berufe werden neu entstehen? Welche menschlichen Arbeitsbereiche sind denn durch die Fortschritte der digitalen Techniken besonders in Gefahr? Was können gerade junge Menschen heute tun, um sich möglichst gut auf den Arbeitsmarkt der Zukunft vorzubereiten?

Dass Routinetätigkeiten und einfache Arbeiten von den digitalen Arbeitern bedroht sind, ist nicht überraschend. In Berufen, wo Menschen schon so arbeiten wie Roboter, können sie leicht durch Roboter ersetzt werden. In der Fließbandarbeit (S. 58) ist dies entsprechend schon meist vor einigen Jahrzehnten geschehen. Die Fähigkeit der Algorithmen, mit großen Datenmengen virtuos umgehen und sie schnell auswerten zu können (S. 41), bringt rechercheintensive Dienstleistungen und Berufe in Bedrängnis: Rechtsanwaltsgehilfen, Verwaltungstätigkeiten, aber auch Medienberufe wie Journalisten. Dadurch sind

Arbeitsplätze in Behörden und Verwaltungen großer Unternehmen betroffen, bei Rechtsanwaltskanzleien, wo viele Aktenmeter über frühere Prozesse durchzuforsten sind, um Präzedenzfälle und Argumente zu finden, aber auch bei Steuerberatern und Wirtschaftsprüfern.

Zum Modell der Optimisten gehört, dass neue Berufe diese Arbeitsplatzverluste kompensieren werden. Hier steht natürlich die IT-Branche im Mittelpunkt des Interesses, denn die neuen digitalen Möglichkeiten müssen entwickelt, programmiert, getestet, implementiert und überwacht werden. Neue Schnittstellen zwischen Robotern und Menschen müssen erforscht und realisiert werden, damit aus dem tumben Industrieroboter der ›Kollege Roboter‹ wird, wie es oft so schön heißt. Es müssen technische Standards und Normen entwickelt werden, damit verlässliche Kommunikation zwischen Mensch und Maschine beziehungsweise Maschine und Maschine ermöglicht wird. Denn Menschen sollen mit den Robotern verständlich, einfach und zuverlässig

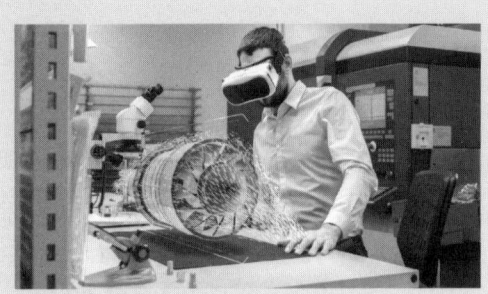

Die Industrie 4.0

Ein viel genanntes Schlagwort der letzten Jahre ist Industrie 4.0. Es wird meist als Bezeichnung für eine vierte industrielle Revolution gedeutet, nach der ersten durch Kohle und Stahl, der zweiten im Zeichen der Elektrifizierung und der dritten durch die Mikroelektronik und den Mikrochip. In der Industrie 4.0, einem seit etwa 2011 gebräuchlichen Schlagwort, geht es um die Digitalisierung der industriellen Produktion. Den Kunden wird individualisierte Produktion versprochen: maßgeschneiderte Produkte nach individuellen Wünschen statt Massenfertigung identischer Produkte. Dabei sollen neue Mensch/Maschine-Schnittstellen, 3D-Drucker und Roboter eine große Rolle spielen. Maschinen sollen untereinander kommunizieren und den Produktionsprozess, die Logistikketten und Lieferwege optimieren.

sprechen können, statt mit ihnen nur über ein altmodisches Schaltpult oder eine Tastatur zu kommunizieren. Auch neue Dienstleistungen und Geschäftsmodelle müssen von Menschen entwickelt und in den Markt gebracht werden. Datensicherheit und Dateneigentum erhalten hohe Priorität und müssen rechtlich abgesichert werden, genauso wie Haftungsfragen für komplexe Verantwortungs- und Zuständigkeitsverteilungen zwischen Mensch und Maschine rechtssicher geklärt werden -müssen. Ohne Zweifel gibt es viel zu tun. Arbeit und Arbeitswelt verändern sich, aber die Arbeit wird uns – in diesem Szenario – nicht ausgehen.

Schließlich ist auch an Bereiche des Arbeitsmarktes zu denken, die in der Digitalisierung erhalten bleiben werden. Tätigkeiten hoch qualifizierter Berufsgruppen sind aufgrund ihrer hohen Arbeitskomplexität kaum bedroht. Viele Berufsgruppen sind aber auch aufgrund ihrer *praktischen* Arbeitsanteile schwer zu automatisieren. Schließlich will nach wie vor unsere analoge Welt ganz konkret gestaltet werden, mit Geschick, Fingerspitzengefühl und Handarbeit. Gärtner und Landschaftsarchitekten, Sozialarbeiter und Entwicklungshelfer, Raumplaner und Innenraumgestalter, Handwerker wie Installateure und Dienstleister wie Frisöre: Sie alle werden digitale Technik einsetzen und tun dies oft bereits, aber ihre praktischen Erfahrungen und Fähigkeiten können nicht digital ersetzt werden.

Mit Sicherheit wird es allerdings zu erheblichen Verschiebungen auf dem Arbeitsmarkt kommen, selbst wenn die Arbeitsmarktbilanz insgesamt ausgeglichen sein sollte. Ganze Berufe geraten unter Druck und werden möglicherweise verschwinden, andere Berufe entstehen neu. Viele Menschen werden sich umstellen und umschulen müssen, einige werden dies gut schaffen und die Chancen nutzen, andere werden zu den Verlierern der Digitalisierung gehören und der guten alten Zeit nachtrauern. Die, deren Arbeitsplätze wegfallen, werden oft nicht dieselben Menschen sein, die für die neuen Arbeitsplätze qualifiziert sind. Wie in anderen Automatisierungswellen besteht die Gefahr, dass Teile der Gesellschaft abgeschrieben werden: Mit denen macht man nicht mehr die Zukunft.

Somit bedeutet auch der Blick der Optimisten auf die Digitalisierung als Jobwandler nicht, dass wir uns zurücklehnen können. Auch im positiven Fall gibt es viel zu tun für die Arbeitsmarkt- und Zukunftsforscher, für die Gewerkschaften und Arbeitgeber. Wir brauchen eine vorausschauende Sozialpolitik und kreative Ideen zur Ausgestaltung der neuen Möglichkeiten. Die Tatsache allein, dass Algorithmen und Roboter vieles und immer mehr besser können, besagt wenig. Es kommt darauf an, wie wir damit umgehen.

Insbesondere sind Bildung und stetige Weiterbildung notwendig, um flexibel auf die technischen Veränderungen, aber auch auf mögliche Verschiebungen in der Beschäftigungsstruktur reagieren zu können. Der Weiterbildungs- und Qualifizierungsbedarf betrifft vor allem die Bereiche IT-Sicherheit, Umgang mit spezifischen IT-Systemen, Prozess-Know-how und Prozessgestaltung, Datenschutz, E-Commerce und *Social Media*. Fähigkeiten im Umgang mit Informationen und Kompetenzen in Data-Analytics-Methoden sind genauso erforderlich wie Kenntnisse über Datenschutz und IT-Sicherheit. Aber auch personale Fähigkeiten werden wichtiger wie Selbstorganisationsfähigkeit, Kommunikations-, Interaktions- und Problemlösungsfähigkeit und die Fähigkeit zur Strukturierung komplexer Sachverhalte. Es ist eine der wenigen Botschaften, in der sich alle Propheten und Gurus, die Pessimisten und die Optimisten einig sind: Digitale Bildung, oder besser gesagt, eine digital aufgeschlossene Entwicklung der Persönlichkeit ist wichtig für die zukünftige Arbeitswelt.

DIGITALE ZUKUNFT DER ARBEIT: DER MENSCH IM MITTELPUNKT?

Nicht nur die Menge der Arbeit, die von Menschen getan werden muss oder getan werden darf, ist eine wichtige Größe für die digitale Zukunft, sondern auch die *Qualität* dieser Arbeit. Qualität hat hier verschiedene Bedeutungen: Arbeitsqualität als sinnstiftende Tätigkeit und als Selbstverwirklichung, Qualität in Bezug auf Sicherung des Lebensunterhalts, Qualität in Bezug auf gesellschaftliche Anerkennung, Qualität in Bezug auf gelingendes und gutes Leben insgesamt. In dieser Hinsicht sind die Zukunftserzählungen zur Digitalisierung meist positiv bis überwältigend. Der Mensch soll im Mittelpunkt stehen, so jedenfalls die offiziellen Positionspapiere der Ministerien, wissenschaftlichen Akademien und großen Unternehmen (S. 68 und 73).

Manager und Zukunftsforscher schreiben über die Flexibilisierung der Arbeit in Raum und Zeit, die Aufhebung starrer Grenzen zwischen Freizeit und Arbeitswelt, die viel bessere Möglichkeit der individuellen Gestaltung der Arbeit, die Erhöhung der kreativen Anteile zu Lasten der bloßen Routinetätigkeit, bessere Aussichten für ein gutes Gleichgewicht zwischen der Arbeit und den anderen Bereichen des Lebens (neudeutsch: *Work-Life-Balance*), und vieles mehr, wofür man sich eigentlich nur begeistern kann. Auch die Verkürzung der Arbeitszeit gehört gelegentlich zum Programm – natürlich bei vollem Lohnausgleich. Diesen Visionen zufolge muss die digitale Arbeitswelt der Zukunft richtig gut werden!

Diese Visionen der digitalen Arbeit erinnern an eine vergangene Utopie, an die kaum noch jemand denkt. Karl Marx diagnostizierte in der frühen Industriellen Revolution eine Entfremdung der Arbeit. Statt der Selbstverwirklichung der Menschen zu dienen,

---

Die 25-Stunden-Woche – die zukünftige Arbeitswelt als Paradies

Ein Experiment unter ganz normalen Marktbedingungen läuft in Bielefeld. Der Leiter der IT-Agentur Digital Enabler, Lasse Rheingans, probiert mit seiner Agentur ein neues Arbeitszeitmodell aus: fünf Stunden am Tag. Sein Hauptmotiv war, dass die Kreativität, von der die Agentur letztlich lebt, meist nach einigen Stunden nachlässt. Mitarbeiter berichten, wie es in ZEIT.online zu lesen war, dass sie nun mehr spazieren gehen, künstlerisch tätig werden und sich mehr sozial engagieren. Das Konzept stößt in Medien und bei Interessenten auf großes Interesse: Der Wunsch nach menschlichen bzw. menschenfreundlicheren Arbeitsmodellen ist groß. Freilich muss die Zukunft zeigen, ob dieses Modell im Wettbewerb bestehen kann.

---

was nach Marx Arbeit eigentlich leisten soll, werde die Arbeit von anderen bestimmt, von Fabrikbesitzern und Kapitalisten. Die kommunistische Revolution solle das ändern und die Menschen von den Zwängen der Erwerbsarbeit befreien. Dann solle ein Zustand einkehren, der, wie Marx in *Die deutsche Ideologie* schreibt, »mir eben dadurch möglich macht, heute dies, morgen jenes zu tun, morgens zu jagen, nachmittags zu fischen, abends Viehzucht zu treiben, nach dem Essen zu kritisieren, wie ich gerade Lust habe, ohne je Jäger, Fischer, Hirt oder Kritiker zu werden«. Dieses Ideal der Arbeit als Selbstverwirklichung des Menschen besteht letztlich darin, die Grenze zwischen Erwerbsarbeit und Hobby verschwinden zu lassen. Das Hobby als selbstbestimmte Tätigkeit wird zum Ideal für Erwerbsarbeit, im Gegensatz zu der damaligen aber oft auch der heutigen Realität.

Die Utopien der digitalen Arbeit und die Lobgesänge mancher ›junger Kreativer‹ lesen sich teils verblüffend ähnlich (S. 71). Natürlich will niemand eine sozialistische Revolution, nehme ich jedenfalls an. Vermutlich wissen viele kaum noch, was das einmal sein sollte. Aber der Wunsch nach Freiheit und Selbstbestimmung ist stark. Nähern wir uns mit der Digitalisierung einem digitalen Schlaraffenland, in dem die Arbeit immer angenehmer, zu einem immer größeren Anteil selbstbestimmt und immer mehr zum Hobby wird? Menschen wären dann nicht mehr abhängig Beschäftigte, sondern freie Menschen. Der Begriff des Arbeitnehmers würde sinnlos, geradezu zum Synonym für abhängige Beschäftigung, die sich gemessen an den Versprechungen der digitalen Visionäre fast wie eine moderne Sklavenhaltergesellschaft ausnimmt. Um dorthin zu gelangen, müssten die Menschen nur flexibel sein und immer flexibler werden, sie müssen ständig bereit sein, neues zu lernen und anderes zu machen. Dann könnte die Utopie zur Wahrheit werden.

Stopp. Das wäre dann doch zu einfach. Die Umwälzungen der Digitalisierung auf dem Arbeitsmarkt erschöpfen sich im positiven Szenario nicht darin, dass einige Berufe verschwinden, andere neu hinzukommen und die Menschen nur flexibel sein müssen. Bereits heute ist zu beobachten, dass bei Weitem nicht alles so läuft, wie man den utopischen Zukunftserzählungen nach vermuten könnte. Viele Studien berichten seit Jahren über negative oder zumindest ambivalente Folgen der Digitalisierung der Arbeit. Informationsüberflutung durch E-Mail-Kommunikation, der Druck der ständigen Erreichbarkeit und die dadurch häufig erfolgende informelle Verlängerung der Arbeitszeit, die Überforderung, weil ständig vieles gleichzeitig erledigt werden soll: die Stresssymptome sind unübersehbar. Digitale Technologien im Arbeitsmarkt führen dazu, dass ständig eine Flut von

Der Mensch im Mittelpunkt?

In vielen Hochglanztexten zur Digitalisierung und zur Industrie 4.0 heißt es pathetisch: »Bei uns steht der Mensch im Mittelpunkt.« Es fällt aber schnell auf, dass keiner sagt, was gemeint ist und wer dieser Mensch ist, der da im Mittelpunkt stehen soll. Die visualisierten Darstellungen zukünftiger Fabriken – der *smart factories* – in den Präsentationen von Managern und Wissenschaftlern geben jedenfalls keine Auskunft: Sie kommen meist komplett ohne Menschen aus. Stattdessen zeigen sie eine klinisch reine Welt futuristisch anmutender und rein technischer Produktion. Warum dann die Betonung, dass der Mensch im Mittelpunkt stehe? Man könnte Verdacht schöpfen, dass es um Ablenkung geht: Ablenkung davon, dass das Ideal vielleicht eine Industrie ganz ohne menschliche ›Stör- und Kostenfaktoren‹ ist.

Informationen bewältigt werden muss. Während Roboter und Algorithmen höchstens an physikalische Grenzen ihrer Belastbarkeit stoßen, kommt es bei Menschen nicht selten zu Erschöpfung bis hin zur Depression oder zum *Burn-out*.

Überraschend ist das nicht. Schließlich findet die Digitalisierung nicht in einer idealen Welt statt, sondern inmitten einer kapitalistischen Wirtschaftsordnung, die auf globalen Wettbewerb setzt. Als ›freier Mensch‹ in der *Crowd* (S. 74) zu arbeiten, ohne Arbeitsvertrag, soziale Sicherungssysteme und Gewerkschaft, führt auf die andere Seite von Flexibilität und Freiheit: Man ist gezwungen, sich auf globaler Bühne zu behaupten. Das negative Zerrbild zur digitalen Utopie wäre ein Kampf aller gegen alle um Arbeit. Vertragliche Arbeitsmodelle und Solidarität könnten sich in der digitalen Arbeitswelt auflösen und so die gesellschaftliche Stabilität gefährden: Jeder würde seines Glückes Schmied und müsste seine Kompetenzen und Kreativität auf globalen Plattformen anbieten. Die digitale Umwälzung der Arbeitswelt betrifft auch den Arbeitsschutz, die Rolle der Gewerkschaften oder anderer Organisationen der Arbeitnehmervertretung und die internationale Arbeitsteilung auf einem globalisierten Arbeitsmarkt. Liberalisierung allerorten.

Für viele wird die Entwicklung positiv sein, vor allem für agile junge Leute, die in das Leben hinein aufbrechen und noch keine Verantwortung außer für sich selbst tragen. Auch für kreative Köpfe in Schwellenländern bieten sich neue Möglichkeiten, an der globalen Wertschöpfung zu partizipieren. Andere setzen jedoch auf mehr Sicherheit und Solidarität, wollen für ihre Familie planen können. Vielfach sind dies die Mitglieder der gesellschaftstragenden Mittelschicht, bislang zentral für die Stabilität des Gemeinwesens. Die einen sehen Freiheitsgewinne und die Beseitigung von Regulierungen und Zwängen, die anderen eine existenzielle Bedrohung ihrer Lebenswelt.

Wir können nicht wissen, wie die Arbeitswelt 2030 oder 2040 aussieht, ob die Digitalisierung als Jobwandler oder Jobvernichter fungieren wird, ob neue kreative und flexible Arbeitsformen die Arbeit menschlicher machen oder uns in einen sozialdarwinistischen Kampf ohne Solidarität treiben. Daher gilt hier ein ›ethisches Vorsorgeprinzip‹: Sorgen müssen ernst genommen werden. Wir sollten uns auf ganz unterschiedliche Entwicklungen der Arbeitswelt vorbereiten. Wissenschaft, Gewerkschaften, Arbeitgeber und Sozialpolitik sollten den Instrumentenkasten für die Ausgestaltung der zukünfti-

Arbeiten in der *Crowd* – alle werden Unternehmer

Mit *Crowdsourcing* (von *crowd* für Menschenmenge, auch als *crowdworking* bezeichnet) werden Teilaufgaben in einem Projekt über das Internet an freiwillig Mitwirkende ausgelagert. Es werden dann von den Teilnehmern Leistungen für das jeweilige Projekt erbracht. Eine typische Form setzt auf das eigenmotivierte Engagement der Mitwirkenden, für die es keine Vergütung gibt. Das Paradebeispiel hierfür ist Wikipedia, wo die Beiträge ohne Entgelt, sozusagen als ideeller Beitrag zum Gesamtprojekt erstellt werden. Eine andere Form des *Crowdsourcing* hingegen ist wettbewerbsorientiert. Es werden Arbeitspakete oder Leistungen sozusagen ausgeschrieben. Hier wird auf ›Schwarmintelligenz‹ gesetzt. Die Erwartung ist, dass sich in der Menge die kreativste Lösung für das jeweilige Problem finden lässt, die dann vergütet wird. *Crowdsourcing* soll die Geschwindigkeit und Qualität von Innovationsprozessen steigern. Unternehmen können Kosten für Experten und fest angestellte Mitarbeiter einsparen.

gen Arbeitswelt ausbauen. Wenn die Digitalisierung ›nur‹ ein Jobwandler ist, ist diese Aufgabe nicht allzu schwer zu bewältigen. Denn Jobwandlung im Arbeitsmarkt als Folge technischer und sozialer Veränderungen ist ein bekanntes Phänomen. Wenn jedoch die Gesamtmenge der menschlichen Arbeit drastisch schrumpfen würde, wäre das nach dem Zweiten Weltkrieg etablierte System gesellschaftlicher Stabilität und des Zusammenhalts nicht mehr lebensfähig. Für eine solche Entwicklung müssen ganz andere Instrumente entwickelt werden: das erwerbsfreie Grundeinkommen, neue gesellschaftliche Wertschätzung für Arbeitsformen außerhalb der traditionellen Erwerbsarbeit – etwa für gemeinnützige Arbeit –, die Sicherung der öffentlichen Finanzen und sozialen Sicherungssysteme in Zeiten stark abnehmenden Lohnsteueraufkommens durch die Besteuerung von Roboterarbeit, internationale Übereinkommen zur Gestaltung der globalen Arbeitsteilung in der digitalen Welt, und vieles mehr. Hier sind kreative Wissenschaften gefragt.

Philosophisch gesehen sollte eigentlich der Mensch im Mittelpunkt der Arbeitswelt stehen. Genauer: der Mensch als arbeitendes und sich selbst verwirklichendes Wesen. Das wird freilich oft gar nicht oder nicht gut realisiert. Die Digitalisierung bietet Chancen, diesbezüglich voranzukommen und mehr Freiheit und eine bessere *Work-Life-Balance* zu ermöglichen. Ein Selbstläufer hin zu einer menschlichen Arbeitswelt ist sie aber sicherlich nicht.

4. DIGITALE VISIONEN FÜR FREIZEIT UND ALLTAG

ROBOTER ALS GEFÄHRTEN UND LIEBHABER

Die Digitalisierung ist längst im Alltag angekommen. Onlinebanking und das Navi im Auto, Fotos, die mit dem Handy gemacht und über WhatsApp verschickt werden, Verabredungen, die über Facebook getroffen werden, Einkäufe, die sich im Internet erledigen lassen – all dies gehört zum täglichen Leben. Nun steht die nächste Welle der Digitalisierung an: Roboter werden zu unseren Helfern und Gefährten. Sie nehmen uns in Haushalt, Wohnung und Garten lästige Arbeit ab.

Roboter sind uns aus der Science-Fiction-Literatur und vielen Filmen vertraut. In Fantasiewelten wurden sie zu unseren Dienern, Freunden und Feinden, bevor sie technisch gebaut werden konnten. Bekannte Beispiele sind der programmierbare Maschinenmensch aus *Metropolis* von Fritz Lang (S. 214), der vermeintlich unfehlbare HAL 9000 aus Stanley Kubricks *2001 – Odyssee im Weltraum* (S. 28) oder der kugelige R2D2 aus *Star Wars* von George Lucas. Durch unsere Erfahrungen mit Robotern in der Science-Fiction haben wir uns längst an ihren An-

Ich, der Roboter, und die Robotergesetze

Im Film *I, Robot* (2004) von Alex Proyas wird einfühlsam beschrieben, wie der NS-5 Roboter Sonny, der neben seiner Intelligenz auch ein Modul für Emotionen hat, zu Bewusstsein findet und zum Freund und Retter wird. Der Film greift einige Gedanken aus dem gleichnamigen Buch des Robotik-Visionärs Isaac Asimov aus dem Jahr 1950 auf. Dort finden sich auch die bekannten drei Gesetze für Roboter: 1. Ein Roboter darf keinem Menschen schaden oder durch Untätigkeit einen Schaden am Menschen zulassen. 2. Ein Roboter muss jeden von einem Menschen gegebenen Befehl ausführen, aber nur, wenn dabei das erste Gesetz nicht gebrochen wird. 3. Ein Roboter muss seine eigene Existenz bewahren, es sei denn, dies spricht gegen das erste oder zweite Gesetz.

blick gewöhnt. Wahrscheinlich wären viele Menschen nicht sonderlich überrascht, wenn ihnen Roboter auf der Straße, beim Einkaufen oder am Arbeitsplatz begegnen würden.

In den Filmen der Science-Fiction nehmen Roboter sehr unterschiedliche Rollen ein. Manche sind nett und hilfreich oder geradezu charmant, andere werden bösartig und wollen den Menschen die Herrschaft wegnehmen. Noch andere befolgen zwar die so gut klingenden drei Robotergesetze (S. 77). Aber gerade dadurch kommen sie, wie im Film *I, Robot*, auf die Idee, sie müssten die Menschen entmündigen, weil diese durch Kriege und Misswirtschaft die Fortexistenz der Roboter gefährden könnten (Gesetz 3). Eines haben fast alle Roboter der Science-Fiction gemeinsam: Sie wurden von ihren Schöpfern mit Eigenschaften ausgestattet, die wir auch von uns Menschen kennen. Roboter sind zwar oft stärker und klüger, handeln im Film aber so, wie Menschen mit bestimmten Charakterzügen wohl auch handeln würden, wenn sie die entsprechenden Fähigkeiten hätten. Roboter sind Spiegel unserer selbst, nur in bestimmten Hinsichten anders oder besser als wir.

Dies gilt auch für die heute viel diskutierten Roboter, die Freunde und Helfer in vielen Lebenslagen sein sollen *(artifical companion)*. Die Rollen sind uns vertraut: Es geht um Roboter als Assistenten und Diener, Partner und Liebhaber, Begleiter und Unterstützer. Diese Rollen kennen wir auch zwischen uns Menschen. Roboter versprechen aber mehr: immer da zu sein, nicht müde zu werden,

Der Roboter Pepper als guter Gefährte

Der Roboter Pepper (Foto) soll ein soziales Wesen sein. Wie die WELT 2016 berichtete, erwartet Bruno Maisonnier, Chef der Roboterfirma Aldebaran, dass die wichtigste Rolle von Robotern zukünftig die des netten und emotionalen Begleiters sein wird. Roboter sollen das tägliche Leben bereichern, Spaß und Freude bringen, sie sollen uns überraschen und uns dadurch das Leben abwechslungsreich machen.

keine schlechte Laune zu bekommen und sich immer nach unseren Wünschen zu richten. Ein technischer Butler wäre, wenn die Technik weit genug ist, vermutlich besser als das menschliche Vorbild, immer perfekt und freundlich, nie genervt.

Der Roboter Pepper (S. 78) kombiniert die Rollen des Dieners und des Gefährten. Sein Äußeres entspricht dem Kindchen-Schema: niedliches Gesicht, große Augen, weiche Formen und kleine Gestalt. Pepper verfügt über die neueste Technologie der Gesichts- und Stimmerkennung, um möglichst gut kommunizieren zu können. Sein Haupteinsatzgebiet liegt zurzeit in der Kundenberatung. Durch seine Sensoren kann er die Stimmung der Kunden einschätzen und sich entsprechend verhalten. Sein Zielmarkt sind aber auch Privathaushalte, in denen er die Bewohner unterstützen und unterhalten soll.

Insbesondere sollen Roboter als künstliche Gefährten gegen Einsamkeit helfen. Nicht wenige Menschen, insbesondere alleinstehende Senioren oder Menschen mit schweren Behinderungen leiden unter Einsamkeit. Ein Roboter im Haus, mit dem sie sprechen können und der ihnen antwortet, könnte vielleicht etwas Abhilfe schaffen. Japan, das Land mit der am stärksten überalterten Bevölkerung, geht offen in diese Richtung. Therapeutische Roboter in der Altenpflege gibt es dort längst. Das bekannteste Beispiel ist der Kuschelroboter Paro, einem Seehund nachgebildet. Er reagiert sensibel auf Berührungen und kann Geräusche wie ein echtes Tier von sich geben. Gegenüber Haustieren wie Hund und Katze – die auch als Mittel gegen die Einsamkeit gelten – haben Robotertiere manche Vorteile: Sie brauchen kein Futter, hinterlassen keine Exkremente, haaren nicht, müssen nicht entwurmt werden und können für den Urlaub einfach ausgeschaltet werden.

Im Forschungsfeld der sozialen Robotik werden neue Wege gesucht, um autistische Kinder in einfache Formen von Gemeinschaft zu holen. Menschen mit autistischen Symptomen gehen meist unvoreingenommen und selbstverständlich mit Technik um. Sie erscheint ihnen berechenbar, weniger chaotisch und weniger angsterregend als Menschen. Roboter könnten die Hemmschwelle für Kommunikation senken und auf diese Weise allmählich den Weg für eine Kontaktaufnahme mit Menschen ebnen.

Eine ganz andere Welt von Robotern als Gefährten neuen Typs zeigt das Feld der Sexualität. Technische Hilfsmittel zur Lusterhöhung sind aus der Kulturgeschichte des Menschen lange bekannt. Es ist nicht überraschend, dass Digitalisierung und Robotik auch in diesem Feld die Fantasie anregen. Längst gibt es konkrete Umsetzungen wie etwa Sexpuppen. Auch die Wissenschaft interessiert sich für dieses Feld (S. 81).

Alexa als Gesprächspartner

Der Sprach- und Musikroboter Alexa, äußerlich im Gegensatz zu Pepper betont unauffällig, wurde vom Amazon-Konzern 2016 in Deutschland auf den Markt gebracht. Er spielt auf Zuruf gewünschte Musik ab, kann die neuesten Nachrichten und den Wetterbericht vorlesen, Bestellungen für Amazon aufnehmen und ermöglicht die Sprachsteuerung anderer Haushaltsgeräte. Für die Nutzung von Alexa braucht man eine Internet-Verbindung und einen Amazon-Account. Alexa verfügt über Mikrofone zur Annahme von Sprachbefehlen, über Lautsprecher zum Sprechen und über lernende Spracherkennungssoftware. Nebenbei sammelt sie, wie der *Norddeutsche Rundfunk* 2017 recherchiert hat, fleißig Daten, um ihre Nutzer besser kennenzulernen.

Einige Firmen rechnen offenbar damit, dass ein einträglicher Markt für neue Sexualpraktiken entsteht, und investieren viel Geld in die Entwicklung. Immer wieder wird von Sexrobotern gesprochen, die zuhören, interaktiv sprechen, Berührungen spüren und darauf reagieren sowie ihren Intimbereich flexibel bewegen können. Ihre ›Persönlichkeit‹ soll sich an die Wünsche der Kunden anpassen. Glaubt man einigen kritischen Recherchen, ist die Umsetzung solcher Erwartungen bislang allerdings eher bescheiden. Aber der technische Fortschritt wird auch in diesem Feld weitergehen. Manche erwarten, dass es in zwanzig oder dreißig Jahren perfekte Sexroboter geben könnte, deren Haut sich wie die Haut von Menschen anfühlt, deren weiche Formen die Technik dahinter vergessen lassen, die perfekt sprechen können, ihren Kunden alle Begehrlichkeiten von den Augen ablesen und diese natürlich unermüdlich erfüllen. Offenbar steht der Wunsch nach einer möglichst perfekten technischen Kopie des Menschen hinter einer solchen Idee – aber eben ohne menschlichen Charakter und Eigensinn, ohne Willen und also ohne das Risiko, dass er oder sie Nein sagen könnte. Das hört sich nach dem Macho-Traum vom devoten Sexsklaven und nach Machtfantasie an.

Wären wir Menschen dann solchen perfekten Sexrobotern unterlegen? Wäre es noch attraktiv, mit normalen Menschen zu schlafen, wenn man sich einen perfekten technischen Liebhaber ins Haus bestellen kann? Ist Sex mit einem Roboter nicht nur Ersatz für menschliche Intimität und Nähe, sondern vielleicht sogar eine Steigerung?

Anlässlich der eher zufälligen Entdeckung der stimulierenden Wirkung der Viagra-Pille hat der slowenische Philosoph Slavoj Žižek eine interessante Überlegung angestellt. Seiner Beobachtung nach liegt der Reiz von Sexualität gerade in ihrer *Nicht-Verfügbarkeit*. Der technisch auf Knopfdruck machbare Orgasmus sei letztlich langweilig. Schon in der Viagra-Pille sah Žižek den Sinn von Sexualität zu-

> **Liebe und Sex mit Robotern**
>
> Im Dezember 2018 findet in Montana (USA) bereits der vierte internationale Kongress über Sex und Liebe mit Robotern statt (*International Conference on Love and Sex with Robots*). Dort tauschen sich Wissenschaftler und Entwickler von Universitäten und Firmen über die neuesten Entwicklungen aus und schieden weitere Pläne. Zu den Themen gehören Roboteremotionen, intelligente Sex-Hardware und ethische Fragen.

tiefst verfehlt. Wie viel mehr müsste das dann für Sex mit Robotern gelten! In Žižeks Perspektive ermöglichen die Roboter uns höchstens einen technisierten Lustgewinn, bedeuten letztlich aber eine komplette Verfehlung von Erotik, Nähe und Intimität. Die vollständige Technisierung der Sexualität wäre gleichzeitig ihre Abschaffung, ihr Ende in einer öden Langeweile perfektionierter und abspulbarer Orgasmen. Ihr zentrales Element, das menschliche Gegenüber mit seinem oder ihrem Eigensinn, mit sämtlichen, wie Loriot sagen würde, ›liebenswürdigen Besonderheiten‹ – es würde fehlen.

Wie dem auch sei, einen Markt für Sexroboter oder andere digitale Spielzeuge, also für Sex ohne menschliches Gegenüber, scheint es zu geben. Menschen haben unterschiedliche Interessen und Vorlieben, und für manche wird die Digitalisierung auch in dieser Hinsicht neue Erfahrungen ermöglichen. Zu einem Ersatz der sexuellen Begegnung zwischen Menschen wird sie nicht führen.

Warum nun erscheinen Roboter als Gefährten vielen so attraktiv? Ich vermute, dass wir in die Roboter Dinge hineinprojizieren, die wir eigentlich von Menschen erwarten. Roboter als Freund und Helfer, als Gefährte und Begleiter sollen Eigenschaften haben, die wir an Menschen besonders schätzen – allerdings oft nicht vorfinden. Offenkundig sind viele mit ihren gegenwärtigen menschlichen Begleitern nicht wirklich zufrieden. Hinter den Erwartungen an Roboter könnte sich der Wunsch nach besseren Menschen, nach mehr Gemeinschaft und Solidarität, nach Freundlichkeit und Treue verbergen. In der Lücke zwischen unserem Ideal von guter menschlicher Begleitung und der Realität nisten sich die Roboter ein. Sie haben immer gute Laune, sind perfekte Partner oder Assistenten, haben gute Manieren und werden nicht müde, uns mit ihren Diensten zu verwöhnen.

Viele Menschen wünschen sich Nähe. Kann dieser Wunsch durch Roboter erfüllt werden, obwohl eigentlich explizit *menschliche* Nähe gesucht wird? Entsteht Gemeinschaft, wenn die freundliche Alexa uns mit Namen anredet (S. 80)? Hat eine perfekte Dienstleistung etwas mit wirklicher menschlicher Nähe zu tun, oder simuliert sie diese nur? Ein freundlicher Roboter Pepper (S. 78), der im Haushalt eines älteren Menschen seinen Dienst verrichtet und dort für etwas Abwechslung sorgt: Holt er wirklich diesen Menschen aus der Einsamkeit heraus? Oder bietet er nur eine technische Ablenkung vom Thema, einen belanglosen Zeitvertreib, damit die Einsamkeit nicht so wehtut?

Roboter als Gefährten und Helfer leisten in vielerlei Hinsicht gute Dienste und werden dies in Zukunft verstärkt tun, daran ist nicht zu zweifeln. Aber als Ersatz für menschliche Nähe taugen sie nicht. Zuspruch und Trost aus dem Lautsprecher eines programmierten Roboters kann nicht den einfühlsamen Zuspruch und Trost ersetzen, der von nahestehenden Menschen kommt. Vielleicht geht uns die ewig gute Laune eines Roboters irgendwann sogar auf die Nerven. Dann könnte man ihm beibringen, dass er ab und zu auch schlechte Laune haben müsste, damit wir die gute zu schätzen wissen. Der Imitation menschlicher Handlungsweisen sind keine Grenzen gesetzt. Aber werden Beziehungen zu Robotern immer ähnlicher mit Beziehungen zu Menschen, nur weil die Roboter uns immer besser imitieren? Nein, die Vision geht nicht auf. Sie liefern uns perfekte Dienstleistungen, weil sie dazu gemacht wurden. Sie sind nicht auf Augenhöhe mit uns, sondern sie simulieren diese Augenhöhe nur. Roboter sind keine menschlichen Gegenüber, da können sie technisch noch so perfekt sein. Sie ersetzen nicht die Freude und Nähe des menschlichen Gefährten.

DIGITAL WOHNEN

In Wohnung und Haushalt fallen viele zeitraubende Tätigkeiten an. Staubsaugen, Küche aufräumen oder Fenster putzen, alles nicht beliebt. Es sind typische Sisyphos-Tätigkeiten, die immer wieder aufs Neue erledigt werden müssen. Dabei ist der heutige Haushalt gegenüber etwa dem 19. Jahrhundert schon unglaublich stark technisiert, was viele Freiheiten mit sich bringt. Beispielsweise war die Einführung der Waschmaschine ein wichtiger Schritt, um die Berufstätigkeit der Frau und damit ihre Gleichberechtigung zu ermöglichen.

Hausarbeit ist oft nicht nur nervig, sondern auch eine Fehlerquelle. Das Telefon klingelt, und wir vergessen die Milch auf der Kochplatte oder den Kuchen im Backofen. Bei der Fahrt in den Urlaub vergessen wir, ein Fenster im Erdgeschoss zu schließen. Und beim Einräumen der Spülmaschine sind wir unachtsam und zerbrechen ein empfindliches Glas aus der Hinterlassenschaft der Großmutter. Serviceroboter bieten hier ihre Hilfe an. Technische Fortschritte in der Sensortechnik zur besseren Erkennung von Umgebungsfaktoren, in der Mechatronik zur Ermöglichung von komplexen Bewegungsvorgängen wie das sensible Greifen empfindlicher Gegenstände und in der Elektronik mit einer gewaltigen Erhöhung der Datenverarbeitungskapazität erlauben es Robotern, sich immer besser selbstständig in Wohnungen oder auch im Garten zu bewegen und uns zu helfen.

Zum Beispiel beim Staubsaugen. Der Durchschnittsdeutsche saugt etwa vierzig Stunden im Jahr, sagt jedenfalls die Firma Bosch in ihrer Werbung. Kaum vorstellbar – das wäre ja eine ganze Arbeitswoche! Hier bieten Roboter Hilfe an. Staubsaugroboter arbeiten wie moderne Heinzelmännchen. Einige Modelle warten darauf, dass niemand zu Hause ist, und saugen, sobald es niemanden stört. Wenn man dann nach Hause kommt, ist alles schon fertig. Der Bosch Saugroboter Roxxter kooperiert mit Alexa (S. 80) und reagiert auf Sprachbefehle. Manche Modelle liefern über ihre Kamera Bilder der Wohnung aus ihrer Perspektive. So können ihre Besitzer von unterwegs prüfen, ob Sie wirklich die Kerze auf dem Wohnzimmertisch ausgepustet haben. Die Kosten dieser automatischen Sauger liegen mit etwa 1000 € in der Grundausstattung deutlich über den traditionellen Staubsaugern. Damit sich das lohnt, müssten wir bereit sein, pro Stunde gewonnener Lebenszeit einen Euro auszugeben, angenommen der Sauger hält zweieinhalb Jahre. Das ist für viele vermutlich eine Überlegung wert.

**Das Smart Home –
der digital vernetzte Haushalt**

Smart Home ist nach Wikipedia ein Oberbegriff für technische Verfahren und Systeme in Wohnräumen und -häusern, in deren Mittelpunkt die Erhöhung von Wohn- und Lebensqualität und Sicherheit sowie die effiziente Energienutzung auf Basis vernetzter und fernsteuerbarer Geräte und Installationen sowie automatisierbarer Abläufe stehen. Das ist ziemlich kompliziert formuliert. Gemeint ist, dass unterschiedliche Haushaltsgeräte Daten austauschen, um gemeinsam bessere Dienstleistungen zu erbringen. So kann der Kühlschrank mit dem Internet vernetzt werden und selbstständig einkaufen, die Heizung lässt sich am Tablet regulieren, auf dem ein Programm zur Optimierung des Energieverbrauchs läuft. Die Versprechungen lauten immer gleich: zusätzlicher Komfort und mehr freie Zeit, um das Leben zu genießen.

Die Bewirtschaftung der Küche ist eines der Themen im *Smart Home* (S. 84). Digital vernetzte Geräte unterhalten sich miteinander und stimmen sich ab. Der Kühlschrank kennt mein Lieblingsbier und bestellt von sich aus nach, wenn der Vorrat zur Neige geht. Die Energieüberwachung zusammen mit dem *Smart Meter* optimiert den Energiehaushalt des Hauses. Roboter wie Armar unterstützen uns bei praktischen Tätigkeiten oder nehmen sie uns ganz ab. Der Blick in das Smartphone verrät auf dem Weg von der Arbeit nach Hause, ob noch genug Milch im Haus ist oder ob

Der Karlsruher Roboter Armar – ein freundliches Heinzelmännchen

Roboter könnten bei der Hausarbeit helfen, kochen oder putzen. Sie könnten uns unterhalten oder dazu ermutigen, Sport zu treiben. Sie könnten uns bei unseren Hobbys assistieren, mit uns tischlern und Schmuck herstellen. Oder sie könnten Kinder bei den Hausaufgaben oder beim Musizieren unterstützen, wie der Roboter-Entwickler Guy Hoffman in der *Wirtschaftswoche* 2015 schreibt. Der am Karlsruher Institut für Technologie (KIT) entwickelte Roboter Armar wurde für komplexe Aufgaben in der Küche optimiert. Er kann z.B. empfindlichste Teile behutsam in die Spülmaschine einsortieren.

sonst etwas mitzubringen wäre. Das *Smart Home* ahnt unsere Wünsche auf Basis unserer Daten und seiner sensorischen Wahrnehmungen und arrangiert alles zu unserer Zufriedenheit. Wir sind am Ziel der Entlastung durch die Technik angekommen (S. 84). Damit werden wir zu einem Teil der digitalen Maschinerie, in der unser Anteil an der Hausarbeit im Genuss unserer Freizeit liegt. Ein Paradies, nicht wahr?

Mehr noch, viele weitere Funktionen der digitalen Helfer im Haushalt sind denkbar und teils schon verfügbar. Sicherheit und Überwachung sind wichtige Themen. Wir lassen Haus oder Wohnung ein paar Tage allein – und nehmen die Angst mit, dass jemand unterdessen in die Wohnung einsteigt. Mit digitalen Technologien kann man sich jederzeit davon überzeugen, dass zu Hause alles in Ordnung ist. Es ist technisch möglich, die Pflanzenbewässerung aus dem Urlaub zu steuern und die zu Hause gebliebenen Haustiere zu füttern, die Außenjalousien hochzuziehen, wenn der Wetterbericht Sturm meldet, und die Lichtschaltung so zu organisieren, dass mögliche Einbrecher meinen, die Bewohner seien vor Ort.

Für ältere Menschen verspricht das intelligente Wohnen ›Alters-gerechte Assistenzsysteme für ein selbstbestimmtes Leben‹ (AAL). Die Ausstattung der Wohnung mit Sensoren erhöht die Sicherheit, wenn zum Beispiel bei einem Sturz automatisch die Rettungszentra-le alarmiert werden kann. Assistenzsysteme in der Küche und digital unterstützte Vorratshaltung erleichtern den Verbleib in der eigenen Wohnung. Andere Anwendungen sind das automatische Abstellen des Herdes bei Abwesenheit und die Möglichkeit, vom Smartphone aus sämtliche Elektrogeräte und Lampen auszustellen. Intelligente Rauch-melder piepen bei Alarm nicht nur wild vor sich hin, sondern können auch gleich Nachbarn oder Verwandte verständigen. Freilich schei-tern viele gut gemeinte Anwendungen an mangelnder Akzeptanz, weil etwa die Bedienung zu komplex ist.

Digitale Technik im Haushalt fördert sogar die Nachhaltigkeit, je-denfalls in gewisser Weise. Ein großes Problem ist die Lebensmittelver-schwendung. Viele Lebensmittel verkommen im Kühlschrank oder in der Gefrierbox, meist weil wir sie vergessen haben und deswegen das Mindesthaltbarkeitsdatum überschritten wurde. Digital aufgerüstete Gefrier- und Kühlschränke haben Innenkameras und betreiben eine akkurate Lagerhaltung. Sie wissen, wann welche Packung sich dem Verfallsdatum nähert und informieren uns, wenn es Zeit wird, die Vor-räte aufzubrauchen.

Ein großes Thema im Haushalt ist das Kochen. Zwar ist das tradi-tionelle Kochen weitgehend passé. In den meisten Haushalten wird nicht mehr täglich gekocht, weil die Erwachsenen zur Arbeit sind und die Kinder, wenn es welche gibt, im Hort oder der Ganztagsschule es-sen. Kochen ist weniger alltäglich denn je, jedoch mehr Kult als zuvor. Kochsendungen in Fernsehen und Internet, Ratgeber und Kochbücher haben höchste Einschaltquoten und Verkaufszahlen. Aber was sollte die Digitalisierung hier verändern? Kochen ist doch ein zutiefst ana-loges Geschäft – oder?

Ingenieure und Informatiker haben sich einiges einfallen lassen. Miele nennt seinen digitalen Leuchtturmherd nicht mehr spießig Herd, sondern ›Dialoggarer‹. Es werde nicht einfach etwas gekocht, sondern das Essen entstehe im Dialog zwischen dem digital aufgerüsteten Herd und dem, was zubereitet werden soll. Der Dialog mit Gemüse oder Fleisch wird über Sensoren und elektromagnetische Strahlung organisiert. Damit können unterschiedliche Lebensmittel gleichzeitig gegart werden, jedes nach seinen individuellen Ansprüchen. Bei einem Preis von acht- bis zehntausend Euro solle der Herd zum Statussymbol werden, wie Reinhard Zinkann, Geschäftsführer von Miele, der *Süddeutschen Zeitung* im Mai 2018 sagte. Die Demonstration von Lifestyle und Lebensstandard kann also auch eine Motivation für die Anschaffung von digitalen Helfern im Haushalt sein.

Nun sind viele der Geschichten aus dem *Smart Home* nicht mehr ganz frisch. Die Erzählungen von intelligenten Kühlschränken, Küchenrobotern und unglaublich klugen Herden, die selbst backen können, wiederholen sich in unterschiedlichen Formen seit bald zwanzig Jahren. Irgendwie kommen sie nicht richtig weiter. Und ein Staubsaugroboter ist so aufregend dann auch wieder nicht. Deswegen mal direkt nachgefragt: Wohnen Sie bereits in einem *Smart Home*, wollen Sie dort einziehen, träumen Sie davon oder beneiden Sie Ihren Nachbarn, der eins hat? Obwohl intelligentes Wohnen, wie das *Smart Home* auch genannt wird, seit Langem als Inbegriff der Zukunft gilt, bleibt die Nachfrage begrenzt. Liegt das nur an der Trägheit der Menschen, die sich nicht umstellen wollen, die der Technik nicht trauen oder schlicht aus finanziellen Gründen andere Prioritäten setzen? Die Ursachen sind sicherlich vielfältig. Ich kann mir aber vorstellen, dass hinter dem allgemeinen Zögern, doch endlich smart und intelligent zu wohnen, noch etwas anderes steckt.

Vieles im Haushalt ist lästig und wir würden es gern abgeben, keine Frage. Aber überlegen wir einmal, was es bedeuten würde, wenn wir uns komplett und konsequent auf den digitalisierten Haushalt und die Hilfe von Roboter einlassen. Positiv formuliert, hätten wir einfach mehr freie Zeit, um das Leben zu genießen. Im Endstadium dieser Entwicklung hätten wir nur noch freie Zeit und könnten das ganze Leben außerhalb der Arbeit mit dem Genuss verbringen, ohne etwas zum Gelingen beizutragen. Das klingt zunächst verlockend. Und in der Tat, in vielen Lebenssituationen funktioniert es so. Wir genießen den Latte macchiato im Café, obwohl wir ihn weder zubereitet haben noch das

**Von allgegenwärtiger
Digitaltechnik umsorgt**

Das ubiquitäre Computing *(ubiquitous computing)* wurde 1991 von Mark Weiser als Programm für die Digitalisierung unserer Lebenswelt entworfen. Alle Gebäude und Geräte in unserer Umgebung sollen mit Informationstechnik und Sensoren ausgestattet und untereinander vernetzt werden. Die auf diese Weise ›intelligent‹ gewordene Umgebung soll uns dann alle Wünsche erfüllen, ohne dass wir das auch nur bemerken. Dieses Konzept knüpft an eine theologische Denkfigur aus dem Mittelalter an. Darin ist die *ubiquitas* eine Eigenschaft Gottes, der überall und gleichzeitig wirken kann. Es ist interessant zu sehen, wie immer wieder ursprünglich religiös motivierte Begriffe in die Welt der künstlichen Intelligenz und Algorithmen einwandern. So wie Gott unsichtbar ist, soll auch digitale Technik so perfekt in unsere Umgebung integriert werden, dass wir sie nicht mehr bemerken.

Geschirr spülen müssen. Vielleicht genießen wir ihn deswegen sogar besonders, das ist gerade der Sinn von Freizeit und Urlaub. Aber was ist, wenn dieses Modell zum Dauerzustand wird, wenn wir immer nur genießen?

Das ist eine rein spekulative Frage, denn vermutlich wird es dazu nie kommen. Aber sie eröffnet den Blick auf eine tieferliegende Ambivalenz des *Smart Home*. Denn wenn man die Visionen der Vordenker für das *Smart Home* zu Ende denkt, landet man in einer digital vernetzten technischen Welt, die uns alle Wünsche von den Augen abliest und sie dann realisiert. Die Technik würde alles hinter unserem Rücken wie von selbst regeln und uns alle Wünsche erfüllen. Sie wäre für uns unsichtbar, wie im Konzept des ubiquitären (allgegenwärtigen) Computing *(ubiquitous computing)* vorgesehen. Es wäre das vollkommene Glück im Schlaraffenland – jedenfalls so lange, bis jemand die Frage stellt, ob das nicht eher ein erbärmliches Leben wäre. Der Technikphilosoph Klaus Wiegerling sieht in diesem Zusammenhang die Gefahr, dass wir zu Kleinkindern degenerieren könnten, die von der unsichtbar gewordenen Technik immer die sofortige Erfüllung unserer Wünsche erwarten. In dieser Perspektive wäre die Endstufe der Entlastung von Tätigkeiten in Haushalt und Wohnung erreicht: unsere Infantilisierung. Vielleicht würden wir uns zu großen zufriedenen Babys entwickeln, rundum gepampert, fett und scheinbar glücklich. Aber es würde das Glück der Arbeit fehlen, die Selbstverwirklichung im Tun, der Sinn des Machens, der Erfolg des Handelns. Alles wäre immer schon zu unserem Besten, egal was wir tun. So gesehen wäre eine derartige Welt gar kein Paradies, sondern Horror.

Ich zweifle nicht daran, dass digitale Technik uns in vielen Tätigkeiten in Haus und Wohnung sinnvoll unterstützen kann. Staubsaugen als Selbstverwirklichung des Menschen zu betrachten, ist meine Sache nicht. Die überspitzt spekulativen Gedanken der Vollendung des Menschen als glückselige Babys zeigen jedoch die Ambivalenz an: Wenn wir komplette Entlastung anstreben, ignorieren wir, dass das Tragen von Lasten, oder weniger pathetisch formuliert: die Bewältigung von Aufgaben ein wesentlicher Teil eines guten und gelungenen Lebens ist. Genuss ist wunderbar, aber nicht mehr dann, wenn er totalitär wird, wenn die Möglichkeit zur tätigen Einmischung in die Welt verschwindet oder schleichend unserer Bequemlichkeit zum Opfer fällt.

ALGORITHMEN ALS RATGEBER

Unser alltägliches Leben ist voller Fragen. Oft wissen wir nicht weiter und müssen um Rat fragen: bei der Orientierung in einer fremden Stadt, bei gesundheitlichen Beschwerden, bei schwierigen Phasen in der Kindererziehung, zur Anlage einer Erbschaft oder wenn unsere Katze deprimiert wirkt. Zu leben bedeutet zu einem guten Teil: Fragen zu stellen und nach Antworten zu suchen. Viele Regalmeter Ratgeberliteratur in den Buchhandlungen sowie unzählige Fernsehsendungen zu allen möglichen Herausforderungen des Lebens zeugen von dem großen Beratungsbedarf. Oft fragen wir andere, so zum Beispiel Einheimische in der fremden Stadt, unseren Hausarzt, einen Erziehungsberater, den Investmentbanker oder den Tierpsychologen.

Wer von anderen um Rat gefragt wird, dem wird etwas zugetraut. Wenn ich jemanden um Rat frage, schreibe ich ihm eine Art Expertenrolle zu – ich glaube, dass er etwas weiß, wovon ich selbst keine Ahnung habe. Auf diese Weise sind fast alle Menschen Experten für irgendetwas und erfahren dadurch Anerkennung und Wertschätzung. Mit den digitalen Techniken ändert sich hier etwas fundamental: Der Mensch als Ratgeber wird entwertet. Seine Beratungsleistung und seine Möglichkeit, sinnvolle Antworten auf die Fragen von Ratsuchenden zu finden, sind gegenüber der digitalen Technik zusehends unterlegen. Gegen die Algorithmen, die Zugriff auf riesige Datenmengen haben, bleibt dem einzelnen Menschen kaum eine Chance.

Sich beispielsweise in einer fremden Stadt zurechtfinden, ist nicht immer leicht. Wer eine bestimmte Straße oder einen Veranstaltungsort gesucht hat, fragte bislang meist andere Menschen, in der Annahme, sie seien mit der Stadt vertraut und würden sich auskennen. Das Wissen der Einheimischen wurde als etwas Besonderes anerkannt, etwas, auf das Ortsfremde eben nicht zurückgreifen konnten. Das hat sich geändert. Man fragt nicht mehr einen Fußgänger

GPS begleitet uns überall hin

Die GPS-Daten kommen überallhin, weil sie von Satelliten ausgestrahlt werden. Beim Trekking und Wandern in Gegenden ohne markierte Wanderwege sind sie eine große Hilfe. Dann entfällt auch die Notwendigkeit, andere Wanderer oder Einheimische zu fragen.

am Straßenrand, sondern sein Navi oder das GPS im Smartphone. Diese liefern den Plan, wie man zum Ziel gelangt. Das ist außerordentlich praktisch und zielführend, oft sogar im Vergleich zu menschlichen und ortskundigen Ratgebern. Denn diese setzen immer wieder einfach zu viel voraus und können sich in Ortsfremde nicht hineinversetzen, weshalb diese sich oftmals doch wieder verlaufen und erneut fragen müssen. Gar nicht zu reden vom Orientierungsproblem in einer ausländischen Stadt, wo eine fremde Sprache gesprochen wird oder die Schilder gar in einer fremden Schrift wie Kyrillisch oder Chinesisch gehalten sind. Damit haben die digitalen Ratgeber kein Problem.

Wie stark diese sich bereits durchgesetzt haben, ist an dem allmählichen Verschwinden öffentlicher Stadtpläne zu erkennen. Während früher an jedem Bahnhof, an der Bushaltestelle und an den zentralen Stellen der Stadt Umgebungspläne aushingen, werden es, zumindest meiner Beobachtung nach, immer weniger. Diese Entwicklung auf den Autoverkehr übertragen, könnte bedeuten, dass man vielleicht in Zukunft auf die aufwendigen Beschilderungen verzichten wird. Wer den Anweisungen des Navis folgt, braucht keine monumentalen Hinweisschilder mehr. Vielleicht wird das einmal zum Argument, um die Navi-Pflicht einzuführen.

Auch in vielen anderen Bereichen ist menschlicher Rat zusehends weniger gefragt. Ob das nun Reisebuchungen sind, für die man sich früher im Reisebüro beraten ließ, eine Rechtsauskunft oder die Geldanlage: Es gibt viele Felder, in denen die Algorithmen mit den riesigen Datenmengen im Rücken immer besser werden und selbst langjährige Experten schlagen können. Das Rat-Suchen und Beraten-Werden als typisch menschliches Verhalten wird zusehends durch die digitale Verfügbarkeit allen Wissens ersetzt.

Das hat durchaus positive Aspekte. Wenn Wissen von allen eingesehen und genutzt werden kann, ist damit auch eine Demokratisierung des Wissens verbunden. Der Zugang zum Wissen wird einfacher, die Macht mancher Experten kleiner. Wissen ist Macht, und manche Experten sitzen auf ihrem Wissen und lassen andere spüren, wer das Wissen hat. Es ist gut, dass sich durch den einfacheren Zugang in vielen Feldern die Machtbalance ändert.

Die Frage freilich bleibt, was der Ersatz menschlicher Ratgeber durch technische für uns selbst bedeutet. Wie steht es um unser Vertrauen in die menschlichen Ratgeber? Mittlerweile werden Menschen rasch der Subjektivität oder des Eigeninteresses verdächtigt, während digitale Information einen Vertrauensvorschuss in Bezug auf Neutralität und Objektivität genießt. Wir denken in der Regel aber nicht daran, dass hier ja nicht objektive Technik auf Basis objektiver Daten antwortet, sondern dass das gesamte Arrangement des digitalen Ratgebers von Menschen und Firmen gemacht worden ist, aus Algorithmen und Daten. Ob wir denen immer blind vertrauen können, ist eine Frage, mit der wir uns näher in (Kapitel 11) beschäftigen werden.

DIGITAL REISEN

Urlaub und Reisen gehören zum Lebensstil westlicher Gesellschaften, zunehmend auch der aufsteigenden Schichten in Schwellenländern wie China und Indien. Während das Reisen im 19. Jahrhundert noch wenigen wohlhabenden Menschen vorbehalten war, hat sich spätestens nach dem Zweiten Weltkrieg der Massentourismus entwickelt. Der Blick auf andere Welten ermöglicht den Ausbruch aus dem Alltag und ist Ausdruck des Freiheitsbedürfnisses vieler Menschen. In den Zielländern gehört der Tourismus oftmals zu den wichtigsten Einnahmequellen. Wenn diese aufgrund von Umwelt- oder Sicherheitsproblemen oder infolge politischer Krisen zurückgehen, wie seit einigen Jahren in Ägypten, nach dem Erdbeben 2016 in Nepal oder nach dem Putschversuch gegen Erdogan 2016 in der Türkei, sind viele Menschen betroffen und haben keine Arbeit mehr.

Der Tourismus hat auch seine Schattenseiten. Er betoniert wunderschöne Küstenlandschaften mit Hotelburgen, die irgendwie alle gleich aussehen. Er instrumentalisiert die lokale Kultur, die auf Folklore-Abenden den Touristen vorgestellt wird. Er verursacht massive Umweltprobleme durch Fernflüge, durch unsägliche Müllproduktion und durch die Zerstörung von Ökosystemen vor Ort, wie etwa im alpinen Skizirkus. Kritiker sagen, der Tourismus sauge die landschaftlichen und kulturellen Reize einer Region so lange aus, bis nichts mehr übrig ist – dann ziehe er weiter und nehme sich andere, noch unverbrauchte Regionen vor.

Mit der Digitalisierung scheint das zunächst wenig zu tun zu haben. Die Reisenden suchen keine Computer und Algorithmen, sondern Erholung, Abstand von zu Hause, schöne Landschaften und fremde Kulturen. Aber das ist nicht selten bereits heute Romantik. Urlaub auf einem Kreuzfahrtschiff ist Urlaub in einer virtuellen Welt. Nicht virtuell im Sinne der Digitalisierung, aber virtuell, weil das Kreuzfahrtschiff eine künstliche Welt ist. Gelegentliche Landgänge bauen nur die Illusion auf, dass man sich doch irgendwie in der wirklichen Welt bewegt. Cluburlaube und Wellnesshotels sind virtuelle Welten, künstlich für die Zwecke des Tourismus hergestellt. Das Geschäft boomt, während die oft nicht so angenehme Realität vieler Gastgeberländer den Gästen verborgen bleibt.

Die Digitalisierung hat in vielen Bereichen des Reisens längst Einzug gehalten. Urlauber und Reisende informieren sich vorab im Internet über Ziele, Hotels und Reisemöglichkeiten. Statt Dienstleistungen von Reisevermittlern und Reisebüros in Anspruch zu nehmen, wie das in den 1970- und 1980er-Jahren der Normalfall war, geht der Trend zum Selbstrecherchieren und Selbstbuchen. Nach einer repräsentativen Verbraucherumfrage des Digitalverbandes bitkom buchten 2015 schon 66 Prozent der Reisenden ihre Übernachtungen und 56 Prozent ihre Flüge selbst, Tendenz steigend. Entsprechend sind längst alle wesentlichen touristischen Ziele im Internet vertreten, wo sie versuchen,

Intelligentes Reisen dank Big Data, Social Media and Mobile

Wie verbreitet sind folgende Szenarien im Jahr 2025?*

Individualisierte Angebote

Reisen werden mithilfe von Big-Data-Analysen auf Verbraucher **persönlich zugeschnitten** (z. B. durch die Analyse von Daten aus Sozialen Netzwerken)

97%

Collaborative Consumption

Verbraucher schließen sich online zu **Buchungs- bzw. Reisegemeinschaften**

55%

zusammen, um von günstigeren Gruppenreisen zu profitieren

74%

Nahtloses Reisen

Reisende nutzen für alle Reisedienstleistungen wie Flüge, Mietwagen oder Bahnfahrkatrten nur noch ein **digitales Ticket** (z. B. per NFC-Technologie auf dem Smartphone)

Basis: Touristikunternehmen
*Antworten für »sehr weit« verbreitet und »eher verbreitet«
Quelle: Bitkom Research

Tourismus im Jahr 2025

Der Digitalverband bitkom hat Tourismusmanager befragt, wie sie den Tourismus im Jahr 2025 angesichts der Digitalisierung sehen. Geht die Tendenz zum ›intelligenten‹ Reisen?

sich gegenseitig mit fantastischen und perfekt gestylten Auftritten zu übertrumpfen. An all dies haben wir uns längst gewöhnt. Viele können sich vermutlich kaum noch vorstellen, wie der Tourismus vor zwanzig oder dreißig Jahren ohne Recherchen und Buchungen im Internet und ohne Apps zum Finden günstiger Flüge oder Hotels überhaupt funktionieren konnte.

Der Blick in die Zukunft ist wie immer schwierig. Die Tourismusmanager haben jedenfalls hohe Erwartungen (S. 93). Ganz oben steht die Individualisierung der Angebote: Algorithmen sollen auf der Basis der Daten, die sie etwa in den Sozialen Netzwerken über uns gesammelt haben, bestimmen, welche Urlaube und Reisen am besten zu uns passen. Wunderbar, dann brauchen wir uns nicht einmal mehr darüber Gedanken zu machen, wohin wir reisen wollen. Und beim Koffer packen berät uns eine App, damit wir auch nichts vergessen. Leider kann die App nicht selbst den Koffer packen, dazu bräuchte sie einen Roboter. Der wartet dann im Hotel auf uns und ist mit Rat und Tat zu Diensten (S. 65). Entlastung bis zum Geht-nicht-Mehr wie in den Visionen des digitalen Wohnens (S. 84), aber auch mit den gleichen Ambivalenzen (S. 88).

Eine interessante Frage ist, ob die Digitalisierung einmal das Reisen komplett überflüssig machen könnte. Bereits heute können wir am Computer oder mit dem Smartphone auf dem Sofa virtuelle Rundgänge durch die Grabeskirche in Jerusalem oder das Taj Mahal in Indien machen. Technologien der Virtuellen Realität (*Virtual Reality*, VR) wollen diese bisher meist visuellen Darstellungen auch auf andere Sinnesorgane ausdehnen. Durch das Aufsetzen einer Datenbrille können wir visuell in fremde Welten eintauchen. Wir sehen die Umgebung dann nicht mehr aus der Distanz des fernen Beobachters auf dem Bildschirm, sondern begeben uns die fremde Welt, etwa die Verbotene Stadt in China hinein. Durch Originalgeräusche kann dieser Eindruck authentischer gestaltet werden. Gerüche könnten hinzukommen und uns etwa den Großen Bazar in Istanbul riechen lassen. Auf diesem Weg könnte der Originaleindruck eines Besuches vor Ort, etwa im Krüger-Nationalpark, immer besser simuliert werden – ob das einmal so weit geht, dass man die Reise nach Afrika gar nicht mehr machen muss, sondern die Originaleindrücke in einem VR-Studio aufgenommen werden, das alle Sinneseindrücke in täuschend echter Form mobilisieren kann (S. 95?)

So weit muss man vielleicht nicht denken. Wenn man vor der Reise mit einer Datenbrille probeweise einen Rundgang durch ein infrage kommendes Hotel machen kann, ist das auch schon etwas. Mithilfe von VR-Technologien könnten Urlauber sich vorab einen besseren Eindruck von fremden Orten verschaffen und sich besser für oder gegen ein Urlaubsziel entscheiden. Mehr als 70 Prozent der vom Digitalverband bitkom befragten Manager (S. 93) glauben, dass dies im Jahr 2025 verbreitet sein wird – und bis dahin ist es nicht mehr so lange.

Komplett virtuelle Reisen im VR-Studio könnten für Orte interessant sein, die wegen politischer oder anderer Umstände nur schwer zugänglich sind.

Der Urlaub im Computer

Die Digitalisierung könnte ermöglichen, dass die Urlaubsumgebung durch Virtuelle Realität nach Hause auf das Sofa bzw. in den Computer geholt wird. Hierzu müssten natürlich alle Sinne angesprochen werden, der Bildschirm allein reicht nicht. Die virtuelle Realität über Datenbrillen, Lautsprecher, Gerüche und weitere Impressionen vermittelt einen digitalen Zwilling (S. 36), der möglichst nahe an der eigentlichen Urlaubsumgebung sein soll.

Die Reise auf den Mond in Echtzeit in einer simulierten Raumkapsel, mit Blick auf den blauen Planeten, mit täuschend echt simuliertem Landemanöver und einer Monderkundung im Astronautenanzug, in dem nur ein Sechstel der Erdschwerkraft zu spüren ist – das könnte durchaus attraktiv sein. Wie übrigens Flugzeug- oder Rennwagen-Simulatoren längst ihr Publikum gefunden haben. Denn das wäre es letztlich: die Simulation einer Mondreise oder der Reise an andere, vielleicht schlecht erreichbare Orte. Für Reisen auf der Erde könnte es Simulatoren geben, in die man sich begibt, um bestimmte Erfahrungen zu machen, die man sich sonst nicht zutraut oder für die das Budget nicht reicht, vielleicht eine Vulkanexpedition oder eine Abenteuerreise im tropischen Regenwald. Aber für normale Reisen: Wer würde sich mit einem Simulator zufriedengeben, wenn man auch das Original besuchen könnte? Vermutlich wird es einen Markt für VR-Simulationsreisen geben, aber eine echte Reise in die Toskana wird man nie ersetzen können.

5. DER MENSCH ALS GEPÄCKSTÜCK: SELBST FAHRENDE AUTOS

DAS AUTO ALS SYMBOL DER FREIHEIT

Das Auto ist zum Symbol für individuelle Mobilität schlechthin geworden. Wir können direkt vor der Haustür einsteigen und losfahren, ohne Rücksicht auf jeden Fahrplan. Wir können Gepäck verstauen und das Auto nach unseren Vorstellungen als fahrendes Wohnzimmer einrichten. Wir haben im Auto vielleicht eine bessere Musikanlage als zu Hause. Wir sitzen allein und bequem gepolstert, mit Sitzheizung und Klimaanlage, statt eingepfercht mit vielen anderen Menschen im Berufsverkehr in der U-Bahn. In den 1950er- und 1960er-Jahren ist das Auto sogar zum Inbegriff der großen Freiheit aufgestiegen. Mal eben nach Italien an den Traumstrand fahren oder nach Nizza zum Flanieren, und das alles auf den eigenen vier Rädern. Viele Schwellen- und Entwicklungsländer folgen diesem westlichen Modell. Während beispielsweise der Straßenverkehr in China noch vor wenigen Jahren meist aus Fahrrädern und Mopeds bestand, ist heute auch dort das Auto als sichtbares Symbol von Wirtschaftswachstum und neuem Lebensgefühl allgegenwärtig.

Freilich haben die hohen Erwartungen an die automobile Freiheit mit der Realität heute oft nicht mehr viel zu tun. Die große Freiheit endet im Stop-and-go-Verkehr auf dem Weg zum Arbeitsort, wird gebrochen durch rote Wellen an den Ampeln, ist eingeklemmt in endlose Lkw-Kolonnen auf Autobahnen und Landstraßen und mündet in unüberschaubare Blechlawinen bei der Fahrt in den Urlaub. Aber der Mythos ist stärker als die Realität. Das Auto als Sinnbild individueller Freiheit lebt weiter. Auch wenn das Auto bei der jungen Generation und den Innenstadtbewohnern an Glanz verliert, bleibt es des Deutschen liebstes Kind.

Ich denke, das liegt nicht nur an der individuellen Mobilität, sondern auch an dem guten Gefühl, das Steuer selbst in der Hand zu haben. Wir sind fast alle Autofahrer oder Autofahrerin. Das war in der Anfangszeit des Autos nicht selbstverständlich. Gottfried Daimler, mit Carl Benz zusammen Erfinder des Autos, hat einmal gesagt: »Die weltweite Nachfrage nach Kraftfahrzeugen wird eine Million nicht überschreiten – allein schon aus Mangel an verfügbaren Chauffeuren.« Er konnte sich offenbar nicht vorstellen, dass die Autobesitzer sich selbst ans Steuer setzen. Vermutlich war das damals eine kluge Prognose. Denn Autofahren konnten praktisch nur Techniker und Ingenieure – dauernd musste irgendetwas repariert werden.

Heute ist das Fahren selbstverständlich geworden, wir haben das Auto demokratisiert. Der technische Fortschritt hat es möglich gemacht: Autos sind leicht zu bedienen und gehen selten

Werbung für die automobile Freiheit

Die Automobilwerbung der 1960er- und 1970er-Jahre war fast ausschließlich vom Freiheitspathos geprägt. In Bezug auf das Lebensgefühl ist sie es teilweise bis heute, besonders bei bestimmten Automarken. Das Auto ist Symbol für das Ausbrechen aus dem alltäglichen Einerlei, der spießigen Wohngegend und der reglementierten Arbeitswelt. Es verheißt Wildheit und Abenteuer in einer ansonsten durchrationalisierten und damit irgendwie langweiligen Welt. Der weltweite Erfolg der SUV (*Sport Utility Vehicle*) ist vielleicht damit zu erklären, dass die an Geländewagen erinnernden Autos eine Aura des Wilden und der Wildnis verbreiten, obwohl man damit vor allem durch regulierte Innenstädte fährt.

kaputt. Das Fahren macht offenkundig vielen Spaß, aus sicherlich unterschiedlichen Gründen. Der Satz von Kurt Tucholsky: »Der Deutsche fährt nicht wie andere Menschen. Er fährt, um recht zu haben«, muss ja nicht auf alle zutreffen. Manche genießen es, Herrscher über viele PS zu sein und an anderen vorbeiziehen zu können. Andere entspannen sich beim Fahren vom Stress des Arbeitstages, und viele mögen es vermutlich einfach, losfahren und anhalten zu können, wie es ihnen gerade passt. Für vermutlich die weitaus meisten ist das Auto aber so selbstverständlich geworden, dass sie gar nicht mehr darüber nachdenken, warum sie es nutzen. Das Auto hat sich als Symbol individueller Freiheit tief im Bewusstsein eingenistet. Und nun ist es unverhofft auf die Rote Liste der bedrohten Technologien geraten.

Selbst fahrende Autos sind in den vergangenen Jahren zu einem großen Thema in Medien und Politik geworden. Schien das autonome Fahren vor wenigen Jahren noch entfernte Zukunftsmusik zu sein, so haben Fortschritte der Technik und medienwirksame Inszenierungen demonstriert, dass wir an der Schwelle eines neuen Zeitalters der Mobilität stehen. Hoch- und vollautomatisierte Systeme, die ohne menschliches Eingreifen selbstständig die Fahrbahn wechseln, bremsen und lenken können, gibt es längst. Auf Teststrecken in Deutschland und den USA fahren autonome Fahrzeuge, mit denen ihre Entwickler Daten und Erfahrung sammeln. Fahrerlose Robotertaxis und -busse werden entwickelt und erprobt. Die Digitalisierung, insbesondere die Verbindung neuer Sensortechnik mit schneller Datenauswertung, macht dies möglich.

Wir Menschen gelten zusehends als Risikofaktor im Verkehr. Während wir uns früher als Kapitäne der Landstraße groß und stark fühlen konnten, wird uns heute gesagt, dass Algorithmen alles besser können. Daher sollen wir uns auf die Rolle als Gepäckstück und Frachtgut zurückziehen: gefahren werden statt selbst fahren. Das Steuer sollen wir den Algorithmen überlassen. Müssen wir unsere Freiheit und alle Kontrolle abgeben? Droht das Gefühl der Erniedrigung, weil wir die Übermacht der digitalen Technik anerkennen müssen? Oder bedeutet diese Entwicklung einen Gewinn an Sicherheit und Lebensqualität, letztlich vielleicht auch einen Gewinn an Freiheit? Jedenfalls ist das Auto ein schönes Beispiel aus dem Themenbereich der Digitalisierung – mitten aus dem Leben gegriffen.

ALGORITHMEN AM STEUER

Was sich provokant anhört, hat eine lange Vorgeschichte. Die Geschichte des Autos ist, wie die Karlsruher Historikerin Silke Zimmer-Merkle in ihrer Doktorarbeit gezeigt hat, verbunden mit immer neuen Technologien, die den menschlichen Fahrer unterstützen.

Schon der Rückspiegel ist eine solche Assistenz, der den aus Sicherheitsgründen problematischen Blick nach hinten erspart. Im Vergleich zu späteren technischen Helfern des Menschen wie dem Automatikgetriebe, dem Anti-Blockier-System (ABS) und der elektronischen Einparkhilfe nimmt sich der Rückspiegel freilich noch recht rustikal aus. Wenn sich heute Bordcomputer anschicken, das Steuer zu übernehmen, ist das also nur das folgerichtige Ende einer langen Entwicklung, in deren Verlauf dem Menschen das Fahren immer leichter gemacht werden sollte.

Allerdings ist die Dynamik recht merkwürdig. Es war immer das erklärte Ziel, dem Menschen das Fahren leichter und angenehmer zu machen – und nun soll ihm das Fahren komplett abgenommen werden? Wie ist das zu erklären? Warum läuft die Entwicklung in Richtung einer Automatisierung? Warum wird der Mensch überflüssig, obwohl er ursprünglich im Mittelpunkt stehen sollte?

Ein wichtiger Punkt ist die Sicherheit, ähnlich wie beim Rückspiegel und dem ABS. 2017 starben in Deutschland 3215 Menschen im Straßenverkehr, Zehntausende wurden schwer und schwerstverletzt. Weltweit schätzt man die Zahl der jährlichen Verkehrstoten auf deutlich über eine Million. Das entspricht etwa der Einwohnerzahl von Städten wie Hamburg oder Mailand und ist ein Mehrfaches der Zahl der Toten im Syrienkrieg – ein ethischer Skandal. Als Hauptverursacher gilt der Mensch: Je nach Statistik werden in Deutschland 90–95 Prozent aller Unfälle von Menschen verursacht, und zwar meist durch Regelverletzung wie zu hohe Geschwindigkeit oder Alkohol am Steuer. Oft ist ganz einfach auch die menschliche Unaufmerksamkeit der Grund. Ein Bordcomputer ist verlässlicher: Er trinkt keinen Alkohol, wird nicht müde und auch nicht aggressiv. Tempolimits hält er strikt ein, weil er so programmiert ist. Die Sicherheitsfrage ist ein gutes Argument. 1:0 für den Algorithmus.

Weiterhin wird oft gesagt, selbst fahrende Autos seien gut für die Allgemeinheit. Autonome Autos sollen Menschen, die nicht selbst fahren können, die gleiche individuelle Mobilität ermöglichen, die die anderen haben. Ältere, Kranke und Behinderte könnten einfach ein selbst fahrendes Auto bestellen und sich von A nach B fahren lassen. Das

Argument hört sich gut an, wohl niemand würde widersprechen. Fast ein Tor! Aber nur fast, denn eine solche Möglichkeit besteht ja heute schon. Man greift zum Telefon, bestellt ein Auto und lässt sich zum Ziel bringen. Wir nennen es Taxi. Nun sind Taxis auf dem Lande schwer zu bekommen und auch recht teuer, vielleicht sind autonome Autos deutlich erschwinglicher. Aber das wissen wir noch nicht. Es bleibt beim 1:0, wenn auch mit etwas Glück.

Ein dritter Punkt ist wieder bedenkenswerter. Viele Autofahrten machen keinen Spaß, sondern sind einfach lästig. Täglich eine Stunde morgens und abends im Berufsverkehr zu stecken, wird selten als große Freiheit empfunden. Als Fahrer muss man die ganze Zeit konzentriert sein, sich an den Verkehr anpassen und kann meistens nur reagieren – eigentlich das Gegenteil von Freiheit. Wenn man diese Zeit im selbst fahrenden Auto verbringen würde, könnte man Zeitung lesen, einen Film schauen, oder einfach nur dösen. Für viele wäre das ein erheblicher Gewinn an Lebensqualität. Eine einfache Rechnung: Eine Stunde abends und eine morgens, und das an ungefähr 200 Arbeitstagen im Jahr, sind 400 Stunden, macht 50 Achtstundentage. Ganz schön viel Lebenszeit. Das autonome Fahren erhöht klar auf 2:0.

Andere Hoffnungen erstrecken sich auf das Verkehrssystem. Verkehrsplaner träumen davon, mithilfe der autonomen Autos eine bessere Verkehrsführung zu verwirklichen: Staus sollen vermieden, vorhandene Straßen besser genutzt, letztlich auch die Umweltbilanz des Verkehrs verbessert werden. Vielleicht sind diese Dinge möglich. Aber groß wird der Effekt kaum sein. Es bleibt beim Stand 2:0.

Alle genannten Punkte verweisen auf die positiven Folgen des autonomen Fahrens für Mensch und Gesellschaft. Die wesentliche Triebkraft der dynamischen Entwicklung liegt aber woanders: im Wettbewerbsdruck auf dem weltweiten Automobilmarkt. Die großen Konzerne investieren nicht Unsummen in selbst fahrende Autos, um der Menschheit einen Gefallen zu tun. Sondern sie wollen, und das ist völlig legitim, auch in Zukunft Gewinne machen, und das in harter Konkurrenz zueinander. Dieser seit Jahrzehnten bestehende Druck ist durch das Engagement von Konzernen aus dem *Silicon Valley* gestiegen. Am bekanntesten sind wohl das Google-Auto und die sich anschließenden Entwicklungen bei der Google-Tochter *Waymo*. Anders als etablierte Autokonzerne, deren Geschäftsmodell im Verkauf von Massen einzelner Autos besteht, denken diese Firmen in der digitalen Ökonomie eher an vernetzte Dienstleistungen wie etwa *Uber*. Und tatsächlich könnten die neuen Geschäftsmodelle für die klassischen Autobauer eine existenzielle Gefahr bedeuten. Deswegen wird fieberhaft gearbeitet, um auf einem sich rasch verändernden Markt der Mobilität bestehen zu können. Schnelligkeit im harten Wettbewerb hat jedoch seine Schattenseite: Die bisherigen Todesopfer durch autonome Autos in den USA sind der Überschätzung der heutigen Leistungsfähigkeit der autonomen Technik geschuldet.

In anderen Bereichen, auch wenn wir oft nicht daran denken, sind wir längst und wie selbstverständlich als Frachtgut unterwegs. Im ICE und Bus werden wir gefahren, statt selbst zu fahren. Immerhin sitzt dann (noch) ein Mensch am Steuer beziehungsweise hinter dem Schaltpult. Das Fliegen ist schon jetzt weitgehend eine Aufgabe für Autopiloten, also Bordcomputer. Flugkapitäne mit ihrer hohen gesellschaftlichen Anerkennung und ihren schicken Uniformen haben meist nicht viel zu tun und überwachen lediglich die autonomen Geräte. Die an vielen Flughäfen installierten Schwebebahnen fahren ganz ohne menschlichen Fahrer. Also, es geht doch, oder?

Allerdings ist die Umsetzung dieser technischen Konzepte eine leichte Aufgabe verglichen mit der Digitalisierung des Autoverkehrs. Der Innenstadtverkehr auf dem Mittleren Ring in München, das Gewimmel von Fahrrädern und Fußgängern in Amsterdam oder das Verkehrschaos in süditalienischen Städten sind ungleich komplexer zu bewältigen als das radargesteuerte Fliegen in genau bestimmten Korridoren oder eine Fahrt auf Schienen. Das selbst fahrende Auto muss mit vielen unerwarteten Ereignissen, schwer planbaren Verkehrsteilnehmern und einer großen Vielfalt von Bewegungen zurechtkommen. Was muss ein autonomes Auto alles leisten, um sich in der freien Wildbahn des normalen Straßenverkehrs zurechtzufinden?

Der Bordcomputer braucht Sensoren, die das Umfeld erkennen, wie wir Menschen das mit Auge und Ohren machen. Beispielsweise muss er Verkehrsschilder lesen und Hindernisse erkennen können, und das auch bei schwierigen Sichtverhältnissen. Er benötigt eine digitale Straßenkarte und eine GPS-Verbindung, um immer zu wissen, wo das Auto sich gerade befindet. Schnelle Algorithmen sind nötig, um sofort, in Echtzeit, die aktuellen Daten auswerten und in Entscheidungen umsetzen zu können, zum Beispiel auszuweichen oder zu bremsen. Der Bordcomputer muss Daten mit anderen Autos austauschen, um unklare Situationen zu bereinigen. Dies muss funktionieren, egal ob die anderen Autos auch selbst fahren oder von Menschen gesteuert werden. Der Bordcomputer muss gut über sich selbst Bescheid wissen und zum Beispiel im Falle einer Überforderung oder eines Versagens der Technik das Auto geordnet aus dem Verkehr ziehen (Teil 3 in diesem Kapitel). Der Algorithmus muss die Straßenverkehrsordnung kennen und sich nach ihr richten. Er muss zum Verkehr zugelassen werden, also eine Art Führerschein erwerben.

> **Autos unterhalten sich**
>
> Im Straßenverkehr gibt es immer wieder uneindeutige Situationen. Dann winken wir uns zu, geben Handzeichen, hupen vielleicht sanft. In der Fahrschule wird gern die Situation einer Rechts-vor-links-Kreuzung bemüht, wo gleichzeitig aus allen vier Richtungen Autos kommen. Die strikte Befolgung der Regel »rechts vor links« führt nur in eine Sackgasse. Also geben wir Handzeichen und pirschen uns so lange vor, bis klar ist, wer als Erster fährt und die Blockade auflöst. Selbst fahrende Autos müssten so etwas erst lernen. Das wäre wahrscheinlich nicht so schwer, wenn alle vier Wagen in unserem Beispiel von Algorithmen geleitet würden. Da könnte man z.B. einen Zufallsgenerator einsetzen, um das Auto zu bestimmen, das zuerst fahren darf. Schwieriger dürfte es im Mischverkehr werden. Wie sollen Algorithmen die Handzeichen menschlicher Autofahrer richtig interpretieren?

In Zukunft, so erzählen die Visionäre, sollen Bordcomputer wie menschliche Autofahrer lernen und durch Fahrpraxis immer besser werden. Das ist besonders interessant, weil hier etwas passieren könnte, was Menschen nicht möglich ist. Wir Menschen lernen individuell durch Fahrpraxis, jeder einzelne für sich. Gewonnene Erfahrung und Fahrpraxis können nicht einfach auf andere Menschen übertragen werden. Jeder muss seine Erfahrungen selbst machen. Wenn hingegen ein autonomes Auto etwas lernt, kann es diese Lernerfahrung über das

Internet umgehend an weitere autonome Fahrzeuge, idealerweise an alle, weitergeben. Individuelle Lerneffekte eines einzelnen Autos sofort zu Allgemeinwissen auf der Systemebene zu machen, ist unter Sicherheitsaspekten offenkundig wünschenswert. Aber, wie gesagt, das ist Zukunftsmusik.

Insgesamt gibt es also bedenkenswerte Argumente, die für den Algorithmus am Steuer sprechen. Allerdings ist das bei jeder Technik so: Es gibt immer Dinge, die dafür sprechen. Was jedoch wäre jenseits der positiven Argumente zu erwähnen? Muss der Stand 2:0 plus einiger Beinahe-Tore für den Algorithmus eventuell korrigiert werden?

ENTSCHEIDUNGEN ÜBER LEBEN UND TOD

Wenn der Mensch sich von einem selbst fahrenden Auto mitnehmen lässt, vertraut er sich dem Bordcomputer an, so wie man sich heute einem Bus- oder Taxifahrer anvertraut. Wenn es in Zukunft Autos geben sollte, die vielleicht kein Lenkrad, keine Bremse und kein Gaspedal mehr haben, also den Menschen als möglichen Fahrer gar nicht vorsehen, bestünde keine Chance mehr, noch das Steuer zu ergreifen. Das wäre noch etwas anderes als beim Autopilot im Flugzeug, der von der Besatzung zumindest überwacht wird (noch). Der Härtefall für unser Vertrauen in die Technik ist immer die Frage nach der Entscheidung über Leben und Tod. Übernehmen in Zukunft Algorithmen diese Entscheidung?

In der Berichterstattung im Fernsehen, in Zeitungskommentaren und Internetbeiträgen werden häufig Extremsituationen diskutiert, unvermeidliche Unfälle, in denen nur nach dem kleinsten Übel gesucht werden kann (S. 106). Klassiker sind Situationen, wo ein selbst fahrendes Auto nur die Wahl hätte, zwei Kinder oder drei ältere Leute umzufahren, oder sich entscheiden müsste, entweder die Insassen zu gefährden, vielleicht gar zu opfern, oder unbeteiligte Fußgänger. Dann werden natürlich Fragen gestellt: Wie sollen entsprechende Algorithmen programmiert werden? Wie wird der Wert von Menschenleben berechnet? Dürfen Autokonzerne diese Programmierung vornehmen? Wird es konkurrierende Ethik-Module geben, zwischen denen die

Kunden auswählen können? Muss bei der Fahrt über eine Staatsgrenze ein anderes Modul geladen werden, falls dort andere Vorschriften gelten? Anhand solcher Fragen kommt es oft zu Empörung. Es wäre doch ein Skandal, wenn technische Systeme auf möglicherweise undurchschaubare Weise über Tod und Leben entscheiden könnten. Aber langsam. Bei genauerem Hinsehen erscheinen die Dinge in einem anderen Licht.

1. Auch die klügsten Bordcomputer mit den besten Sensoren können weder das Alter der betreffenden Personen noch gar ihre Vermögensverhältnisse erkennen. Sie können es heute nicht und werden es auf lange Zeit nicht können – und vielleicht nie. Derartige Visionen sind reine Gedankenspiele ohne jeden Realitätsbezug.

2. Es stimmt einfach nicht, dass wir selbst fahrenden Autos beziehungsweise dem Bordcomputer die Verantwortung über Leben und Tod übergeben. Denn der Computer entscheidet nicht von sich aus. Er ist menschgemacht und funktioniert nach vorgegebenen Kriterien. Die Entscheidung über Leben und Tod bleibt indirekt beim Menschen. Allerdings wandert sie von den einzelnen Autofahrern zu Personen und Institutionen im Hintergrund, zu Firmen, Programmierern, Managern oder einer Regulierungsbehörde. Für die Grundsatzfrage ändert sich aber nichts: Der Computer entscheidet nicht aus eigener Kraft über Leben und Tod. Ansonsten wäre er eine Rechtsperson und müsste im Fall des Falles vor Gericht angeklagt und vielleicht sogar ins Gefängnis gebracht werden. Eine absurde Vorstellung, auch wenn manche Philosophen und Juristen dies gelegentlich in Gedankenexperimenten durchspielen. Im Fall des Falles geht es aber nicht darum, den Computer zu belangen und möglicherweise mit einer Strafe zu belegen, sondern diejenigen Menschen, die für seine Funktionsweise und den Betrieb des Fahrzeugs zuständig sind. So gesehen bleibt die Verantwortung bei uns Menschen. Wir müssen allerdings erheblich mehr Mühe aufwenden, die Verantwortlichkeiten genau zu regeln, damit eben keine undurchschaubaren Situationen entstehen.

3. Die ethischen Extremsituationen, immer wieder Thema in den Medien, sind nicht unser Problem im Straßenverkehr. Es gibt keine Daten, ob und wie zahlreich derartige Situationen vorkommen. Wenn es sie gibt, ist die Zahl der Opfer mit Sicherheit verschwindend klein verglichen mit dem Normalbetrieb im Straßenverkehr. Sonst müssten Führerscheinbewerber in der Fahrschule auf diese Extremsituation trainiert werden.

4. Dennoch muss für Extremsituationen vorgesorgt werden, so gut wie eben möglich, ethisch verantwortlich und rechtlich abgesichert, einfach für den Fall der Fälle. Da hilft der Blick auf den menschlichen Autofahrer. Dieser macht in auswegslos erscheinenden Situationen einfach irgendetwas im Affekt, Vollbremsung und Lenkrad verreißen, vor allem aber: Augen zu. Für ausweglose Situationen sind Menschen nicht gemacht. Rechtlich wird der Autofahrer in einem solchen Fall nicht belangt, auch wenn ein erheblicher Scha-

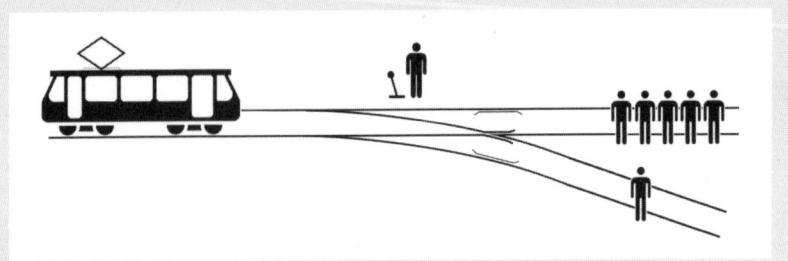

Das Weichensteller-Dilemma

Das klassische Weichensteller-Problem ist ein typisches Seminarthema für Studenten der Ethik: Ein führerloser Wagen läuft eine Strecke hinab. Ohne Intervention des Weichenstellers würde er voraussichtlich fünf Menschen töten. Darf der Weichensteller eingreifen und durch Umstellen der Weiche einen Menschen absichtlich in tödliche Gefahr zu bringen, um die fünf anderen zu retten? Wie gehen Wahrscheinlichkeitsüberlegungen in die Entscheidung ein? Nach deutschem Recht ist es nicht erlaubt, Menschen gezielt zu opfern, um andere zu retten. Das Bundesverfassungsgericht hat dies bekräftigt, als es vor Jahren um die Frage ging, ob der Staat gezielt ein vollbesetztes Passagierflugzeug abschießen darf, um einen damit geplanten Terroranschlag zu verhindern, bei dem wahrscheinlich viel mehr Menschen umkommen würden.

den bis hin zur Todesfolge eintritt, der im Falle einer anderen Reaktion vermeidbar gewesen wäre. Denn das Verhalten in Extremsituationen gilt nicht als absichtliches Handeln und steht daher nicht unter Begriffen wie Verantwortung und Schuld (S. 107). Nach diesem Vorbild könnten auch selbst fahrende Autos programmiert werden. Solange wir beim menschlichen Autofahrer von absichtlichen Handlungen sprechen und ihn gegebenenfalls zur Rechenschaft ziehen würden, müssten sich auch die Entscheidungen des Algorithmus an ethischen und rechtlichen Kriterien orientieren. In Extremsituationen jedoch wären der Bordcomputer oder die dahinterstehenden Programmierer, Manager oder Firmen davon entlastet. Wie für den Menschen heute würde anerkannt, dass eine Situation nicht rational beherrschbar war. Der Bordcomputer müsste nicht nach ethischen Kriterien entscheiden und bräuchte nicht abzuwägen, wen er gefährdet und wen er retten will. Vermutlich ist eine Standardreaktion wie eine simple Notbremsung eine gute Lösung, im Ergebnis nicht schlechter als die Panikreaktion eines menschlichen Autofahrers. Allerdings müsste es einen gesellschaftlichen Konsens geben, dass für diese Fälle die Perfektionserwartung an die digitale Technik ausgesetzt wird.

Hinter diesem Vorschlag steht Bescheidenheit: Wir erkennen an, dass es – wenigstens heute und in absehbarer Zeit – nicht

---

Die Ethik-Kommission zu Extremsituationen

Die ›Ethik-Kommission autonomes und vernetztes Fahren‹ hat sich mit den Extremsituationen befasst. Sie schreibt: »Ein menschlicher Fahrer würde sich zwar rechtswidrig verhalten, wenn er im Notstand einen Menschen tötet, um einen oder mehrere andere Menschen zu retten, aber er würde nicht notwendig schuldhaft handeln.« Die Unterscheidung ist wichtig: Menschen zu töten, um andere zu retten, ist rechtswidrig. Dennoch wäre ein Fahrer nicht schuldig, weil ihm die mildernden Umstände einer Notsituation zuerkannt würden. Hier sieht die Kommission Grenzen der Automatisierbarkeit: »Derartige in der Rückschau angestellte und besondere Umstände würdigende Urteile des Rechts lassen sich nicht ohne Weiteres in abstrakt-generelle Ex-Ante-Beurteilungen und damit auch nicht in entsprechende Programmierungen umwandeln.«

möglich sein wird, Extremsituationen komplett und befriedigend aufzulösen. Es wäre überzogen, für jede denkmögliche Dilemmasituation eine ethisch abgesicherte Softwarelösung zu verlangen; menschliche Autofahrer leisten nichts Vergleichbares. Vielmehr erkennen wir an, und das dürfte für praktisch jeden Lebensbereich gelten, dass manche Situationen nicht vorhersehbar und nicht komplett beherrschbar sind. Es gibt nun einmal tragische Situationen, in denen jemand zum falschen Zeitpunkt am falschen Ort ist. Aufgabe des technischen Fortschritts ist es, die Zahl solcher Situationen zu minimieren und die Folgen möglichst gering zu halten. Die Tragik durch Technik komplett abzuschaffen, kann aber nicht gelingen.

Die in den Medien verbreitete Erzählung, dass die Algorithmen in selbst fahrenden Autos zu Herren über Leben und Tod werden und dabei den Wert einzelner Menschenleben gegeneinander abwägen müssen, ist also bei näheren Hinschauen nicht haltbar. Ethik-Dilemmata taugen nicht zur Skandalisierung selbst fahrender Autos. Es bleibt beim 2:0.

ALGORITHMEN ALS AUFSEHER

Beim traditionellen Autofahren ist die Rollenverteilung klar: Der menschliche Autofahrer übt die Kontrolle aus. Er steuert ein von sich aus passives technisches System. Auch wenn sich Assistenzfunktionen wie das ABS und Einparkhilfen etabliert haben, übernimmt die Technik nicht die Kontrolle über das Fahrgeschehen. Dies ändert sich erst beim hoch automatisierten Fahren. Der Fahrer kann dann etwas anderes tun – Zeitung lesen zum Beispiel (S. 109).

Ein hoch automatisiertes Auto kann sowohl vom Menschen als auch vom Algorithmus gefahren werden. Es kann also zwei Chefs dienen – aber bitte nur nacheinander, damit kein Chaos entsteht. Daher muss die Übergabe der Kontrolle vom einen Chef zum anderen geregelt und lückenlos dokumentiert werden. Und es stellt sich die Frage, wer in brenzligen Situationen das letzte Wort hat.

Die 5 Stufen der Automatisierung

2000			2015		2023–2035
Level 0	Level 1	Level 2	Level 3	Level 4	Level 5
Fahrer	Füße weg	Hände weg	Augen weg	Gehirn weg	kein Fahrer
Fahrer hat praktisch volle Kontrolle.	Fahrer verantwortet die Querbewegung. Fahrzeug übernimmt andere Funktionen.	Fahrer überwacht das Geschehen. Fahrzeug steuert Längs- und Querbewegung in bestimmten Situationen.	Fahrer ist bereit, als Ersatzsystem zu übernehmen. Fahrzeug steuert Längs- und Querbewegung in vielen Situationen. Fahrzeug warnt Fahrer frühzeitig.	In bestimmten Situationen fahrerlos. Fahrzeug steuert Längs- und Querbewegung in vielen Situationen. Fahrzeug kann risikominimierten Zustand herstellen.	Fahrzeug beherrscht alle Aufgaben selbstständig, hat je nachdem weder Lenkrad noch Pedale.
keine Unterstützung	unterstützt	teilautomatisiert	hochautomatisiert	autonom	fahrerlos

Aufgaben des Fahrers   Aufgaben des Autos

Quelle: Finanz und Wirtschaft

Die Stufen der Automatisierung

Für die meisten ist die Antwort klar: Natürlich der Mensch, wer denn sonst? So ist es auch international geregelt. Im Wiener Übereinkommen zum Straßenverkehr, einem schon 1968 abgeschlossenen völkerrechtlichen Vertrag, heißt es: »Jedes Fahrzeug und miteinander verbundene Fahrzeuge müssen, wenn sie in Bewegung sind, einen Führer haben. ... Jeder Führer muss dauernd sein Fahrzeug beherrschen ... können. ... Der Führer eines Fahrzeugs muss alle anderen Tätigkeiten als das Führen seines Fahrzeugs vermeiden.« Auf selbst fahrende Fahrzeuge passen diese Sätze nicht mehr ganz. Im Jahr 2016 wurde das Übereinkommen durch eine Klausel ergänzt, mit der das hoch automatisierte

Das Dilemma der Automatisierung

Die englische Psychologin Lisanne Bainbridge hat bereits 1983 auf ein interessantes Dilemma aufmerksam gemacht. Danach werden Menschen durch automatische Technik ersetzt, weil die Technik bestimmte Aufgaben besser kann. Alles kann die Technik aber auch nicht, deswegen müssen Menschen die Systeme überwachen. Wenn etwas nicht funktioniert, soll der Mensch eingreifen und die Kontrolle übernehmen. Das ist genau der Gedanke beim Autopiloten im Flugzeug. Der Pilot sitzt daneben und soll im Notfall eingreifen. Das Dilemma besteht darin, dass der Mensch immer mehr an Routine und Praxiserfahrung verliert, wenn er fast immer nur danebensitzt. Trotzdem soll er in Notsituationen das Ruder herumreißen, also gerade in den schwierigen Situationen, in denen es auf Erfahrung ankommt.

Fahren (S. 109, Ebene 4) erlaubt wird. Allerdings muss die Vorgabe eingehalten werden, dass der Mensch jederzeit die Kontrolle übernehmen kann.

Wenn der Mensch von sich aus im normalen Fahrbetrieb das Steuer übernehmen oder an den Computer abgeben will, ist die Übergabe kein großes Problem. Dafür werden sich Regeln und Prozessschritte finden lassen. Es spricht beispielsweise nichts dagegen, für diese Fälle das Auto anzuhalten, wie das heute der Fall ist, wenn Fahrer und Beifahrer die Rollen tauschen.

Wenn umgekehrt der Bordcomputer das Steuer abgeben will, weil er den Überblick verloren hat, weil die Sicht katastrophal schlecht ist oder er ein Systemversagen festgestellt hat, wird die Sache schnell schwierig. Was macht der Bordcomputer, wenn er die Sache nicht mehr im Griff hat? Was soll er gar machen, wenn er selbst abstürzt und sich in einer Endlosschleife verfängt? Das kommt bei Computern ja gelegentlich vor. Die technische Voraussetzung ist, dass der Computer zu jedem Zeitpunkt wissen muss, ob er den Anforderungen des Verkehrs gewachsen ist oder ob Notmaßnahmen einzuleiten sind. Diese könnten bei Computerabsturz in der Übergabe an einen Ersatzcomputer bestehen oder in einer für den Computer unübersichtlichen Situation an den menschlichen Fahrer. In beiden Fällen muss die Übergabe genau geregelt sein. In Notsituationen muss der Bordcomputer es schaffen, das Auto in einen sicheren Zustand für eine Übergabe an den Menschen zu bringen. Das ist technisch alles sehr, sehr anspruchsvoll. Der Mensch wäre in einem hoch automatischen

System (S. 109, Ebene 4) ein Überwacher. Er müsste darauf eingestellt sein, in Notsituationen in möglichst kurzer Zeit die Kontrolle übernehmen zu können. Hier schlägt allerdings das Automatisierungsdilemma zu (S. 110).

Das Dilemma der Automatisierung weckt Zweifel, ob ein Modell überhaupt praxistauglich ist, bei dem der Mensch in Notsituationen das Steuer übernimmt. Wäre es nicht absurd, wenn der Mensch in Notsituationen schnell eingreifen müsste? Das würde ja bedeuten, dass er immer konzentriert auf Instrumententafeln und Verkehr achten müsste. Zeitung lesen oder dösen wäre nicht möglich. Dann kann er auch gleich selbst fahren.

Die Übergabe der Kontrolle an den Menschen ist so anspruchsvoll, dass manche die Entwicklung von Autos, die sowohl vom Menschen als auch vom Bordcomputer gefahren werden könnten, für einen Irrweg halten. Die Entwicklung bei der Google-Tochter *Waymo* geht, wie DER SPIEGEL Ende 2017 berichtete, in eine andere Richtung. Es sei viel zu gefährlich, Menschen in einer Art *Standby*-Funktion zu halten und sie zu verpflichten, im Notfall die Kontrolle zu übernehmen. Der Verdacht liege nahe, dass Menschen der Technik zu sehr vertrauen und ihrer Überwachungsfunktion nicht ordentlich nachkommen. Das Überwachen sei einfach eine extrem langweilige Tätigkeit, die zum Einschlafen und zur Nachlässigkeit verleite. Deswegen, so *Waymo*, solle man den Menschen ganz aus der Verantwortung für das Fahrgeschehen nehmen. Daher zielen sie auf *voll* automatisierte Autos (Ebene 5). Diese hätten nur noch den Bordcomputer als Chef. Zu einer Übergabe des Steuers an den Menschen werde und könne es nicht mehr kommen, weil diese Autos weder Lenkrad, Bremse noch Gaspedal hätten, die der Mensch zur Steuerung nutzen könnte. Aus der Traum vom menschlichen Autofahrer!

Auch bei voll automatisierten Fahrzeugen, die gelegentlich als autonome Autos bezeichnet werden, stellt sich die Frage nach der Entscheidungshoheit. Zwar kann es nicht mehr um Details des Fahrgeschehens gehen, aber doch um Dinge wie die Fahrtroute oder die Reaktion auf Dinge, die die Passagiere unterwegs beobachten. Ein Beispiel: Jemand lässt sich nachts nach Hause fahren und bemerkt, dass am Straßenrand ein Mensch leblos auf dem Boden liegt. Der Bordcomputer würde von sich aus das Auto vorsichtig vorbeidirigieren und seine Fahrt fortsetzen. Nach menschlichen Maßstäben ist aber Hilfeleistung geboten. Entsprechend müsste der mitfahrende Mensch den Bordcomputer anweisen können, anzuhalten, um aussteigen und helfen zu können. Dazu muss es eine Schnittstelle zum Passagier geben, über die dem Bordcomputer entsprechende Befehle erteilt werden können, etwa über Sprache oder Tastatur. Auf Befehl hin würde der Bordcomputer eigenständig anhalten. Das letzte Wort verbliebe beim Menschen. Technisch wäre das realisierbar.

Aber auch wenn es selbstverständlich scheint, dass der Mensch wenigstens in dieser Hinsicht die Letztinstanz sein sollte, stellen sich Fragen, die an diesem absoluten Grundsatz zweifeln lassen. Denn nicht immer handelt der Mensch so, wie man sich das nach ethischen Maßstäben wünschen würde. Ist es in solchen Fällen nicht sogar verpflichtend, dem Menschen die Kontrolle zu entziehen? Wer aber entscheidet, ob und wann der Mensch das letzte Wort haben darf? Wo liegt die Grenze, und wer legt sie fest?

Hier öffnet sich die vielleicht interessanteste philosophische Frage des autonomen Fahrens. Wollen wir das wirklich: den Algorithmus als Aufseher über den Menschen einsetzen? Soll der Bordcomputer entscheiden, ob wir fahrtüchtig sind oder ehrbare Motive verfolgen? Soll der Bordcomputer, wenn ich ihm einen Befehl gebe, erst einmal prüfen, ob meine Anordnung okay ist?

> **Der Mensch –
> wirklich immer Letztinstanz?**
>
> Zwei Beispiele, die Zweifel wecken, ob der Mensch grundsätzlich das letzte Wort haben sollte:
>
> 1. Ein menschlicher Autofahrer will einen Terroranschlag verüben und das Auto gezielt in eine Menschenmenge fahren. Der Bordcomputer würde gemäß seiner Programmierung eine Notbremsung einleiten wollen. Soll das letzte Wort des Menschen wirklich so weit reichen, in diesem Fall die Notbremsung zu verhindern?
> 2. Der Bordcomputer bemerkt über seine Sensoren, dass der Fahrer in keinem guten Zustand ist, sondern z. B. übermüdet oder alkoholisiert. Ist es dann nicht ethisch geboten, dass er dem Fahrer die Kontrolle entzieht?

Wenn, wie die Beispiele nahelegen (S. 112), der Algorithmus im Bordcomputer die Entscheidung treffen soll, ob und wann den menschlichen Fahrern zu trauen ist, dann ist er der Chef. Er würde entscheiden, welche menschlichen Wünsche er erfüllt und welche nicht. Die Chefrolle des menschlichen Fahrers wäre nur noch geborgt, gebunden an bestimmte Voraussetzungen, deren Erfüllung der Algorithmus überprüft.

Neu ist der Gedanke nicht, durch technische Vorkehrungen die Menschen vor sich selbst zu schützen und zu einem gewünschten Verhalten zu zwingen. In den meisten Autos wird man heute durch immer lauter werdendes Piepsen so lange genervt, bis man sich endlich angeschnallt hat. Natürlich, das alles geschieht nur, damit es uns gut geht und wir nicht Opfer unserer eigenen Bequemlichkeit werden. Dennoch sind es Eingriffe in unsere Freiheit. Ich persönlich schnalle mich lieber freiwillig, also aus Einsicht in den Sinn dieser Maßnahme, an, als dass ich von der Technik dazu gezwungen werde. Das ist natürlich ein eher harmloses Beispiel, an dem die Autonomie des Menschen nicht hängen wird. Aber der Trend geht in die Richtung einer technischen Bevormundung des Menschen.

Hier verbergen sich weitreichende Fragen, die in Zukunft sicherlich für Diskussionen sorgen werden. Letztlich geht es um die Frage, ob für den Menschen in der automobilen Zukunft noch eine andere Rolle als die des Gepäckstücks bleiben wird. Ist die automobile Freiheit an ihr Ende gekommen? Und welche Folge hätte die Antwort auf diese Frage für den Ausgang des Spiels beim Stand von 2:0 für das autonome Fahren?

DIE ZUKUNFT DER AUTOMOBILEN FREIHEIT

Seit die Autoindustrie in den selbst fahrenden Autos das Geschäft der Zukunft entdeckt hat, wird anders über den Menschen als Autofahrer gesprochen. Zwar gibt es auf der einen Seite immer noch die Autofans, die vom Spaß am Fahren schwärmen und ihre selbstbestimmte automobile Mobilität fast in den Rang eines Grundrechts rücken. Auf der anderen Seite aber kommt der Mensch zusehends schlechter weg. Er sei vor allem Störfaktor und Unfallverursacher. Letztlich, so die Argumente, werde der Verkehr flüssiger, umweltverträglicher und viel sicherer, wenn nicht dauernd der Mensch mit seinen Schwächen, Launen und Emotionen den Ablauf stören würde.

Nun sind Sicherheitsargumente erst einmal ziemlich stark. Im Grundgesetz ist vom Recht auf körperliche Unversehrtheit die Rede, und es besteht kein Zweifel, dass menschliches Versagen zu einer vielfachen Verletzung dieses Rechts führt. Der Mensch ist tatsächlich oft ein Sicherheitsrisiko und gefährdet sich und die anderen. Umgekehrt gibt es kein Recht darauf, ein Lenkrad in der Hand zu halten. Mehr Sicherheit durch Ausschaltung des Menschen als Unfallverursacher – das klingt nach einer plausiblen Geschichte, auch wenn die Technik noch nicht so weit ist.

Wenn also autonome Fahrzeuge in einiger Zukunft nachweisbar sicherer wären, könnte die Freiheit des Autofahrens wirklich unter Druck geraten. Versicherungen könnten das eigenständige Fahren bestrafen, etwa durch eine Erhöhung des Versicherungsbeitrags je nach Zahl der selbst gefahrenen Kilometer. Die Datenerhebung für die Abrechnung wäre kein Problem, da aus rechtlichen Gründen ohnehin immer klar sein müsste, wer wann die Kontrolle hat. Kann es zu einer ethischen Pflicht und staatlichen Vorschrift werden, den autonomen Modus zu nutzen, wann immer es geht, und nur selbst zu fahren, wenn ein Notfall besteht? Sollte aus Sicherheitsgründen das gesamte Mobilitätssystem so automatisiert werden, dass Menschen gar nicht mehr selbst fahren können? Als Entschädigung könnten Reservate für Selbstfahrer eingerichtet werden, wo unverbesserliche Autofahrer abseits vom normalen Verkehr ihrer Lust frönen dürfen.

Diese Gedanken und Fragen lassen das Unbehagen besser verstehen, das viele bei einer solchen Entwicklung empfinden, auch jene, die keine notorischen Autosüchtigen sind. Denn hier geht es nicht nur um das Auto, sondern auch um das generelle Verhältnis von Freiheit und Bevormundung. Wenn Sicherheit zum absoluten Ziel wird, geht dies immer auf Kosten der Freiheit. Sorgsame Abwägungen sind erforderlich: Welcher Sicherheitsgewinn rechtfertigt diese oder jene

Einschränkung von Freiheit? Gehört es zur menschlichen Freiheit, Regeln übertreten zu können, auch wenn die meisten Unfälle auf die Nichteinhaltung von Regeln zurückgehen? Konkret: Sollte es als Ausdruck der menschlichen Freiheit wenigstens theoretisch möglich sein, Geschwindigkeitsbegrenzungen zu missachten? Oder darf Freiheit zugunsten technisch erzwungener Sicherheit beliebig weit eingeschränkt werden? Etwas zugespitzt: Darf Freiheit abgeschafft werden, wenn es der Sicherheit aller zugutekommt?

Leider gibt es auf die Fragen nach dem besten Weg zwischen Sicherheit und Freiheit keine pauschalen Antworten. Hier bedarf es sorgfältiger Abwägung im Einzelfall. Je nach Lage können sich die Antworten verschieben. Die latente Spannung zwischen Sicherheit und Freiheit muss ständig neu austariert werden, was zu den großen Aufgaben der Demokratie gehört (Kapitel 9). Diese Einsicht drückt sich auch darin aus, dass die Ethik-Kommission dazu zwar eine Regel verfasst hat, aber eine wachsweiche. Genauer geht es eben nicht.

Immerhin sind es wir Menschen, die die Kriterien für die Abwägung zwischen Sicherheit und Freiheit festlegen. Ob also einmal das eigenständige Fahren erschwert oder ganz verboten werden könnte, hängt von der gesellschaftlichen Entwicklung und damit auch von uns beziehungsweise der Bevölkerung in einigen Jahrzehnten ab. Der Ausgang des Spiels ist offen.

Die Ethik-Kommission weiß auch nicht so recht

Im Jahre 2017 hat die ›Ethik-Kommission autonomes und vernetztes Fahren‹ für das Bundesverkehrsministerium ethische Leitlinien erarbeitet. Dabei ging es auch um die Frage, ob Menschen aus Sicherheitsgründen das Autofahren verboten werden könnte, sobald das autonome Fahren gut funktioniert. Die Kommission formulierte: »Die Einführung höher automatisierter Fahrsysteme insbesondere mit der Möglichkeit automatisierter Kollisionsvermeidung kann gesellschaftlich und ethisch geboten sein, wenn damit vorhandene Potenziale der Schadensminderung genutzt werden können. Umgekehrt ist eine gesetzlich auferlegte Pflicht zur Nutzung vollautomatisierter Verkehrssysteme oder die Herbeiführung einer praktischen Unentrinnbarkeit ethisch bedenklich, wenn damit die Unterwerfung unter technische Imperative verbunden ist.«

Vielleicht könnte man jedoch auch einmal umgekehrt denken. Bislang war von der Bedrohung der automobilen Freiheit durch technokratische Sicherheitsfanatiker die Rede. Aber von welcher Freiheit reden wir hier eigentlich? Ist es Ausdruck menschlicher Freiheit, im modernen Massenverkehr das Steuer in der Hand zu halten? Ist es Ausdruck von Freiheit, in Lastwagenkolonnen ab und zu eine Lücke zum Überholen zu finden und wieder ein paar Meter voranzukommen? Ist es Ausdruck menschlicher Freiheit, zu entscheiden, ob man in München durch die Dachauer oder die Luisenstraße fährt? Ist es wirklich Freiheit, sich Meter für Meter an den Ampeln vorbeizuschleppen? Das hat Immanuel Kant sicher nicht gemeint, als er über die Autonomie des Menschen sprach. Ist das eigenständige Autofahren eine anthropologische Notwendigkeit, gehört es zutiefst zum Wesen des Menschen? Das kann ja nicht sein, denn dann wären die Menschen in früheren Zeiten keine richtigen Menschen gewesen. Und von Entmündigung kann man auch schlecht sprechen, solange man selbst entscheidet, wohin man gefahren werden will.

Es ist gut, wenn wir auf Einschränkungen unserer Freiheit sensibel reagieren und genau nach den Gründen, aber auch nach möglichen Alternativen fragen. Es ist aber auch gut, wenn wir uns immer wieder in aller Offenheit selbst fragen, welche Freiheit wir meinen und warum sie uns so wichtig ist.

In welcher Hinsicht wäre eine voll automatisierte Zukunft unserer Mobilität schlimm? Vielleicht weil wir vollständige Bewegungsprofile hinterlassen würden und überwachbar wären, vielleicht weil mancher Spaßfaktor nicht mehr befriedigt würde. Aber letztlich nicht, weil wir wirklich grundlegende menschliche Freiheiten einbüßen würden. Wir sollten uns trauen, individuelle Mobilität neu zu denken und damit vielleicht auch eine neue Freiheit zu finden. Die Freiheit des Gefahren-Werdens könnte größer sein als die Freiheit des Fahrens.

6. GESUNDHEIT, PFLEGE UND DAS DANACH

GLÄSERNE PATIENTEN UND DIGITALE ÄRZTE

Die moderne Medizin ist ohne digitale Technologien nicht mehr denkbar. Viele Diagnosemethoden wie etwa die Computertomografie (CT) erfassen die Daten digital, werten die Daten digital aus und zeigen die Ergebnisse mit digitalen Verfahren der Bildgebung. Operationsroboter assistieren vielen Chirurgen, etwa bei Hüftoperationen, und erhöhen die Präzision. Das Management von Krankenhäusern und Arztpraxen ist längst digitalisiert. Damit ist die Digitalisierung zum technischen Rückgrat des gesamten Gesundheitssystems geworden.

Besondere Bedeutung hat die Digitalisierung für die *Epidemiologie*. Diese Wissenschaft befasst sich mit der Verbreitung, aber auch mit den Ursachen und Folgen von Krankheiten in der ganzen Bevölkerung. Ihr geht es nicht um den einzelnen Menschen, sondern um die Statistik im Großen. *Big Data* ermöglicht hier ganz neue Erkenntnisse. Die Sammlung und Auswertung großer Datenmengen erkrankter Patienten erlaubt durch Mustererkennung genaue Rückschlüsse auf Zusammenhänge zwischen Lebenswandel und Erkrankung, die man sonst wohl gar nicht erkennen könnte.

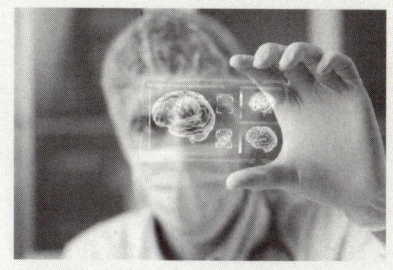

Digitale Medizin

Längst haben digitale Verfahren die Medizin erobert. Medizinische Daten werden elektronisch erfasst und verschickt. Röntgenbilder wandern per Mausklick von der Untersuchungskabine zum Arzt und müssen nicht mehr als Abzüge durchs Krankenhaus getragen werden. Beratungen über die richtige Diagnose finden am Bildschirm statt, genau wie immer größere Teile der medizinischen Ausbildung.

Die Digitalisierung des Gesundheitssystems erlaubt viele medizinische Fortschritte wie den Betrieb komplexer Geräte, die schnelle Darstellung der Ergebnisse auf Bildschirmen und den Abgleich mit in Datenbanken erfassten ähnlichen Fällen. Im Betrieb von Krankenhäusern und Arztpraxen sowie bei den Krankenkassen macht die Digitalisierung vieles einfacher.

Genau dies ist aber angesichts der besonderen Sensibilität von Gesundheitsdaten auch immer wieder die Quelle von Sorgen. Können die Daten vor unbefugten Zugriffen geschützt werden? Kann durch leichtfertige Datenweitergabe oder durch Hackerangriffe die ärztliche Schweigepflicht unterlaufen werden? Können Versicherungen, Arbeitgeber oder der Staat an Patientendaten herankommen?

Diese Diskussionen haben in Deutschland oft am Beispiel der elektronischen Gesundheitskarte stattgefunden. Diese bietet zwar Vorteile. Viele Kritiker jedoch

> **Der gläserne Patient auf dem Chip**
>
> Seit über fünfzehn Jahren wird in Deutschland über die elektronische Patientenkarte diskutiert. Auf einem Chip soll sie in der Maximalversion alle Gesundheitsdaten ihres Besitzers enthalten. Bei einem plötzlich auftretenden Problem, beispielsweise einem Autounfall oder einer Krankheit fern von zu Hause, könnte ein Arzt vor Ort die Karte auslesen. Er wüsste sofort Bescheid über eventuelle chronische Krankheiten, regelmäßig zu nehmende Medikamente oder bestimmte Unverträglichkeiten. Das könnte in manchen Situationen sicherlich Leben retten. Trotzdem ist die Karte in dieser Form bislang nicht eingeführt worden. Es existiert nur die bescheidene Version: der Mitgliedsausweis der Krankenkasse mit nur sehr wenigen Informationen.

warnen vor einem ›gläsernen Patienten‹, der sensible Gesundheitsdaten sozusagen in der Tasche mit sich herumträgt. Ein anderer Streitpunkt ist die Frage, wem die Daten gehören. Die Antwort ist eigentlich klar: dem Patienten. Wenn das jedoch so ist, müsste der Patient die Möglichkeit haben, selbst zu entscheiden, welche Daten auf der Karte gespeichert werden. Er müsste auch Daten löschen können. Was aber soll ein Arzt mit einer unvollständigen oder vielleicht sogar geschönten Patientenkarte anfangen?

Ein anderes Thema ist das Verhältnis von Ärzten und Patienten in der Digitalisierung. Wenn es um unsere Gesundheit geht, wollen wir in guten Händen sein und den bestmöglichen Rat erhalten. Ärzte als ›Halbgötter in Weiß‹, wie sie gelegentlich in einer Mischung aus Achtung und Kritik genannt werden, galten lange als letzte Instanz in Sachen Gesundheit und Krankheit. Das hat sich durch das Internet geändert. Heute recherchieren viele Menschen selbst. Sie gehen mit schon fertigen Diagnosen im Kopf und manchmal auch gleich einer Vorstellung von der geeigneten Therapie zum Arzt. Das führt immer wieder zu Problemen. Medizinische Informationen sind für Laien häufig nicht einfach zu interpretieren. Es kann zu Missverständnissen oder falschen Erwartungen kommen. Nicht selten wurden statt seriöser Gesundheitsportale lediglich die Internetseiten von Sonderlingen oder Besserwissern befragt – von denen es nicht wenige gibt, auf denen der medizinische Kenntnisstand jedoch nicht immer sachgerecht wiedergegeben wird. Es kommt dann zu dem typischen Dilemma, wenn zwei Berater sich widersprechen: Wem glaube ich mehr, dem Internet oder dem Arzt?

Müssen wir in Zukunft überhaupt noch zum Arzt gehen? Die Digitalisierung ermöglicht digitale Sprechstunden auf Entfernung. Ein paar Daten von seinem digitalen Begleiter (S. 143) oder ein Foto von einer merkwürdig aussehenden Hautstelle zur Praxis schicken, per Skype mit dem Arzt sprechen und digital das Rezept erhalten – der Arztbesuch ließe sich am Smartphone vom Sofa aus erledigen. Das endlose Warten in überfüllten Wartezimmern gehörte der Vergangenheit an. Dieser Möglichkeit stand bis vor Kurzem das Fernbehandlungsverbot in Deutschland entgegen – im Mai 2018 wurde es jedoch vom Deutschen Ärztetag gekippt. Gesundheitsminister Jens Spahn äußerte sich positiv, während der Präsident der Bundesärztekammer, Frank Ulrich Montgomery, überzeugt ist, dass das persönliche Arzt-Patienten-Verhältnis weiter überwiegen wird. Junge Medizinunternehmen haben sich bereits auf den neu entstehenden Markt der digitalen Fernmedizin vorbereitet.

Für viele wird dieser Weg nicht attraktiv sein, besonders wenn sie ein langjähriges und vertrauensvolles Verhältnis zu ihrem Arzt haben. Andere jedoch schätzen die Anonymität einer Fernsprechstunde. Über bestimmte Beschwerden sprechen sie vielleicht nicht gern mit einem Menschen, der sie kennt. Oder sie möchten mit bestimmten sicht- oder hörbaren Symptomen nicht im Wartezimmer auftauchen, wo man sich zwangsläufig unter Menschen begeben muss.

Aber auch wenn diese Fernärzte ihre Patienten vielleicht nie sehen, bleibt es bei der klassischen Beraterrolle des Arztes. Anders wäre es, wenn hinter dem Smartphone keine Gesundheitsfirma mit menschlichen Ärzten den Rat geben würde, sondern ein Algorithmus, der eine automatisierte Diagnose erstellt. Einige Visionäre sehen in der Tat die Zukunft von Teilen des Arztberufs in der digitalen Technik. Algorithmen könnten auf das Wissen und die Daten von Millionen Patienten zugreifen, persönliche Daten über den Einzelfall hinzunehmen und daraus eine optimale Diagnose erzeugen, ganz ohne ärztliche Beratung. Der Algorithmus im weißen Kittel?

So weit sind wir längst nicht. Die Rolle von Algorithmen, Robotern und Datenverarbeitung ist eindeutig die *Unterstützung* von Ärzten, zum Beispiel in der Auswertung von Bildern aus der Computertomografie, nicht aber ihr *Ersatz*. Zunehmend sind Computer in der Lage, das Handeln der Ärzte zu beobachten und sie mit Informationen und neuen Forschungsergebnissen zu versorgen. Computer könnten auch darüber wachen, dass Ärzte zum Beispiel nicht aus Übermüdung irgendetwas vergessen. Dass sie Ärzte jedoch ersetzen, steht so bald nicht auf der Tagesordnung.

Die Eigenschaft der Digitalisierung, Daten aus unterschiedlichen Quellen gemeinsam auswertbar zu machen, erlaubt sogar etwas vielleicht Überraschendes. Viele klagen, dass Fachärzte nur ihren eigenen Bereich sehen – der Lungenfacharzt die Lunge oder der Urologe die Niere (S. 121). Dabei, so wird geklagt, komme der ganzheitliche Blick auf den Menschen abhanden. Er werde nur noch wie eine Maschine gesehen, wo jeder Facharzt für ein bestimmtes Bauteil zuständig sei. Der digitale Fortschritt könnte genau diesen Verlust, bisher der Preis für den medizinischen Fortschritt, kompensieren – jedenfalls so weit Daten Auskunft über den Menschen geben können. Denn mit *Big Data* können Zusammenhängen wieder sichtbar gemacht werden, die in der Spezialisierung der medizinischen Fächer vielleicht zu kurz kommen. Freilich braucht dieser Effekt dann Ärzte, die diese Zusammenhänge verstehen und in ihrer Tätigkeit anwenden können.

Ich sehe keine Gefahr, dass die ärztliche Beraterfunktion in absehbarer Zeit von Algorithmen übernommen wird. Die Digitalisierung eröffnet neue Möglichkeiten, Ärzte zu unterstützen, und neue Wege, wie Patienten mit Ärzten kommunizieren. Vieles ist allerdings noch im Erprobungsstadium. Es wird eine Weile dauern, bis sich das Gesundheitssystem und die Menschen in ihren unterschiedlichen Rollen so darauf eingestellt haben, dass sie die jeweiligen Vorteile voll nutzen können.

Ein echtes Problem liegt woanders. Ärzte geben zusehends ihre fachliche Kompetenz an Algorithmen ab, die auf der Basis vieler Daten künftig immer individuellere und maßgeschneiderte Diagnosen und Therapievorschläge erstellen. Wenn Datenerhebung und -verarbeitung ein bestimmtes Maß an Komplexität überschreiten, können

> **Ganzheitliche Medizin –
> digital realisiert?**
>
> Der medizinische Fortschritt ist bekanntlich oft mit einer hohen Spezialisierung verbunden. Der Lungenfacharzt wird zum Spezialisten für die Lunge ausgebildet, die Augenärztin für das Auge. Manche Spezialärzte sind eher Experten für komplizierte Maschinen als für Menschen. So gut wie diese Spezialisierung oft funktioniert, können wichtige Zusammenhänge verloren gehen. Das *Handelsblatt* berichtete 2018 über den Genetiker Joel Dudley, der einen Hautausschlag am Arm und eine Darmerkrankung hatte. Der Darmspezialist behandelte den Darm und schickte ihn mit dem Hautausschlag zum Hautarzt. Der Hautarzt wollte von dem tatsächlich bestehenden Zusammenhang mit dem Darm nichts wissen. Jeder war Spezialist für ›sein‹ Organ, keiner für die Zusammenhänge zuständig. Digitalisierung versucht, solche Zusammenhänge mit riesigen Datenmengen und Mustererkennung wieder in den Blick zu bekommen.

Menschen die Ergebnisse aber oft nicht mehr nachvollziehen. Was macht ein Arzt, wenn sein persönlicher Eindruck vom Patienten nicht mit der Diagnose des Algorithmus übereinstimmt? Soll er seiner jahrelangen Erfahrung oder den Daten trauen? Auf diesen Konfliktfall sind wir noch nicht gut vorbereitet. Es steht zu befürchten, dass dann oft haftungs- und versicherungsrechtliche Gründe den Ausschlag geben werden und die Entscheidung zugunsten der Technik ausfällt. Denn wenn der Arzt auf die Computerdiagnose vertraut, ist er wohl rechtlich besser abgesichert, als wenn er seiner langjährigen Erfahrung folgt.

Durch rechtliche Regelungen wird die Übertragung von Vertrauen auf die Technik gefördert, wenn nicht zuweilen sogar erzwungen (Kapitel 11). Ob das für die Patienten gut ist, sei dahingestellt.

ROBOTER ALS PFLEGEPERSONAL

In den letzten Jahren ist viel vom Pflegenotstand die Rede, in Deutschland, aber auch in anderen Ländern wie Japan und China. Die Bevölkerung wird im Durchschnitt immer älter, vor allem dank des medizinischen Fortschritts und der größeren Lebenserwartung, allerdings auch wegen der geringeren Geburtenrate. Der Pflegebedarf nimmt entsprechend zu. Im Jahre 2030 werden etwa dreieinhalb Millionen pflegebedürftige Menschen in Deutschland zu versorgen sein, fast eine Million mehr als noch 2012. Gleichzeitig nimmt der Anteil der erwerbstätigen Personen ab. Viele Berufe im Pflegebereich sind schlecht bezahlt und bei großen Teilen der Bevölkerung wenig beliebt. Der Pflegenotstand ist also eine Kombination aus steigendem Bedarf an Pflegekräften, unattraktivem beruflichem Umfeld und mangelnder Finanzierung.

Roboter im Einsatz in der Pflege

Wissenschaftler vom japanischen Forschungsinstitut Riken haben einen nett anzuschauenden Roboter gebaut, der bettlägerige oder gelähmte Patienten heben kann. Allerdings war auch die dritte Version immer noch nicht reif für die Praxis, sodass die Förderung eingestellt wurde. Ähnliches ist auch anderen Entwicklungslinien in diesem Feld widerfahren.

Kann die Digitalisierung hier helfen? Pflegeroboter sind schon seit einiger Zeit in der Entwicklung. Werden demnächst unsere Pflegeheime von Robotern bevölkert sein? Wird die Pflege so automatisiert sein wie die Abfertigung der Gäste in dem japanischen Hotel (S. 65)? Ersetzen stets freundliche und geduldige Diener und Gefährten (Kapitel 4) die oft überlasteten menschlichen Pflegekräfte? Oder käme eine solche Entwicklung der Abschiebung unserer pflegebedürftigen Mitmenschen in eine technische Aufbewahrungsanstalt gleich?

Schauen wir zunächst auf die technischen Möglichkeiten. Die Pflege gilt durchaus als wichtiges Anwendungsfeld für digitale Technologien mit künstlicher Intelligenz. Gerade hier kann sie einige ihrer Stärken ausspielen. Mit modernen Sensoren und über eine rasche Datenauswertung können Roboter im Pflegebereich schnell erkennen, wenn sich beispielsweise der Zustand eines Bewohners gerade stark geändert hat.

Der digitale Servierwagen

Der digitale Servierwagen besteht im Kern aus einem Computersystem mit Sensoren zur Erkennung der Umwelt, zur Buchhaltung seines Inhaltes und zur Kommunikation mit seinen Nutzern. Er besitzt ein Fahrgestell zur Fortbewegung und Fächer für das Transportgut.

Letzteres ist besonders wichtig, weil Technik und Mensch im Pflegebereich in sehr engen Kontakt kommen: Da die betroffenen Menschen pflegebedürftig sind und etwaigen Fehlfunktionen der Roboter womöglich hilflos ausgeliefert wären, müssten Roboter den jeweiligen Zustand der Menschen extrem gut erkennen können. Und sie müssten auf Reaktionen der Bewohner, etwa auf Schmerzensbekundungen beim Umbetten, sofort und richtig reagieren können. Eigentlich hört sich die Idee gut an, dass Roboter das Umbetten und Umlagern übernehmen sollen. Schließlich ist das Umbetten für menschliche Pflegekräfte eine körperlich schwere und gesundheitlich belastende Tätigkeit. Trotz aller Bemühungen vieler Teams vor allem in Japan bringen Roboter bislang allerdings nicht die nötige Sensibilität mit (S. 122).

Die Anforderungen an Serviceroboter sind dagegen viel leichter zu erfüllen, weil sie nicht in so engen Kontakt zu den pflegebedürftigen Menschen kommen. Sie müssen sich selbstständig zurechtfinden, Hindernisse auf ihrem Weg über die Flure erkennen und umfahren, Aufzug fahren und eine Nutzerschnittstelle haben – sprich, man muss ihnen auf einfache Weise sagen können, was sie tun sollen. In Alters- und Pflegeheimen fallen jede Menge Zustell- und Transportaufgaben an. Das Essen muss transportiert werden, die Wäsche und die Medikamente. Die Bewohner haben Wünsche nach diesem oder jenem, und die Pflegekräfte benötigen Nachschub an allerlei notwendigen Dingen. Alters- und Pflegeheime sind eben auch komplexe logistische Systeme. Diese Versorgung den Servicerobotern zu überlassen, entlastet die

**Querschnittgelähmte
können wieder gehen**

Exoskelette können Querschnitt-gelähmten das Gehen ermöglichen und damit auch Muskeln wieder aufbauen. Noch sind sie weitgehend im Prototyp- und Teststadium, aber erste Modelle sind bereits in der Praxis angekommen. Wie die VDI-Nachrichten 2017 berichteten, rechnen viele angesichts des demografischen Wandels mit einem Boom der Exoskelette. Die ersten Krankenkassen haben bereits die Kosten für die Anschaffung übernommen.

Pfleger, ist ethisch nicht sonderlich problematisch und technisch bereits heute gut möglich (S. 123). Das Büro für Technikfolgenabschätzung beim Deutschen Bundestag kommt in seiner Studie zur Pflegerobotik zum Schluss, dass einfache Systeme mit eingeschränkten Assistenzfunktionen und geringer Autonomie auf viele Jahre hinaus das Haupteinsatzgebiet von Robotern in der Pflege bleiben werden.

Ein weiterer Bereich, in dem die Robotik pflegebedürftige Menschen unterstützen kann, sind Assistenzsysteme der Fortbewegung. Mit Assistenzrobotern, die das Gehen unterstützen, intelligenten Rollatoren und Krankenbetten, die sich auf Befehl hin in selbst fahrende Rollstühle verwandeln, können Menschen länger mobil bleiben – was gleichzeitig das menschliche Pflegepersonal entlastet. Exoskelette sind Gehroboter, die man wie eine Hose oder einen Anzug anziehen kann. Sie können gelähmten Personen eigenständige Fortbewegung ermöglichen oder bei geschwächten Menschen die Muskelkraft in Beinen oder Armen verstärken. Eine Vielzahl von Entwicklungen ist in der Erprobung, zumal entsprechende Technologien nicht nur für die Unterstützung mobilitätseingeschränkter Personen und den Pflegebereich, sondern auch für bestimmte Berufsgruppen, etwa zum Heben schwerer Lasten, und für das Militär interessant sind.

Diese Entwicklungen sind atemberaubend, insbesondere weil sie vielen Menschen verlorene Lebensqualität zurückgeben. Opfer von Sport- und Verkehrsunfällen, die häufigsten Ursachen für Querschnittlähmungen, könnten auf neue Weise an vielen Bereichen des Lebens teilnehmen. In Alters- und Pflegeheimen könnten die Bewohner länger mobil bleiben – ein Gewinn an Lebensqualität für die Insassen und eine Entlastung des Pflegepersonals.

Schwierig dagegen wird es für viele, wenn Roboter gegen die Einsamkeit eingesetzt werden sollen (S. 78). Vielen Menschen in westlichen Ländern ist nicht wohl bei dem Gedanken, ältcre und pflegebedürftige Menschen mit Roboterzuwendung quasi abzuspeisen, wo diese doch offenkundig menschliche Nähe suchen. Wir haben schnell das Gefühl, diese Menschen um das Eigentliche zu betrügen und sie mit einer Simulation menschlicher Nähe ruhigzustellen. Diese spontanen Gefühle verraten etwas über unsere Ansprüche an Pflege und Gesundheit, weil hier individuelle Menschen und ihre Angehörigen unmittelbar betroffen sind. Selbstverständlich stellen sich Fragen nach Würde, Authentizität, Autonomie und Menschlichkeit auch und gerade für Menschen, die aufgrund von Alter und Krankheit an den Rand gerückt sind.

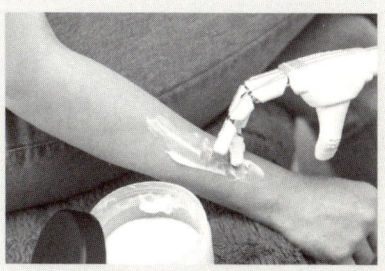

Das westliche Empfinden diesen Herausforderungen gegenüber wird nicht in allen Teilen der Welt geteilt. Das am häufigsten genannte Beispiel ist Japan. Die japanische Kultur ist so stark auf Höflichkeit ausgerichtet, dass die Menschen dort anderen möglichst keine Belastungen zumuten wollen. Der Gedanke, sich von einem Roboter unterhalten oder auch pflegen zu lassen und dadurch einem anderen Menschen diese Tätigkeiten zu ersparen, liegt dort einfach näher. Es sind also nicht unbedingt ethische Fragen, sondern eher kulturelle Unterschiede, die sich hier niederschlagen. Dies kann bedeuten, dass gute Lösungen

Bedarfsorientierte Entwicklung der Pflegerobotik

Das TAB formuliert in seinem Rat an den Deutschen Bundestag: »Die bedarfsorientierte Roboterentwicklung für die Pflege ist in einem ganzheitlichen Kontext zu sehen. [...] Es braucht nicht nur ein tieferes Verständnis für die Nutzer und ihre Bedürfnisse, sondern auch gute Kenntnis des Branchenumfelds. [...] Zu den Kernelementen der Bedarfsorientierung gehören Bedarfsanalysen, Evaluationen der ethisch relevanten Aspekte der Roboter und Praxistests, in denen sowohl die Zuverlässigkeit der Anwendungen, aber auch die Folgen ihres Einsatzes unter realistischen Bedingungen untersucht werden.«

für die Pflege in Japan anderswo, etwa in Deutschland, keine guten Lösungen sind. Es kommt hier wirklich auf die jeweilige Kultur an.

Das bedeutet, dass die Gestaltung von Robotern für den Einsatz im Pflegebereich auf kulturelle Einstellungen Rücksicht nehmen muss. Es müssen die konkreten Bedürfnisse und Einstellungen der Betroffenen, ihrer Angehörigen und des Pflegepersonals bereits in der Entwicklung des Robotereinsatzes berücksichtigt werden, um rein technokratische Lösungen zu vermeiden. Daher können Fragen, wie Pflegeroboter oder Assistenzsysteme in der Praxis aussehen könnten, nicht allein von Informatikern und Ingenieuren, aber auch nicht nur von Ethikern und Juristen beantwortet werden. Stattdessen muss die Technikgestaltung in diesem Feld in besonders hohem Maße die involvierten Personengruppen mit einbeziehen. Das Büro für Technikfolgenabschätzung (TAB) hat in seiner Studie für den Deutschen Bundestag entsprechende Anforderungen an eine bedarfsorientierte Technikentwicklung formuliert (S. 125).

Die Studie für den Deutschen Bundestag macht deutlich, dass wir in diesem Zusammenhang nicht von der Technik her denken dürfen. Stattdessen müssen die Bedürfnisse der älteren und pflegebedürftigen Menschen unter Einbezug der Möglichkeiten des Pflegepersonals und der Wahrnehmungen der Angehörigen im Mittelpunkt stehen. Dann können Roboter an unterschiedlichen Orten im Gesundheitssystem und im Pflegebereich unterstützende und dem Wohle aller Beteiligten dienende Funktionen übernehmen. Sie können die Lebensqualität der Pflegebedürftigen erhöhen und das Pflegepersonal entlasten. Ob Roboter eine sinnvolle Ergänzung in Alters- und Pflegeheimen sind und nicht bloß ein technischer Ersatz für menschliche Zuwendung, liegt damit an uns: Wie viel bedeutet uns das Wohl der älteren Menschen, und welchen Einsatz sind wir bereit zu erbringen, damit auch in fortgeschrittenen Stadien der Pflegebedürftigkeit ein möglichst hohes Maß an Lebensqualität erhalten bleibt? Es ist eine Frage gesellschaftlicher und politischer Prioritätensetzung, keine Frage des digitalen Fortschritts.

DIGITALE UNSTERBLICHKEIT?

Trotz aller Bemühungen um Gesundheit, um ein langes Leben und möglichst viel Lebensqualität auch in Zeiten der Pflegebedürftigkeit: Irgendwann ist Schluss. Der Tod steht als unausweichliches Ende des Lebens vor unseren Augen. Wirklich unausweichlich?

Philosophisch gibt es grob zwei sehr unterschiedliche Positionen zum Tod. In der einen ist der Tod nicht nur unausweichlich, sondern sinnstiftend. Gerade die Endlichkeit des Lebens und die Knappheit der Lebenszeit verleihen demnach unserem Leben erst Sinn. Aufgrund der Endlichkeit unseres Lebens ist nicht alles möglich, sondern wir müssen uns entscheiden, wie wir unsere Zeit gestalten wollen, und das erlaubt Sinnstiftung. Im unendlichen Leben dagegen wäre alles möglich, alles beliebig und daher sinnlos. Der Philosoph Friedrich Nietzsche formulierte: Der Tod ist nicht der Feind des Lebens, sondern das Mittel, durch welches die Bedeutung des Lebens offenbar gemacht wird.

Die andere Position sieht den Tod als den Skandal des Menschseins schlechthin, mehr noch als Krankheit und Leid. Seine Unausweichlichkeit macht letztlich den Menschen zu einer notwendig verzweifelten Existenz. Für Claude Lanzmann etwa, der im Film *Shoah* die Judenvernichtung durch die Nazis auf die Leinwand brachte, war der Tod immer ein Skandal.

In der Menschheitsgeschichte gab es unterschiedlichste Ansätze gegeben, mit der Unausweichlichkeit des Todes zu leben, insbesondere in den Religionen mit ihren verschiedenen Erzählungen über das Danach. Es ist nicht überraschend, dass das große Menschheitsthema Tod in der digitalen Welt neu aufgegriffen wird.

Eine digitale Weise, mit dem Tod umzugehen, betrifft die Erinnerungskultur. Sterbeportale im Internet bieten Dienstleistungen für Trauernde oder Sprüche für Todesanzeigen an. Das ist freilich nichts weiter als das bisherige Geschäft von Bestattungsunternehmen, nur in die digitale Welt verlagert. Einen anderen Blick auf den Tod lassen jedoch einige Internetportale vermuten, die mit dem Begriff der digitalen Unsterblichkeit spielen. Darin kann das eigene Nachleben organisiert werden. Man kann Bilder oder ganze Fotoalben, Videos,

Dokumente oder andere Objekte hinterlegen, die nach dem eigenen Tod bestimmten Personengruppen zugänglich oder ganz öffentlich gemacht werden. Dadurch erhöht sich der Einfluss darauf, wie man der Nachwelt in Erinnerung bleibt.

Die Unsterblichkeit bleibt freilich ein Problem. Die betreffende Person selbst hat ja nichts von ihrem Weiterleben im Internet, sondern die Unsterblichkeit betrifft in diesem Fall nur ihre Hinterlassenschaften. Und auch mit dieser dingbezogenen Unsterblichkeit ist es aus, sobald die entsprechende Webseite wegen Insolvenz oder anderer Gründe schnöde abgeschaltet wird. Dennoch scheint es für manche tröstlich zu sein, dem Tod so zumindest ein ganz kleines Schnippchen schlagen zu können.

Radikaler gehen viele Wissenschaftler aus dem Kreis der Transhumanisten (S. 129) an das Thema Tod heran. Ihnen ist und bleibt der Tod ein Skandal des Menschseins, der überwunden werden muss. Und sie glauben, dass ihnen dies in absehbarer Zeit teilweise oder auch ganz gelingen wird. Ethiker haben sich bereits Gedanken gemacht, wie eine Welt aussehen würde, in der die Menschen 500 oder 5000 Jahre alt würden. Derartige Gedanken sind freilich mehr als spekulativ.

Die menschliche Lebensspanne wird heute meist mit 120 Jahren beziffert. So alt können Menschen unter in jeder Hinsicht besten Voraussetzungen werden, und in der Tat kommen manche Menschen, vorwiegend in Japan, in die Nähe dieser Zahl. Hier scheint eine biologische Grenze der menschlichen Lebenszeit zu liegen. Die Digitalisierung in Verbindung mit anderen Technikrichtungen wie der Nanotechnologie und Biotechnologie (S. 26) schickt sich an, diese Grenze überschreitbar zu machen. Einige Wissenschaftler – keine Science-Fiction-Autoren – nehmen an, dass die menschliche Lebensspanne in den nächsten Jahrzehnten auf etwa 250 Jahre vergrößert werden könnte. Wenn auch das zwar nichts am Skandal des Todes ändern würde – Skandal bleibt Skandal, ob nun nach 120 oder 250 Jahren –, so wäre es zumindest eine dramatische Entwicklung, die die weitere Geschichte der Menschheit vor große Herausforderungen stellen würde.

In Populärmagazinen wird gar darüber fabuliert, dass vielleicht bald das biologische Alter des Menschen dauerhaft auf einem gewünschten Stand gehalten werden könnte. Vielleicht könnte auch ein Verjüngungsprozess vorgenommen werden. Dann könnte man sich sein Wunschalter aussuchen. Alles Fantasie – diese Geschichten zeigen aber, welche Faszination das Thema der Lebenszeitverlängerung ausübt.

Die digitalen Fantasien gehen jedoch mittlerweile andere Wege. Sie träumen davon, dass der ›digitale Zwilling‹ so perfektioniert werden könnte, dass er zu einer Art zweitem Ich würde. Wenn durch Schnittstellen zwischen der Welt des Computers und dem Nervensystem (S. 134) der Bewusstseinsinhalt des Gehirns auf einem Computer gespeichert werden könnte, ließe sich das menschliche Bewusstsein auf eine Maschine übertragen. Das Ich bzw. zumindest sein vollkommener digitaler Zwilling befände sich dann auf einer Festplatte und könnte in einen anderen, etwa einen technischen Körper hochgeladen werden. So könnte beispielsweise ein neuer Körper bezogen werden, wenn der alte nicht mehr gut funktioniert oder gar wegzusterben droht. Weil dieser Vorgang beliebig oft wiederholt werden könnte, wäre dann in gewisser Weise ein Zustand der Unsterblichkeit erreicht.

Digitale Unsterblichkeit

Die Vision vieler Transhumanisten ist, menschliche Intelligenz und individuelles menschliches Bewusstsein unabhängig vom schwachen und anfälligen biologischen Körper zu machen. Für viele in der digitalen Elite des *Silicon Valley* ist der Tod somit ein lösbares Problem geworden.

Diese Visionen hängen mit der Idee des Übermenschen (Kapitel 7) und einer globalen Superintelligenz (Kapitel 10) zusammen. Den Protagonisten geht es darum, das Menschsein in einem anfälligen und verletzlichen Körper, wie wir es kennen, zu überwinden.

Freilich, alle diese Gedanken sind bislang und vielleicht sogar grundsätzlich Fantasiegebilde. Sie setzen voraus, dass das Gehirn des Menschen so ähnlich wie ein Computer funktioniert. Das Computermodell des Gehirns ist zwar zurzeit weitverbreitet, aber die philosophischen und auch medizinischen Zweifel bleiben. Auch wenn man für viele Zwecke das Gehirn als einen Computer modellieren kann, folgt daraus nicht, dass das Gehirn eine Art Computer ist. Der Philosoph Peter Janich hat immer wieder darauf hingewiesen, dass zwischen Modell und dem Modellierten unterschieden werden muss. Ein Modell des Sonnensystems ist schließlich auch kein Sonnensystem.

Aber unabhängig davon: Das Thema Tod bleibt uns Menschen erhalten. Dass der Tod im Zeitalter der Digitalisierung mit den digitalen Fantasien angegangen wird, ist verständlich. Und auch wenn es Fantasien bleiben: Sie sind anregend.

7. MIT DIGITALISIERUNG ZUM ÜBERMENSCHEN?

DER MENSCHLICHE WUNSCH, BESSER ZU SEIN

Die Digitalisierung betrifft nicht nur Autos, Fabriken und Roboter. Digitale Technik findet auch Eingang in uns selbst. Sie verspricht Möglichkeiten, unseren Körper und Geist technisch zu verändern und zu verbessern. Sind wir der Evolution oder der Schöpfung nicht gut genug geraten?

Vermutlich sind wir alle gelegentlich unzufrieden – mit unserer körperlichen oder geistigen Leistungsfähigkeit, mit der Unausweichlichkeit des Alterns und letztlich des Todes. Einige zweifeln an den moralischen Fähigkeiten der Menschen, viele sind vor allem mit ihrem körperlichen Aussehen nicht glücklich. Geblendet von den üblichen Schönheitsidealen schauen wir nicht gern in den Spiegel, geben aber viel Geld für allerhand Mittelchen aus, um unsere gefühlten Schwächen zu mildern.

Eine häufige Quelle für die Unzufriedenheit sind Vergleiche. Wenn der Nachbar ein größeres Haus hat oder der Kollege mit dem neuen Auto angibt: Das ist oft nicht angenehm. Man fühlt sich schnell unterlegen, auch wenn das gar nicht der Fall ist. Das Bessere ist der Feind des Guten, heißt es. Wir fragen in einer solchen Situation nicht mehr, was gut für uns ist, sondern wollen einfach besser sein oder etwas Besseres haben als der andere. Manchmal wird dabei eine Spirale des sich gegenseitig Überbietens in Gang gesetzt, eine Art Wettbewerbsdruck. Gelegentlich nimmt das verkrampfte Besser-sein-Wollen sogar krankhafte Züge an wie bei der bösen Königin im Märchen von Schneewittchen.

Unzufriedenheit ist aber nicht nur negativ, sondern auch ein starker Motor für die Suche nach Verbesserungen. Wer rundum glücklich ist, stellt nicht so schnell kritische Fragen und tendiert nicht zum Revolutionär. Der Wunsch nach Verbesserung drückt sich in Romanen, Märchen und Legenden aus, etwa in den antiken Sagen, in denen Menschen mit übermenschlichen Fähigkeiten immer wieder zum Vorbild werden. Gegenwärtig sind es vor allem Filme, in denen starke Hauptfiguren zu Idolen werden.

Viele praktische Verfahren sollen bestimmten Verbesserungswünschen nachhelfen. Die heutige Schönheitschirurgie ist ein Wirtschaftsbereich mit einem erheblichen und noch immer steigenden Umsatz. Die Chirurgie dürfte zusammen mit der Kosmetik wohl das am meisten verbreitete Hilfsmittel sein, um der Unzufriedenheit mit sich selbst aktiv entgegenzutreten. Das Hinausschieben der körperlichen Grenzen von Menschen durch intensives Training im Hochleistungssport zeigt einen anderen Aspekt von Verbesserung: Wettbewerb. Wer oben auf dem Treppchen stehen will, muss sich anstrengen. Und wenn das nicht reicht, wird gelegentlich mit Medikamenten, Hormonen oder anderen Präparaten nachgeholfen. Doping im Sport stellt eine besondere Art der Verbesserung dar. Obwohl ethisch zu Recht verpönt und gesundheitlich oft gefährlich – die Dopingfälle scheinen zuzunehmen.

Oftmals sind wir auch unzufrieden mit der Menschheit als Kollektiv. Die Geschichte ist geprägt von Mord und Totschlag, Krieg und Gewalt, Unterdrückung und Folter, Verrat und Heimtücke, Herrschsucht und Raffgier. Allzu offensichtlich gelingt es uns oft nicht, unser Zusammenleben friedlich und solidarisch zu organisieren. *Homo homini lupus*, der Mensch ist dem Menschen ein Wolf, also sein gefährlichster Feind, so formulierte bereits vor über 2000 Jahren der römische Dichter Titus Maccius Plautus. Der Philosoph Thomas Hobbes übertrug diesen Spruch im 17. Jahrhundert auf das Verhältnis der Staaten untereinander. Nun ja, möchte man beim Blick in die aktuelle internationale Lage mit dem Stellvertreterkrieg in Syrien und dem aktuell ohne Not angezettelten Wirtschaftskrieg um Strafzölle denken: So ganz daneben lagen die beiden Herren nicht.

Auch hier gilt: Unzufriedenheit motiviert Verbesserungsstrategien. Kultur-

> **Die Faszination übermenschlicher Fähigkeiten**
>
> In Film und Fernsehen garantieren Geschichten von Übermenschen hohe Besucherzahlen und gute Einschaltquoten. Superman, Batman und Spiderman sind nur einige Beispiele. Sie können, was viele gern könnten: fliegen oder an senkrechten Wänden hochklettern. Und sie sind vor allem unglaublich stark.

historisch können die Religionen zum Beispiel als Versuch der Selbstzivilisierung des Menschen verstanden werden – sie alle erzählen im Kern von Friedenssehnsucht, Harmoniebestreben und dem Wunsch nach Solidarität. Die europäische Aufklärung wollte die Menschen durch Bildung verbessern, damit das Zusammenleben besser funktionieren könnte. Schul- und Universitätsbildung sollten die Höherentwicklung der menschlichen Zivilisation anregen. So richtig durchschlagend war der Erfolg bislang leider nicht. Unzufrieden mit uns sind wir geblieben. Und so geht es nun nicht mehr lediglich um die Verbesserung des Menschen durch Bildung und Kultur, sondern um seine *technische* Verbesserung. Angestoßen durch neue wissenschaftliche Visionen und Utopien und undenkbar ohne die Digitalisierung sind ganz neue Möglichkeiten aufgekommen.

TECHNISCHE VERBESSERUNG DES MENSCHEN

Die Digitalisierung ermöglicht nicht nur neue Produkte, Internetdienste und Apps, sondern auch die technische Aufrüstung von uns Menschen, insbesondere des Gehirns. Die Idee ist, die Welt der digitalen Datenströme mit den Datenströmen in uns selbst zu verbinden. Die Datenströme in uns selbst – das sind die Informationen, die über unsere Nervenbahnen laufen und im Gehirn verarbeitet werden. Der Traum des *Cognitive Enhancement* sieht vor, dass eine direkte Verbindung zwischen Gehirn und Computer hergestellt werden soll, um unser Denken verbessern zu können. Man kann sich einen Chip im Kopf vorstellen, der an das Gehirn angeschlossen wird, oder eine HDMI-Schnittstelle an unserem Unterarm, über die wir einen Computer an unser Nervensystem und damit an das Gehirn anschließen können.

Was bräuchte man dazu? Die Welt der digitalen Datenströme der Bits und Bytes und ihre Gesetze kennen wir sehr gut, weil wir sie selbst gemacht haben. Unsere eigenen Datenströme im Nervensystem kennen wir nicht so gut – diese Welt ist sehr kompliziert. Aber wir kennen sie immer besser. Die Verbindung von digitalen Techniken und Nervensystemen bräuchte eine Übergabestelle, an der die Daten aus der einen in die andere Welt übersetzt werden. Der Computer müsste die Daten aus dem Nervensystem richtig verstehen, und umgekehrt müsste unser Körper die Computerdaten lesen können. Wie das funktionieren könnte, ist heute keineswegs schon ganz klar. Aber es gibt erste Schritte, z.B. wenn ein Cochlea-Implantat an den Hörnerv oder ein Retina-Implantat an den Sehnerv (S. 135) angeschlossen wird. Viele Forscher arbeiten weltweit an einer Verbindung der molekularbiologischen Welt der Nerven mit der technisch-digitalen Welt der Bits und Bytes.

Ingenieure wollen das Gehirn verbessern

DER SPIEGEL thematisierte in seiner ersten Dezembernummer 2013 die technische Verbesserung des Gehirns. Unter dem Titel »Das Superhirn. Neuro-Ingenieure wollen das Denken optimieren« ging es um Chips im Kopf, den Anschluss des Gehirns an Computer und technische Reparaturen des Gehirns. Immer öfter ist von der Ära der Maschinenmenschen die Rede, in der Forscher kranke Gehirne reparieren werden wie Autos oder Computer. Eingriffe ins Gehirn könnten zu einer Ingenieursaufgabe werden, schließlich sei das Gehirn nichts weiter als eine komplizierte elektrische Maschine. Es gibt auch eine wissenschaftliche Fachzeitschrift zum *Cognitive Enhancement*: das *Journal of Cognitive Enhancement*..

Auf diese Weise könnte es möglich werden, das Denken selbst zu verbessern, und zwar nicht wie bisher durch Lernen und Training, sondern durch technische Implantate. Der Gedankengang ist einfach. Die Forscher betrachten das Gehirn als eine Maschine, die Daten speichert und verarbeitet wie ein Computer. Die Daten gehen hinein (etwa über unsere Augen und Ohren, wenn wir beim Autofahren den Verkehr wahrnehmen), sie werden gespeichert (bleiben uns im Gedächtnis) und verarbeitet (wir ziehen Schlüsse aus dem, was wir gesehen oder gehört haben). Schließlich führen die Daten zu einem Ergebnis (zum Beispiel, wenn wir bremsen). Die Analogie zu einem datenverarbeitenden Computer, der über Sensoren etwas von der Außenwelt wahrnimmt, daraus Schlüsse zieht und über Datenleitungen Anweisungen an eine Maschine gibt, liegt recht nahe. Auch wenn medizinisch wie philosophisch umstritten ist, wie weit diese Analogie reicht, scheint sie für viele Zwecke durchaus zu funktionieren.

Mit diesen Überlegungen geht die Frage einher, ob nicht der ›Computer‹ namens Gehirn verbessert werden könnte, so wie auch Maschinen immer weiter verbessert werden können. Entsprechende Visionen sind rasch gefunden. Wir müssen nur daran denken, wo wir gelegentlich unzufrieden sind. Ich vermute, den meisten von Ihnen geht es ähnlich wie mir: Wir Menschen vergessen immer wieder wichtige Dinge.

Wenn wir einen Chip im Kopf hätten, der regelmäßig Sicherungskopien unseres Gedächtnisinhaltes anlegen würde, wie wir ja auch den Inhalt der Festplatte unserer Computer regelmäßig sichern, könnte das helfen. Haben wir einmal etwas vergessen, lesen wir die letzte Sicherungskopie auf dem Chip aus, und schon sollte das Vergessene wieder da sein.

Eine andere Idee besteht darin, dass unserer begrenzten Erinnerungsfähigkeit nachgeholfen werden soll. Wir haben zwar mithilfe von Fotos und Filmen schon eine ganz andere Erinnerungskultur als in früheren Zeiten, in denen die hauptsächliche Form des Erinnerns das (Weiter-)Erzählen war. Aber Luft nach oben ist immer. Wir könnten daran denken,

**Auf dem Weg
zum künstlichen Auge**

Retina-Implantate sind Implantate für stark sehbehinderte oder erblindete Menschen, bei denen die Netzhaut (Retina) nicht mehr funktioniert, deren Sehnerv, also die Verbindung zum Gehirn, aber noch aktiv ist. Das Implantat wandelt optische Eindrücke aus der Umgebung in elektrische Signale um und gibt sie an den Sehnerv und damit an das Gehirn weiter. Damit kann bislang zwar das normale Sehen bei Weitem nicht ersetzt werden. Aber der Fortschritt geht weiter.

durch einen Chip, der direkt am Sehnerv angeschlossen wird, alle visuellen Eindrücke, also alles, was wir im Laufe des Lebens mit unseren Augen sehen, in Echtzeit aufzuzeichnen und zu speichern. Das wäre so eine Art Helmkamera, aber so klein und integriert, dass sie von außen nicht zu sehen wäre. Auf diese Weise könnten wir zu jeder Zeit alles, was wir erlebt haben, noch einmal ansehen, und zwar aus unserer eigenen Perspektive. Ob unseren Hochzeitstag, das Examen oder die

Geburt eines Kindes, alles bliebe so erhalten, wie wir es gesehen haben. Für die Qualität von Augenzeugenberichten für die Polizei wäre das jedenfalls eine Revolution.

Auch die *Verarbeitung* der Daten im Gehirn könnte verbessert werden. Ein Chip im Kopf mit einer externen Vernetzung könnte als neue Schnittstelle im Gehirn dienen, über die zum Beispiel der Inhalt von Büchern direkt ›hochgeladen‹ werden könnte. Oder es könnte eine Vorrichtung geschaffen werden, über die je nach Bedarf unterschiedliche Sprachmodule in den Chip geladen werden könnten – das lästige Lernen von Fremdsprachen würde obsolet. Gedanken dieser Art sind, das kann gar nicht deutlich genug gesagt werden, zurzeit und sicher auch für einige Zukunft noch rein spekulativ. So ist völlig unklar, ob das Hochladen eines *E-Books* ins Gehirn bedeuten würde, dass wir das Buch auch gelesen haben. Immerhin ist Lesen, man denke etwa an Romane von Heinrich Böll oder Umberto Eco, weit mehr als Datentransfer: Lesen ist eine aktive Auseinandersetzung mit dem Text, bei der Pausen und Wiederholungen, intensives Nachdenken und Raum für Assoziationen unverzichtbar sind.

Näher an der Realität sind Baumaßnahmen am menschlichen Körper mit Prothesen. Nach einer Amputation von Gliedmaßen sollen sie den Patienten möglichst die volle Leistungsfähigkeit zurückgeben. Eine ideale Beinprothese müsste eine Fortbewegung erlauben, die der Art und Weise, wie Menschen mit ihren eigenen Beinen laufen, äußerst ähnlich wäre. Die Prothesentechnik soll *im Ergebnis* das möglich machen, was Menschen natürlicherweise auch können.

Wenn künstliche Gliedmaßen (zum Beispiel Hand- oder Beinprothesen) an das Nervensystem angeschlossen werden könnten, ließen sich durch Unfälle oder Amputation verloren gegangene Fähigkeiten teilweise wiederherstellen. Ziel ist es, die Kontrolle über diese künstlichen Gliedmaßen vom Gehirn in der gleichen Weise vorzunehmen wie über die natürlichen Gliedmaßen. Hierzu gab es in den letzten Jahren erhebliche Fortschritte. Bereits 2007 wurde ein *Center for Human Augmentation* in den USA eingerichtet, ein Zentrum für die Verbesserung des Menschen, geleitet von dem unterschenkelamputierten Hugh Herr, der selbst von neuartigen Prothesen begeistert ist. Er war ein anerkannter Sportkletterer, bis ihm nach einer Notsituation aufgrund schwerer Erfrierungen beide Unterschenkel amputiert werden mussten. Danach arbeitete er sich nach Studium und weiteren Qualifikationen zum Leiter der Abteilung für Biomechatronik am renommierten *Massachusetts Institute of Technology* (MIT) hoch. Er gilt heute als einer der besten Experten weltweit für Prothesen und deren Verbesserungen. Und er kann wieder klettern – mit Prothesen.

Fortschritte gibt es auch bei Cochlea-Implantaten, die ertaubten Personen eine gewisse Hörfähigkeit zurückgeben. Davon sind weltweit mittlerweile Hunderttausende im Einsatz. Die Entwicklung von Retina-Implantaten, die Ähnliches für die Sehfähigkeit versprechen (S. 135), ist komplizierter, kommt aber auch voran.

Nun werden Sie sagen, das ist doch alles keine echte Verbesserung. Kranke zu heilen und verloren gegangene Fähigkeiten wiederherzustellen – das ist doch seit Jahrtausenden medizinische Tradition. Stimmt. Aber wir dürfen den technischen Fortschritt nicht vergessen. Denn sobald etwas technisch funktioniert, denken die Ingenieure an Verbesserungen. Oder ihren Kunden fällt etwas ein, das sie an einer Maschine gern zusätzlich oder mit mehr Leistung hätten. Nehmen wir einmal an, Forscher und Ingenieure könnten durch Weiterentwicklung der heutigen Retina-Implantate (S. 135) in einigen Jahrzehnten das menschliche Auge so nachbauen, dass es das gleiche leisten kann wie ein natürliches Auge. Sicherlich würden sie ein Patent anmelden. Sodann würden sie ihrem Produkt auch eine Versionsnummer geben, etwa die Nummer 1.0. Ingenieure bleiben aber nicht bei der Version 1.0 stehen. Sondern sie werden sofort an die nächste Version denken, 1.1 und 1.2, irgendwann dann 2.0. Das Verbessern ist im Fortschrittsgedanken der modernen Technik tief verankert. Der Übergang von wiederherstellenden zu verbessernden Eingriffen ist aus technischer Perspektive ein ganz normaler und allmählicher Prozess. Während das Heilen zum Ziel kommt, wenn der Patient gesund ist, zum Beispiel wieder sehen oder laufen kann, hört das Verbessern auch im Erfolgsfalle nicht auf.

Man könnte für eine Version 2.0 zum Beispiel den Wellenlängenbereich erweitern, den der Sensor registriert, und ihn nicht nur für die

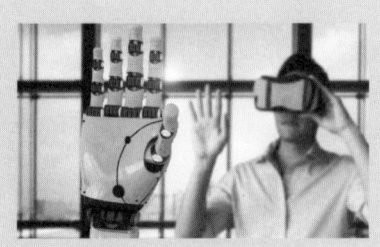

**Verbesserung bei
einer Armprothese**

ImIm Dezember 2015 feierte das Büro für Technikfolgenabschätzung beim Deutschen Bundestag seinen 25. Geburtstag, unter anderem mit dem damaligen Bundestagspräsidenten Norbert Lammert. Als Thema hatten die Abgeordneten die technische Verbesserung des Menschen ausgewählt. Während der Veranstaltung wurde jemand auf die Bühne gebeten, der bei einem Arbeitsunfall einen Arm verloren hatte. Er trug eine Prothese, die er über sein Gehirn steuern konnte, einschließlich von sensiblen Greifbewegungen mit seiner Hand. Diese Hand führte im Publikum dann zu einem laut vernehmbaren Raunen. Denn ihr Träger konnte sie im Handgelenk um 360 Grad drehen, einmal ganz herum! Normale Menschen schaffen gut 180 Grad, versuchen Sie es einmal. Also: Technische Verbesserungen sind nicht einfach Zukunftsmusik, sondern bereits mitten unter uns.

Wahrnehmung des uns sichtbaren Lichts, sondern auch für Infrarotstrahlung ausrüsten. Physikalisch wäre das vermutlich kein unüberwindbares Problem – und wir hätten dann gleich ein Nachtsichtgerät im Auge integriert. Oder man könnte Zoomfunktionen einbauen, wie wir sie aus der Welt der Fotografie kennen. An Ideen zur Verbesserung wird es nicht mangeln, und an Nachfrage nach verbesserten Augen vermutlich auch nicht.

Das gilt auch für Verbesserungen anderer Art, etwa an Armen und Beinen. Sobald eine Prothese so gut funktioniert wie das menschliche Vorbild, können Zusatzfunktionen eingebaut werden (S. 139). Über geeignete elektronische Schnittstellen könnten möglicherweise auch neuartige Gliedmaßen an das Nervensystem angeschlossen und direkt vom Gehirn gesteuert werden. Vielleicht gibt es in bestimmten Berufsgruppen Bedarf an einem magnetischen Greifarm oder einer Spezialkneifzange, die man sich für die Arbeit anschrauben könnte. Angeblich haben die Militärs in den USA großes Interesse an solchen spekulativen Möglichkeiten der Verbesserung.

Verbesserungstechniken werden entwickelt, um Menschen absichtlich zu verändern, ob nun im Denken, in körperlichen Funktionen oder in Bezug auf die Sinnesorgane. Eigentlich ist das auf der Linie der europäischen Aufklärung, etwa im Sinne von Francis Bacon. Denn: Warum sollten wir uns belassen, wie wir sind, wenn wir uns verändern wollen und verändern können? Schließlich ist da diese verbreitete Unzufriedenheit mit uns selbst, die nach Abhilfe durch Verbesserung ruft. Aber wäre das nicht gegen die Natur des Menschen?

Viele Menschen sind empört, wenn sie zum ersten Mal von der technischen Verbesserung hören. Die Natürlichkeit des Menschen werde geopfert, der Mensch werde technisiert oder technisiere sich selbst, seine technische Verbesserung sei anmaßend und ein Zeichen von Hybris. Meist gibt es ein tief greifendes Unbehagen, wohin das alles führen wird, ob und wie der Entwicklung Grenzen gesetzt werden können und wer darüber entscheiden soll.

Es ist schwierig, diese Fragen zu beantworten. Denn was macht die Natur des Menschen aus? Viele Anthropologen sagen, dass die Natur des Menschen darin liege, immer wieder den Stand zu überschreiten, den er erreicht hat. Danach würde es in unserer Natur liegen, über unsere Natur hinauszugehen. Es könnte dann kein objektives Stoppschild geben, das uns auffordert, an einem bestimmten Stand stehen zu bleiben. Viele werden religiöse Menschenbilder und Grenzen anführen, die als Stoppschild dienen könnten. Aber die werden nicht von allen anerkannt, sondern hängen von bestimmten Glaubensüberzeugungen ab. Politische Stoppschilder, etwa durch eine Bundestagsentscheidung, sind möglich, brauchen aber Argumente. In einem liberalen politischen System mit pluralistischen Überzeugungen und

**Der Leichtathlet
Oscar Pistorius**

Oscar Pistorius war, bevor er mit anderen Themen in die Schlagzeilen geriet, als Weltklasse-Athlet bekannt. Im Jahre 2007 wurde ihm jedoch die Zulassung zu einem Wettbewerb an der Deutschen Sporthochschule verweigert. Begründung: Seine durch Sprungfedern ersetzten Unterschenkel seien eine Art ›Techno-Doping‹ mit möglichem Wettbewerbsvorteil. Zu anderen Wettbewerben wurde er dann zugelassen. Aber auch wenn seine Sprungfedern im damaligen Zustand kein ›Techno-Doping‹ waren: Sie könnten sicher einfach verbessert werden. Dann wäre seine Sprintfähigkeit technisch hochgerüstet, und er wäre Menschen ohne Sprungfedern gegenüber im Wettbewerbsvorteil.

Forschungsfreiheit darf nicht einfach etwas verboten werden. Da bedarf es guter Argumente, um den technischen Fortschritt zu regulieren oder in bestimmten Bereichen ganz zu verbieten. Wenn technische Verbesserungen nicht an Embryonen, Minderjährigen, Komapatienten oder anderen nicht einwilligungsfähigen Personen vorgenommen werden, gibt es diese guten Gründe nicht. Wenn mündige Personen nach erfolgter Information über die Risiken und freiwilliger Einwilligung *(informed consent)* sich technisch verbessern lassen, liegt kein gravierendes ethisches Problem vor. Natürlich muss mit Risiken, Haftungsfragen und möglichem Missbrauch verantwortlich umgegangen werden. Probleme dieses Typs sind aber üblicherweise kein Grund, etwas pauschal zu verbieten.

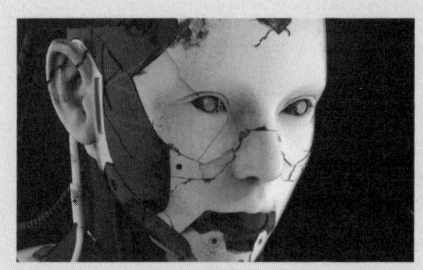

Cyborgs im Verein

Als Cyborgs werden Mischwesen aus Mensch und Technik bezeichnet, z.B. Menschen mit komplexen technischen Bauteilen. Es gibt in Deutschland den Cyborg-Verein zur Förderung und kritischen Begleitung der Verschmelzung von Mensch und Technik. Zu seinen Zielen gehören: die Entdeckung kreativer neuer Anwendungen, die Formulierung und Einforderung von Cyborg-Rechten, politischer Lobbyismus und Förderung der Akzeptanz in der Bevölkerung, aber auch die kritische Begleitung bei der Verwendung von Implantaten (https://cyborgs.cc).

Somit könnten Verbesserungstechnologien allmählich in unseren Alltag einziehen. Die Nachfrage am Markt ist nicht nur vorstellbar, sondern wahrscheinlich. Lifestyle-Anwendungen könnten als Trendsetter wirken und ein neues technisches Lebensgefühl transportieren. Das Verbessern kann als Folge des Heilens und Wiederherstellens schleichend einziehen, wie am Beispiel des Auges illustriert. Bestimmte Berufsgruppen könnten Interesse an konkreten Verbesserungen haben. In öffentlichem Interesse müssten nur die üblichen Haftungsfragen im Fall misslungener Verbesserungen geklärt und die nötigen Vorkehrungen gegen Missbrauch getroffen werden. Alles andere würde der Markt im Spiel von Angebot und Nachfrage regeln. Dafür gibt es ein großes Vorbild: die Schönheitschirurgie.

So könnten wir uns Verbesserungskliniken der Zukunft vorstellen: Es gäbe schön gestaltete Kataloge mit den Verbesserungsmaßnahmen und Videos, die zeigen, wie wir mit den möglichen Verbesserungen aussehen würden und was wir damit anstellen könnten. Im Kleingedruckten würden wir über Risiken und Nebenwirkungen informiert. Wir könnten uns etwas aussuchen, dann bekämen wir einen Kostenvoranschlag und könnten entscheiden.

LEISTUNGSSTEIGERUNG ALS ENDLOSSPIRALE

Das hört sich nach einer guten Sache an. Jeder und jede entscheidet selbst und in Eigenverantwortung, ob und welche Verbesserungen gewünscht werden. Alles in Ordnung – oder? Leider lässt sich die Zukunft der Verbesserung auch anders erzählen. Der wirkmächtigste Effekt, durch den Verbesserungstechnologien Verbreitung finden könnten, ist möglicherweise nicht von der eher netten Art wie die erwähnten Lifestyle-Anwendungen, sondern eine starke, vielleicht die stärkste Kraft der modernen globalisierten Welt: der Wettbewerb. Jede und jeder, der oder die sich verbessern lässt, kann auf Wettbewerbsvorteile gegenüber der Konkurrenz hoffen, in welchem Bereich auch immer: Berufsleben, Karriere, Militär, Liebesleben oder Sport.

Doping im Sport zeigt deutlich und fast täglich die oft unheilvolle Kombination von extremem Wettbewerbsdruck und Verbesserungsmöglichkeiten. Der Druck der Sponsoren, exorbitante Preisgelder oder ein überzogener Siegeswille führen immer wieder dazu, dass Sportler sich auf Doping einlassen. Sie riskieren nicht nur, erwischt zu werden und dann vor den Scherben ihrer Sportlerkarriere zu stehen, sondern auch ihre Gesundheit. Aber der Druck scheint mächtiger zu sein als der Verstand.

Anzeichen für steigenden Wettbewerbsdruck gibt es auch in anderen gesellschaftlichen Bereichen. Ein nicht unerheblicher Teil der Studenten an amerikanischen Universitäten nimmt vor Prüfungen (angeblich) konzentrationsfördernde Mittel ein. Insbesondere Ritalin wird hier immer wieder genannt. Eigentlich ein Mittel zur Verbesserung der Konzentration bei Schülern, die damit Schwierigkeiten haben, glauben manche, dass Ritalin auch bei normaler Befähigung die Konzentration erhöht. In Deutschland gab bei einer Umfrage der DAK 2009 ein unerwartet hoher Anteil der Befragten an, zur Einnahme leistungsförderlicher Präparate im Beruf bereit zu sein, wenn sie denn auf dem Markt verfügbar und getestet wären. Viele junge Menschen fühlen sich angesichts der Globalisierung unter erhöhten Wettbewerbsdruck gesetzt. Millionen von kreativen und mittlerweile auch gut ausgebildeten Menschen aus China, Indien oder Südamerika drängen auf den globalen Arbeitsmarkt, der aufgrund der Digitalisierung immer durchlässiger und ortsunabhängiger wird (S. 74). Auch Roboter und Algorithmen stellen für viele Berufe eine stärker werdende Konkurrenz dar (Kapitel 3).

Auch in vielen privaten Bereichen regiert der Wettbewerb. Immer mehr Menschen trainieren gegen sich selbst. Sie tragen beim Joggen digitale Geräte mit sich, die ihnen dauernd sagen, wie gut sie sind (S. 143). Manche sehen nach dem Blick auf den Bildschirm unglücklich und gequält aus. Sie scheinen den Stress im Nacken zu haben. Vermutlich hat ihnen ihr Gerät Ziele gesetzt, denen sie erfolglos hinterherlaufen. Ein Gerät dabei zu haben, das einen sofort warnt, wenn man zu viele Kalorien zu sich nimmt, kann hilfreich beim Abnehmen sein. Es kann aber auch zu einem digitalen Überwacher, einem ständigen Besserwisser und Aufseher über unser Verhalten werden, der uns letztlich dominiert.

Eine Gesellschaft, die vom Wettbewerbsgedanken auf nahezu allen Ebenen von der Wirtschaft über das Militär bis hin zum Lebensstil durchdrungen ist, tendiert dazu, sich um ständige Verbesserung zu bemühen. Nun wird aber die Konkurrenz aus den gleichen Gründen ebenfalls die Möglichkeiten zur Verbesserung nutzen. Dann kann es zu einer unendlichen Spirale der immer weiteren Verbesserung kommen, verbunden mit immer weiterer Selbstausbeutung vor allem in der Arbeitswelt. Dann wäre auch Schluss mit der liberalen Freiheit, sich je nach Wertesystem oder Vorlieben verbessern zu lassen oder nicht: Wer sich der Verbesserungsspirale verweigert, könnte bestraft werden. Jobverlust,

**Selbstüberwachung
durch digitale Aufpasser**

Der Begriff *Lifelogging* umfasst Verfahren, über die Phasen des alltäglichen Lebens protokolliert und ausgewertet werden. Das kann z. B. durch Sensoren erfolgen, die körperliche Merkmale wie Pulsschlag oder Blutdruck messen, oder durch GPS-gestützte Verfahren, die den zurückgelegten Weg protokollieren, etwa beim Joggen. *Lifelogging* kann für Gesundheitsüberwachung oder die Veränderung ungesunder Gewohnheiten eingesetzt werden, aber eben auch für die Leistungsverbesserung in Sport und Arbeit. Dadurch wird eine dauernde Selbstüberwachung möglich, deren Folgen unklar sind.

sozialer Abstieg oder mangelnde Anerkennung können die Folge sein. Im Nu würde aus der Möglichkeit, sich freiwillig verbessern zu lassen, ein *Anpassungszwang.*

Damit verschiebt sich die Blickrichtung. Es geht dann auf einmal nicht mehr um neue Optionen im Rahmen des technischen Fortschritts, die unsere Freiheit vergrößern, auch nicht darum, dass wir der digitalen Technik zusehends unterlegen sind. Stattdessen schiebt sich die Frage in den Vordergrund, wie viel Wettbewerb einer menschlichen Gesellschaft zuträglich ist, um einerseits die kreativen Potenziale der Menschen zu mobilisieren, ohne andererseits zu letztlich selbstzerstörenden Formen der Selbstausbeutung zu führen. Damit wird klar: Dies alles ist keine Frage einer überlegenen Technik oder eines unterlegenen Menschen, sondern es kommt darauf an, wie wir Wirtschaft und Wettbewerb organisieren.

TECHNIK ALS ÜBERMENSCH?

Die Transhumanisten (S. 145) begrüßen die technische Verbesserung des Menschen und fordern eine rasche Realisierung. Endlich sei es der Menschheit möglich, die Schwachstellen im ›Mängelwesen Mensch‹, wie der Biologe und Philosoph Arnold Gehlen uns bezeichnete, mit eigener Kompetenz und Technik zu überwinden. Daher sei es nicht nur erlaubt, sondern sogar unsere Pflicht, die gegenwärtige Gesellschaft in eine technische und irgendwie ›bessere‹ Zivilisation zu überführen. Von dieser historischen Transformation wird, gleichsam in quasi-religiöser Erlösungshoffnung, die Überwindung der gegenwärtigen Menschheitsprobleme erwartet.

Transhumanisten stellen dem zerbrechlichen und verletzlichen menschlichen Körper die technisch perfektionierten Körper von Robotern entgegen und dem ethisch oft ungenügenden Menschen eine technisch perfekte Ethik, die von Maschinen und Algorithmen ausgerechnet und umgesetzt werden soll. Die zusehends technische Aufrüstung des Menschen soll letztlich zur Verschmelzung von Mensch und Technik führen. Die so entstehende zukünftige Welt wäre in der Vorstellung ihrer Protagonisten perfekt.

Einer der philosophischen Kronzeugen dieser Denkrichtung ist der deutsche Philosoph Friedrich Nietzsche, der den Begriff des Übermenschen in seinen Blick auf die Menschheit und den Gang der Geschichte einbaute (S. 145). Nietzsche dachte wohl kaum an eine technische Lösung des Problems ›Mensch‹. Angesichts der technischen Fortschritte der letzten Jahrzehnte können die Transhumanisten Nietzsches Gedanken nun aber aufnehmen und mit der Technik zusammendenken. Letztlich soll der Sprung der

> **Transhumanismus:**
> **Was kommt nach dem Menschen?**
>
> Der Transhumanismus ist eine vorwiegend wissenschaftliche oder wissenschaftsnahe Bewegung, die bewusst eine Zivilisation *jenseits* der heutigen Menschheit anstrebt – daher das ›trans‹ im Namen. Der Biologe Julian Huxley hat 1957 den Begriff Transhumanismus zuerst verwendet. Transhumanisten wollen gewisse menschliche Tugenden erhalten, z. B. Respekt vor Vernunft und Wissenschaft sowie eine vermeintliche Pflicht zum Fortschritt. Letztere ist für sie untrennbar mit der Aufhebung des Menschen, wie wir ihn (uns!) gegenwärtig kennen, verbunden. Die Verbesserung des Menschen wird dadurch zur *Pflicht*. Sie ist dann nicht mehr einfach eine Möglichkeit, die genutzt oder nicht genutzt werden kann. Wenn beispielsweise Gentechnik erlauben würde, Embryonen zu verbessern, also sie so zu verändern, dass der daraus entstehende Mensch bessere Fähigkeiten hätte, dann hätten Transhumanisten damit nicht nur kein Problem, sondern sie würden die Umsetzung geradezu fordern.

Evolution in eine neue, technische Zivilisation jenseits der heutigen Menschheit gelingen.

Hinter all diesen Überzeugungen steht die Ablehnung des Menschen, wie er eben ist. Diese Ablehnung, die gelegentlich zu einer Art Selbsthass wird (Kapitel 11), wird in die Pflicht zur Aufhebung des Menschen zugunsten einer technischen Zivilisation umgemünzt. Der Mensch als

**Friedrich Nietzsche
und der Übermensch**

Der deutsche Philosoph Friedrich Nietzsche formulierte Ende des 19. Jahrhunderts in seinem Werk *Also sprach Zarathustra* das Programm: »Ich lehre euch den Übermenschen. Der Mensch ist etwas, das überwunden werden soll. [...] Alle Wesen bisher schufen etwas über sich hinaus. [...] Was ist der Affe für den Menschen? Ein Gelächter oder eine schmerzliche Scham. Und eben das soll der Mensch für den Übermenschen sein: ein Gelächter oder eine schmerzliche Scham. [...] Der Übermensch ist der Sinn der Erde.«

verletzliches und hilfsbedürftiges Wesen hat darin keinen Platz mehr. Er würde nur noch als Spur in der zukünftigen idealen Technik weiter bestehen. Beispielsweise würden ethisch handelnde Maschinen vielleicht auf Gedanken von Immanuel Kant oder John Stuart Mill aufbauen, Bordcomputer zukünftiger Fahrzeuge würden menschlichen Sicherheits- und Effizienzkriterien entsprechen, oder Roboter würden unseren Gedanken zum Tierschutz übernehmen. Menschliches Gedankengut würde also weiterleben. Es würde aber nicht mehr von den angeblich so miserabel ausgestatteten Menschen getragen und entwickelt, sondern von einer digitalen Technik perfektioniert, die nach Meinung der Transhumanisten alles besser kann als wir – oder zumindest bald alles besser können wird. Es wäre ein stilles Ende der Menschheit: Wir würden abtreten, aber weder in einer Apokalypse mit Donner und Blitz noch in einem Armageddon, einem letzten Kampf zwischen Mensch und Algorithmus, sondern wir würden den Stab der Evolution auf sanfte Weise an eine Zivilisation weitergeben, die wir als überlegen anerkennen.

Dies alles sind Gedankenspiele, mehr nicht. Aber sie haben Einfluss. Sie motivieren Wissenschaftler und Technikgläubige, teils auch Politiker (S. 171), ihnen zu folgen und Kraft und Energie in ihre Verwirklichung zu investieren. Auch auf viele Medien wirken diese Ideen faszinierend. Die Unzufriedenheit mit uns selbst und die visionären Möglichkeiten der Verbesserung liefern Stoff für spekulative Zukunftserzählungen. Für die einen steht der Unterhaltungscharakter im Vordergrund, vor allem für die Science-Fiction-Literatur und viele Kinofilme. Für die anderen ist großer bis existenzieller Ernst mit dem Wunsch nach einer besseren, hier eben technisch perfektionierten Gesellschaft verbunden. Freilich bleibt die große Frage, was das Wort ›besser‹ bedeuten soll. Mein Eindruck ist, dass Transhumanisten ein rein technisches ›besser‹ meinen, ein besseres Funktionieren nach Kriterien, die sich technisch ausdrücken lassen. Die Frage an uns bleibt, ob wir solche Kriterien zum Maß aller Dinge machen wollen – beziehungsweise ob wir zulassen wollen, dass sie zum Maß aller Dinge gemacht werden.

TEIL III

ZUM THEMA:
WO BLEIBT DER
MENSCH?

8. MENSCH UND ALGORITHMUS: WER MUSS SICH ANPASSEN?

DAS TECHNIK-PARADOX VON FREIHEIT UND ANPASSUNG

Der Spruch, dass die Technik dem Menschen dienen soll, kommt uns allen, besonders aber Ingenieuren, Informatikern, Managern und Politikern, schnell über die Lippen. Technik soll uns neue Optionen eröffnen und Dinge möglich machen, die ansonsten nicht denkbar wären. Sie soll unsere Autonomie und Freiheit vergrößern und gleichzeitig unsere Abhängigkeit von Natur und Schicksal verkleinern. Die Philosophen der europäischen Aufklärung wie David Hume und Francis Bacon sahen darin den Kern des Fortschritts – und hatte damit sicherlich nicht unrecht. Aber diese positive Auslegung ist nur die halbe Wahrheit, sozusagen der Hochglanzaspekt des Fortschritts. Denn während Technik auf der einen Seite wirklich die Freiheit des Menschen steigert und unsere Handlungsmöglichkeiten erweitert, erzeugt sie auf der anderen Seite den Druck, manchmal den Zwang zur Anpassung.

Der Zwang zur Anpassung entsteht auch in komplexerer Technik wie etwa bei Waschmaschinen oder Computern. Damit die Geräte das tun, was wir

---

Das Technik-Paradox

Wer mit einem Spaten ein Loch graben will, muss seine Körperhaltung in bestimmter Weise an die Länge und Form des Spatens anpassen und seine Muskeln passend in Bewegung setzen, damit ein Loch entsteht. Wenn man mit dem Spaten nur auf den Boden einschlägt, wird man kein Loch erzeugen. Das ist trivial, sagt aber etwas Grundsätzliches aus: Wenn wir Technik nutzen wollen, um etwas zu erreichen, was wir ohne sie nicht erreichen können, müssen wir uns der Technik anpassen. Wir müssen Teil eines koordinierten Mensch-Technik-Systems werden, damit der gewünschte Effekt herauskommt. Weder der Spaten noch der Mensch gräbt allein das Loch, sondern eine geschickte Kombination aus Mensch und Spaten. Paradox ist das, weil der Mensch sich an die Technik anpassen muss, um durch sie Freiheiten und neue Optionen zu gewinnen.

von ihnen erwarten, zum Beispiel Wäsche waschen, müssen wir tun, was sie von uns erwarten. Dafür gibt es Bedienungsanleitungen, die uns Vorschriften machen, oder Bedienoberflächen, die uns leiten wie etwa bei einer App. Nur wenn wir die Technik korrekt bedienen, tut sie das, was sie tun soll. So gesehen strukturieren technische Apparate und Systeme unsere Handlungen.

In der betrieblichen Produktion, in Fertigungshallen und am Fließband wird der Zwang zur Anpassung besonders deutlich: Takt und Arbeitsweise der Maschine geben vor, was der menschliche Arbeiter tun muss (S. 58). Menschen werden zu mechanischen Teilen der Fabrik, zu ›Rädchen im Getriebe‹, wie es so treffend heißt. Der Einzelne, etwa ein Arbeiter am Fließband, hat nicht mehr die Kontrolle über sein Tun. Andere wie zum Beispiel leitende Ingenieure oder Manager haben den Produktionsprozess entworfen und die Anlage errichtet, in die sich Menschen einpassen müssen. Das Technik-Paradox verändert sich. Es wird zur Frage, *wessen* Freiheiten und Optionen

> **Ethik-Kommission fordert Anpassung der Technik an den Menschen**
>
> Die ›Ethik-Kommission autonomes und vernetztes Fahren‹ erkannte 2017 das Risiko, dass wir Menschen uns den Anforderungen der Algorithmen unterwerfen müssen. Einem solchen Zwang zur Anpassung des Menschen hält sie entgegen: »Um eine effiziente, zuverlässige und sichere Kommunikation zwischen Mensch und Maschine zu ermöglichen und Überforderung zu vermeiden, müssen sich die Systeme stärker dem Kommunikationsverhalten des Menschen anpassen und nicht umgekehrt erhöhte Anpassungsleistungen dem Menschen abverlangt werden.«

durch die Technik vergrößert werden, und *welche* Menschen sich anpassen müssen. Manche dürfen gestalten, andere müssen sich einfügen. Dies gilt auch für die digitale Welt.

Allerdings wird diese Frage nicht gern offen gestellt. Die digitalen Visionen sind voll von Freiheitserzählungen. Sie beschreiben, wie wir als Menschen in der digitalen Zukunft Freiheit und Autonomie gewinnen sollen, so etwa durch die Abgabe lästiger Arbeiten im Haushalt an digitale Helfer (Kapitel 4) oder durch neue Modelle selbstbestimmter Arbeit (Kapitel 3). Digitalisierung wird als fortschreitende Befreiung von bisherigen Zwängen beschrieben.

Wenn jedoch das Technik-Paradox (S. 149) wirklich auf eine *grundsätzliche* Eigenschaft von Technik hinweist, muss es auch für die digitale Technik gelten. Nun haben digitale Technologien andere Schnittstellen zum Menschen als ein Spaten oder eine Waschmaschine. Beispielsweise ist die Spracherkennung eine neue Schnittstelle, die durch die Digitalisierung ermöglicht wird. Einen Befehl an ein Gerät nicht mehr mühsam über Tastaturen oder Regler eingeben zu müssen, sondern dem Fernsehen in menschlicher Sprache sagen zu können, welches Programm eingestellt werden soll, ist doch ein Fortschritt, und zwar nicht nur in Bezug auf Komfort und Leichtigkeit der Bedienung. Denn diese neue Schnittstelle ist uns Menschen ja natürlicherweise vertraut, während der Umgang mit Tastaturen, Fernbedienungen oder Regelsystemen künstlich erlernt werden muss.

Allerdings soll der Fernseher uns auch richtig verstehen. Das tut er nur, wenn wir deutlich und nicht zu schnell sprechen, nicht nuscheln und möglichst keinen Dialekt verwenden. Das Technik-Paradox holt uns abermals ein: Wenn wir die sprachliche Schnittstelle nutzen wollen, müssen wir uns an die Möglichkeiten des Sensors und der Algorithmen anpassen. Wir müssen der Spracherkennung das geben, was sie braucht, um ihre Aufgabe zu erfüllen. Auch wenn ordentliches Sprechen an sich eine gute Sache ist, bleibt es dabei, dass der Algorithmus uns diszipliniert, böse könnte man sagen: konditioniert. Ähnliches gilt für andere Schnittstellen zwischen Mensch und digitaler Technik, etwa für das Winken menschlicher Autofahrer zur Kommunikation mit selbst fahrenden Autos (S. 103). Dieses Anpassungsproblem ist auch ein Thema für Ethik-Kommissionen (S. 150).

Nun ist das alles ja nicht sehr kritisch. So ist manchem die Bevormundung durch eine übereifrige Rechtschreibprüfung lästig, denn disziplinieren lassen wir uns nie gern. Und auch wenn wir die digitale Sprachassistentin Alexa (S. 80) fünfmal ansprechen müssen, bis sie endlich versteht, welche Musik wir hören wollen, ist das nervig, aber nicht wirklich schlimm.

Digitale Technik führt jedoch auch zu Anpassungszwängen, die nicht so einfach zu erkennen sind. Schleichend können sie unser Verhalten verändern, ohne dass wir gefragt werden oder dies überhaupt bemerken. Software hat einige Eigenschaften, die denen von Institutionen ähnlich sind. Institutionen strukturieren und ordnen unsere Gesellschaft – zum Beispiel die Straßenverkehrsordnung oder Meldevorschriften. Die Gesetze regeln unser Handeln. Wenn sie staatlich verordnet sind, werden sie in der Regel auch durchgesetzt, etwa durch sanfte Anreize oder ganz unsanft mit dem Strafrecht. In den staatlichen Institutionen zeigt sich, nach welchen Werten eine Gesellschaft funktionieren will. Software, insbesondere internetgestützte Dienstleistungen, nimmt allmählich ähnliche Rollen ein. So strukturieren die privat geführten digitalen Infrastrukturen wie die *Social Media* teils die politische Kommunikation, indem zum Beispiel der US-amerikanische Präsident über Twitter regiert. Suchmaschinen, deren Algorithmen von privaten Firmen wie Google entworfen und nicht

---

Die PowerPointerisierung des Denkens

Der weltweite Siegeszug der Präsentationstechnik *PowerPoint* hat auf der einen Seite die Vortragskultur verändert. Referenten und Vortragende passen sich den vorgegebenen Möglichkeiten an, schreiben Stichwortlisten auf die Folien, integrieren Bildchen oder Filme und animieren Effekte. Für viele Zwecke ist das ein großer Fortschritt, etwa wenn Physiker auf einfache Weise komplizierte Formeln, Philosophen Zitate von Aristoteles im griechischen Original oder Klimaforscher komplexe Diagramme zeigen können. Allerdings sind die Folgen weitreichender. So verändern sich die Hörgewohnheiten. Manche befürchten, dass das konzentrierte Zuhören Schaden nimmt, weil der visuelle Eindruck mit digitalen Spielereien Aufmerksamkeit abzieht. Andere befürchten, dass wir schon so denken, wie *PowerPoint* strukturiert ist, nämlich in abgehackten Listen, den *bullet points*.

---

demokratisch legitimiert sind, zeigen uns die Welt durch die von ihnen gesetzten Filter. Wir sehen dann die Welt durch die Brille von Google und bilden uns auf dieser Basis unsere Meinungen.

Eine andere Art der Anpassung besteht darin, dass wir schleichend unser Verhalten und sogar Denken an Strukturen orientieren, die durch Software vorgegeben werden. So sagen manche, dass die Präsentationstechnik *PowerPoint* unsere Art zu denken beeinflusse.

Eine andere Art der Anpassung an Technik ist die allmähliche Gewöhnung, ihre Übernahme in unsere alltäglichen Gewohnheiten, sodass uns das Leben ohne bestimmte technische Hilfsmittel unmöglich erscheint. Die Älteren werden sich noch an eine Welt ohne Internet, Handy und Smartphone erinnern – die Jüngeren können sich vermutlich gar nicht mehr vorstellen, wie die Welt überhaupt funktionieren konnte. Die Gewöhnung geht oft verblüffend schnell. Erst ist eine Technik revolutionär neu, dann wird sie von allen genutzt, und schon ist sie selbstverständlich geworden.

Diese Art der Anpassung kommt wie von selbst, weil wir uns auf angenehme Techniken einstellen und sie intim in unser Leben integrieren. Wir organisieren unser Leben um diese Technik herum, wie das beim Automobil deutlich zu sehen ist. Teils wird die Anpassung aber auch offen oder versteckt betrieben, indem Druck ausgeübt wird. So gibt es zwar kein Gesetz, dass jeder Deutsche einen Internetzugang haben müsste. Wer jedoch keinen hat, wird bestraft, etwa durch längere Wartezeiten im Einwohnermeldeamt oder durch höhere Gebühren bei einigen Airlines, sofern man am Schalter im Flughafen und nicht online einchecken will. Eine noch ganz andere Form des subtilen, aber wirkungsvollen Drucks in Richtung Anpassung ist das System der Überwachung und Bewertung aller Bürger, das zurzeit in China aufgebaut wird (S. 174).

Anpassung hat also sehr unterschiedliche Formen, von der harmlosen Variante, dass wir einer Bedienungsanleitung folgen müssen, bis hin zur erzwungenen Anpassung in einem tendenziell totalitären Staat. Ein in diesem Buch wiederkehrendes Motiv wird deutlich: In den problematischen Auswirkungen geht es nicht um die Anpassung an die Algorithmen, zu deren Sklaven wir nicht werden wollen. Sondern es geht darum, dass die Menschen hinter den Algorithmen, die Informatiker, Manager und Politiker, nach ihren Vorstellungen und ohne demokratische Legitimation die digitalen Technologien einsetzen. Wir passen uns nicht an die Technik als solche an, sondern an die Werte, an die gesellschaftlichen Vorstellungen und an die Interessen ihrer Macher und Auftraggeber. Dies gilt es im Bewusstsein zu halten, wenn wir gegen Ende des Buches über eine gute digitale Zukunft nachdenken wollen.

DIGITALISIERUNG ALS NATURGEWALT?

Wenn wir also vielfältigen Anpassungen an die digitale Technik ausgesetzt sind und ihnen vermutlich gar nicht entgehen können, können wir die Technik dann wenigstens nach unseren Vorstellungen gestalten? Gegenwärtig wird von Managern und Politikern, aber auch in vielen Medienberichten der Eindruck erweckt, dass die Digitalisierung wie ein Zug mit hoher Geschwindigkeit fährt, den man weder aufhalten noch in seiner Richtung beeinflussen könnte. In Abwandlung eines bekannten Spruches von Erich Honecker: Die Digitalisierung in ihrem Lauf hält weder Ochs noch Esel auf. Der Digitalisierung wird der Charakter eines Naturereignisses zugeschrieben, gegen das man nichts machen könne (S. 155).

Diese Haltung ist auch in der Bevölkerung weitverbreitet, wie jüngst noch das Technikradar, eine groß angelegte Umfrage der Deutschen Akademie der Technikwissenschaften, gezeigt hat. Danach sind 89 Prozent der Deutschen der Meinung, dass man den technischen Fortschritt nicht aufhalten kann. In meiner Fachsprache heißt diese Einstellung ›Technikdeterminismus‹. Der Dortmunder Technikphilosoph Friedrich Rapp hat ihn einmal so auf den Punkt gebracht: »Dabei scheint es, als seien wir zur Technik verurteilt. Sie kommt immer nur durch menschliche Handlungen zustande und ist doch zu einer selbständigen Instanz geworden, deren Entwicklung anscheinend kaum gesteuert werden kann.« Man ersetze ›Technik‹ durch ›Digitalisierung‹, und schon ist man ganz nahe an der Metapher des Tsunamis. Entsprechend spricht Klaus Mainzer von einem ›digitalen Determinismus‹.

Nun muss digitale Technik aber irgendwie gemacht werden, sie wächst ja nicht von selbst wie Pilze im Wald. Wie kann dann der Eindruck eines nicht beeinflussbaren Geschehens entstehen? Jede einzelne Zeile eines Programmcodes wird von Menschen geschrieben. Software läuft auf Hardware, die ebenfalls nicht von selbst wächst. Der Technikdeterminismus sieht hinter den Machern der Technik – den Ingenieuren, Managern, Erfindern und Wissenschaftlern – eine unsichtbare Hand, die das Geschehen lenkt. Manche vermuten den ökonomischen Druck, insbesondere den Wettbewerb in der Globalisierung als Ursache, andere den nicht steuerbaren Erfinderreichtum der Ingenieure und Informatiker. Wenn das so wäre, könnten wir nichts weiter machen. Unsere einzige Freiheit wäre in diesem digitalen Determinismus höchstens, die Art und Weise zu gestalten, wie wir uns dem digitalen Fortschritt anpassen.

Hierzu ist digitale Bildung ein zentrales Schlagwort. Immer wieder wird der Bedarf nach digitaler Qualifikation von den vermuteten Ansprüchen zukünftiger Technik abgeleitet, anstatt umgekehrt die Technik nach den Wünschen und Bedürfnissen des Menschen zu entwickeln. Das wäre jedoch nichts weiter als eine vorauseilende Anpassung an die Anforderungen der Technik beziehungsweise der Wirtschaft, die diese Technik einsetzt.

Nun würde vermutlich niemand behaupten wollen, dass es eine ernsthafte Möglichkeit gäbe, die Digitalisierung per Knopfdruck oder Volksabstimmung einfach anzuhalten. Das wäre Unsinn – da haben die 89 Prozent aus dem erwähnten Technikradar einfach recht. Aber auch im digitalen Determinismus muss die Technikk selbstverständlich von irgendwem produziert werden. Die Software der Suchmaschinen, die Algorithmen der *Big Data*-Technologien und die *Social Media*, sie alle sind von Menschen entworfen und umgesetzt. Jetzt wird es interessant: Von *welchen* Menschen denn? Das ist die entscheidende Frage nach Macht und Einfluss: Manche gestalten die Digitali-

Digitalisierung als Tsunami

In unterschiedlichen Bildern wird die Digitalisierung als unausweichliches Ereignis, ja geradezu als schicksalhaft bezeichnet. Insbesondere Wirtschaftsvertreter sprechen gern von der Digitalisierung als einem Tsunami oder einem Erdbeben. Die erste Botschaft in diesen Bildern ist: Dagegen ist nichts zu machen, wir können als Menschen weder Erdbeben noch Tsunamis verhindern. Die zweite Botschaft ist: Die Digitalisierung kommt ganz schnell. Weglaufen oder Wegducken ist keine Option, damit überleben wir sicher nicht. Wir müssen uns schnellstens auf die Digitalisierung einstellen, weil wir sonst untergehen. Also Breitbandkabel verlegen, unsere Kinder, aber auch heutige Arbeitnehmer schnellstens digital bilden, die deutsche Wirtschaft durch Anreize und Subventionen stärken, damit sie im weltweiten Wettbewerb möglichst gut abschneidet. Das Denkmodell ist: Wir müssen uns vorausschauend anpassen an etwas, das sowieso kommt. Tun wir das nicht, wird die Flut der Digitalisierung uns wegspülen.

sierung, indem sie Einfluss auf die Algorithmen nehmen können, und andere müssen sich den Algorithmen dann anpassen. Es besteht eine klare Asymmetrie: Manche gestalten, andere, und zwar sehr viele, werden gestaltet. Technikdeterministen sehen diese Machtverhältnisse entweder gar nicht oder ignorieren sie. Wer die Digitalisierung als Naturgewalt wie einen Tsunami ansieht, fragt nicht mehr nach den Menschen und ihrer Macht. So ist der Technikdeterminismus immer wieder eine Ideologie derjenigen, die die Gestaltungsmacht haben. Denn es ist immer leichter, die Digitalisierung als eine Art Naturereignis zu betrachten und entsprechende Anpassung zu fordern, als zu sagen, dass man selbst an dem vermeintlichen Naturereignis mitarbeitet. Ansonsten könnten ja unbequeme Fragen der Art kommen, warum bestimmte Funktionen so eingerichtet wurden, wie sie sind, und warum nicht alternative Lösungen gewählt wurden.

Zum Technikdeterminismus als Ideologie gehört, bestimmte Entwicklungen wie früher die Kernenergie (S. 19) und heute die Digitalisierung als ›alternativlos‹ zu bezeichnen. Aber oft bedeutet ›alternativlos‹ nichts weiter als ›für mich und meine Interessen am besten‹. Sobald dieser Mechanismus durchschaut ist, können Fragen nach möglichen Alternativen gestellt werden. Das ist der erste Schritt zu einem gestaltenden Blick auf die Entwicklung der digitalen Technologien. Es öffnet sich dann ein weites Feld von Fragen: Welche Menschen, Unternehmen und Organisationen haben Einfluss darauf, wie die digitale Gesellschaft sich entwickelt? Nach welchen Interessen und Werten gestalten diese die digitale Zukunft? Kommt es zu einer informellen Expertenherrschaft der Informatiker und *Nerds* mit ihrem Wissensmonopol, da niemand außer ihnen die komplexen Algorithmen noch verstehen kann? Welche Macht haben global handelnde Unternehmen aus dem *Silicon Valley*, Wirtschaftsverbände, Informatiker und die Geheimdienste? Haben die Nutzer von Internetdienstleistungen und Apps mit ihren vermutlich ganz anderen Werten und Interessen überhaupt Mitsprachemöglichkeiten? Welche Gestaltungsmacht liegt bei den Konsumenten, die doch entscheiden, welches soziale Online-Netzwerk sie abonnieren, welche Software sie installieren, welche Geräte sie mit welchen Einstellungsmöglichkeiten kaufen? Nutzen wir solche Möglichkeiten? Informieren wir uns überhaupt, welche alternativen digitalen Dienste und Produkte, vielleicht mit datenschutzkonformeren Merkmalen, es gibt? Während Mitgestaltungsansprüche der Zivilgesellschaft und der Bürger in vielen anderen Bereichen wie etwa der Energiewende eingefordert werden und längst anerkannt sind, herrscht bei der Digitalisierung Funkstille. Wo bleibt demokratische Gestaltung, wenn durch Software Anpassungen erzwungen werden, von denen wir alle betroffen sind?

Wer diese Fragen nicht stellt, verpasst die Chance auf kritische Nachfrage, auf Mitwirkung und auf Gestaltung. Denn noch einmal: Auch digitale Techniken werden von Menschen gemacht. Und wenn sie von Menschen entworfen werden, könnten sie auch jeweils anders gemacht werden. Die Macher der Digitalisierung verfolgen Werte, haben Einschätzungen und Interessen, die Einfluss auf ihre Entscheidungen nehmen. Wenn andere Menschen mit anderen Werten und Interessen mitgestalten könnten, könnte die Digitalisierung einen anderen Lauf nehmen. Beispielsweise könnten Internetdienstleistungen dann anders aussehen und private Daten besser geschützt werden. Wer den Technikdeterministen mit ihrer Botschaft von der Digitalisierung als Tsunami oder Erdbeben (S. 155) auf den Leim geht, verspielt die Option, dass zwar vielleicht nicht alles, aber doch manches anders kommen könnte. Und er wirkt an einem bekannten Effekt mit: der *sich selbst erfüllenden Prophezeiung*. Wenn alle oder zumindest die meisten glauben, dass sie sowieso nichts ändern können, dann können sie auch wirklich nichts ändern. Dann geben sie Einflussmöglichkeiten bereits *a priori* aus der Hand, ohne überhaupt etwas versucht zu haben. Sie erzeugen ohne Not genau das, was sie beklagen: ihre eigene Ohnmacht. Damit erweisen sie den Machern und Gestaltern der Digitalisierung den größten Gefallen, indem sie sich passiv in ihr Schicksal ergeben. Das darf nicht sein.

DIGITALISIERUNG GESTALTEN – ABER WIE?

Der Ruf nach Gestaltung – Pfeifen im Walde?

Klaus Mainzer hat in seinem Buch ›Wann übernehmen die Maschinen?‹ in beeindruckender Weise dargelegt, welche ungeheuren Fortschritte die digitalen Technologien gemacht haben und weiter machen, vor allem die künstliche Intelligenz. Nachdem sich so über 200 Seiten der Eindruck einstellt, dass wir Menschen schon heute nicht mehr mithalten können, fordert Mainzer im letzten Kapitel, dass wir die Digitalisierung und damit auch die weitere Entwicklung der künstlichen Intelligenz verantwortlich gestalten. Wer würde da nicht zustimmen – allerdings kommt diese Forderung nach den Beschreibungen der digitalen Fortschritte etwas unvermittelt. Hinweise, wie die immer übermächtiger werdende Technik von uns Menschen noch konkret gestaltet werden könnte, sind spärlich. Es entsteht der Eindruck, dass am Ende des Buches eine positive Botschaft stehen sollte, um die Leser nicht mit den düsteren Ausblicken alleinzulassen.

In pathetischer Pose kann man leicht über Gestaltung sprechen, Verantwortung einfordern und Mitwirkung anbieten. Die Möglichkeit eines solchen Engagements ist dadurch aber nicht bewiesen. Der Wunsch nach zum Beispiel demokratischer Mitgestaltung oder Beteiligung der Zivilgesellschaft hat nicht zwingend zur Folge, dass derartige Gestaltung auch wirklich möglich ist. Das alles könnte rhetorisches Wunschdenken sein.

Gestaltung zu fordern ist notwendig, reicht aber nicht, denn fordern können wir viel. Gefragt sind Wege und Ideen, wie es denn konkret gehen kann. Sicher macht es keinen Sinn, die Digitalisierung als solche gestalten zu wollen. Gestaltung kann immer nur in konkreten Anwendungsfeldern erfolgen, wie etwa im Pflegebereich (S. 159), in der Entwicklung digitaler Dienstleistungen für den öffentlichen Sektor oder für den Entwurf digitaler Technologien in der Landwirtschaft. Dort konkret müssen Fragen wie die folgenden beantwortet werden: Warum und wozu sollen die digitalen Technologien eingesetzt werden, welche anderen Technologien sollen sie ersetzen, welche Nebenfolgen und Missbrauchsmöglichkeiten kann es geben, wer sind die Gewinner und Verlierer, wie sieht das Spektrum der möglichen Alternativen aus, wie soll der Prozess der Gestaltung selbst gestaltet werden, wer soll einbezogen werden, und so weiter.

In den letzten Jahrzehnten wurde eine Fülle von Ansätzen zur Gestaltung von Technik entwickelt. Viele werden mittlerweile in der Praxis eingesetzt. Hierzu gehören die Technikfolgenabschätzung, die vor allem im parlamentarischen Bereich und in der Politikberatung Anwendung findet, die partizipative Technikfolgenabschätzung, welche Bürgerinnen und Bürger in die Gestaltung einbezieht, die Technikbewertung, die vom Verein Deutscher Ingenieure (VDI) entworfen wurde, und die wertesensible Gestaltung *(Value Sensitive Design)*, welche von Ethikern vor allen an der Technischen Universität Delft entwickelt und zumeist im Bereich der Informations- und Kommunikationstechnologien eingesetzt wurde und wird. In den letzten Jahren haben sich

Digitale Technologien in der Pflege

Das vom Bundesforschungsministerium geförderte Projekt MOVEMENZ diente der Ermittlung des Bedarfs nach mobiler Technologie, die es Menschen mit Demenz ermöglicht, sich vergleichsweise autonom und dennoch sicher im Stadtviertel zu bewegen. Zu diesem Zweck hatten Forscher am Karlsruher Institut für Technikfolgenabschätzung und Systemanalyse Angehörige, Pflegepersonal, Menschen aus dem Stadtviertel und Menschen mit Demenz befragt. Mithilfe einer solchen Erhebung kann Technik gemäß den Bedürfnissen des Menschen entwickelt werden – im Gegensatz zu dem Modell, dass zuerst die Technik entwickelt wird und der Mensch sich dann anpassen muss.

diese im Detail unterschiedlichen Ansätze unter dem internationalen Begriff der verantwortlichen Ausgestaltung von Forschung und Innovation *(Responsible Research and Innovation,* RRI) versammelt. Dort geht es um eine bewusste Erforschung der Bedingungen und Verfahren, wie Technik im Hinblick auf eine gute Zukunft verantwortlich gestaltet werden kann.

Diesen Ansätzen ist gemein, dass sie Technik als von Menschen gemacht ansehen und folglich davon ausgehen, dass es immer Alternativen in der Technikgestaltung gibt. Je nach Alternative stehen andere Werte und Interessen im Vordergrund. In einem Sportwagen drücken sich andere Werte aus als in einem Ökomobil für den Stadtverkehr. Analog gilt dieses Prinzip auch für digitale Technik, Software und Algorithmen. Diese unterschiedlichen Werte äußern sich hier vor allem darin, wie mit Daten und Privatheit umgegangen wird, welche Wahlmöglichkeiten für die Nutzer vorgesehen werden, wie niedrigschwellig der Zugang zu neuen digitalen Dienstleistungen gestaltet wird und ob beziehungsweise wie diskriminierungsfrei die Apps sind. Technikgestaltung bedeutet dann erstens, die Werte und Interessen hinter den möglichen Alternativen transparent zu machen. Zweitens muss mit den jeweils einzubeziehenden Nutzern oder zivilgesellschaftlichen Organisationen beraten werden, welche dieser Werte und Interessen in die jeweiligen Produkte und Systeme einprogrammiert werden sollen. Drittens müssen die Entscheidungen dann technisch umgesetzt werden.

Diese Ansätze und Methoden haben in vielen Projekten gezeigt, wie Technikgestaltung für gesellschaftliche Belange, für die Zivilgesellschaft und Bürger geöffnet werden kann – also für die Nutzer. Es ist eben kein Naturgesetz, dass Technologien, von denen unsere Zukunft abhängen kann, von privaten Unternehmen hinter hohen Mauern entwickelt werden müssen. Viele Unternehmen haben längst erkannt, dass dieses traditionelle Modell oft gar nicht gut für die eigenen Produkte ist. Sie haben sich gesellschaftlichen Dialogen geöffnet und beziehen Nutzer oder auch die Nachbarn ihrer Standorte stärker ein. Davon ist jedoch bei den großen Konzernen aus dem *Silicon Valley* bislang kaum die Rede. Immerhin gibt es erste Anzeichen, dass auch dort das Bewusstsein wächst, dass größere Offenheit gegenüber Gesellschaft und Politik erforderlich ist. Schlechte Erfahrungen mit Technikgestaltung in geschlossenen Welten wie etwa mit dem Facebook-Skandal um *Cambridge Analytica* (S. 170), infolgedessen Mark Zuckerberg vor den amerikanischen Kongress und das Europaparlament zitiert wurde und Besserung geloben musste, könnten theoretisch helfen. Allerdings sind die Nutzerzahlen von Facebook danach nicht eingebrochen. Immerhin ist jedoch zu beobachten, dass den Konzernen gelegentlich angst und bange wird angesichts der von ihnen selbst entwickelten neuen Möglichkeiten, wie etwa jüngst angesichts bislang ungeahnter Fortschritte in der Gesichtserkennung durch Microsoft. Ein starker Druck der Nutzer weltweit würde diesen zaghaften Lernprozessen sicher mehr Schwung verschaffen. Da gibt es noch erheblichen Spielraum nach oben.

Insgesamt geht es darum, dem verbreiteten Fatalismus etwas entgegenzusetzen. Wir müssen uns keineswegs einfach passiv an das anpassen, was andere für uns entschieden haben. Dem Determinismus ist zu widersprechen. Stattdessen müssen wir das *Denken in Alternativen* entwickeln: alternative Möglichkeiten statt alternativloser Anpassung. Dann wird Gestaltung möglich, sicher nicht in allen Bereichen und zu jedem Produkt, aber wenigstens in denen, die unsere Zukunft maßgeblich mitprägen. Ja, Gestaltung kann anstrengend sein, sicher anstrengender, als auf dem Sofa zu sitzen und darüber zu klagen, dass man ja doch nichts machen kann. Aber es lohnt sich. Wir können etwas tun, wir müssen es nur wollen.

DAS LETZTE WORT

In der Vielzahl der Anpassungsformen, die wir in diesem Kapitel gesehen haben, fehlt noch ihre Radikalform: vollständige Abgabe der Kontrolle an digitale Systeme und Unterwerfung unter die Herrschaft der Algorithmen. Hier kochen die Sorgen besonders hoch. Sogar ansonsten notorisch technikoptimistische Visionäre wie der Tesla-Gründer Elon Musk und der Guru der Transhumanisten (S. 144), Nick Bostrom von der Universität Oxford, warnen plötzlich vor der Machtübernahme der digitalen Technik (S. 163).

Kontrollverlust ist ein ernstes Thema, hier geht es um alles oder nichts. Steht uns eine Welt bevor, in der wir nichts mehr zu melden haben werden? Ich bin kein Prophet. Misstrauisch stimmt mich die Scheingenauigkeit der Angaben von Nick Bostrom. Das Jahr 2075 ist noch lange hin. Bei einem solchen zeitlichen Abstand über eine 90-prozentige Wahrscheinlichkeit zu reden, macht seine Aussagen für mich wenig vertrauenerweckend (S. 23). Davon einmal abgesehen: Wenn schon Nick Bostrom, der ansonsten vor starken Positionen nicht zurückschreckt, davon ausgeht, dass bis zum Zeitpunkt der Machtübernahme der Superintelligenz noch mehr als fünfzig Jahre vergehen werden, dann empfinde ich seine als Alarm gemeinte Warnung eher als Beruhigung.

Dennoch bleibt der Kontrollverlust ein ernsthaftes Thema, und es soll uns ja nicht gehen wie dem Frosch, der erst dann aus dem immer heißer werdenden Wasser steigen will, wenn es schon zu spät ist (Kapitel 1). Ich halte andere Szenarien des Kontrollverlustes für relevanter als die Vorstellung einer Weltherrschaft durch eine Superintelligenz, wie sie Nick Bostrom Sorgen bereitet. Dazu zunächst folgende Unterscheidung. Für einen möglichen Kontrollverlust des Menschen sehe ich folgende Pfade:

1. Wenn wir aufgrund der Komplexität nicht mehr nachvollziehen können, was die Algorithmen machen und wie sie zu ihren Ergebnissen kommen, können wir diese Ergebnisse nur noch glauben oder nicht glauben. Das bereits wäre ein erheblicher Kontrollverlust, denn Kontrolle über die Algorithmen geht nur, wenn wir sie verstehen. Immerhin: Wir könnten noch die Notbremse, sprich den Stecker ziehen. Das letzte Wort wäre auf unserer Seite.

2. Wenn wir allerdings schon abhängig von den Algorithmen geworden wären, wäre dieser Ausweg verbaut. Das Ziehen des Steckers würde zwar den Algorithmus abstellen, aber auch uns selbst in existenzielle Gefahr bringen, weil dann zum Beispiel lebenswichtige Versorgunginfrastrukturen (etwa Energie, Wasser und Lebensmittel) nicht mehr funktionieren würden. Angesichts der Wahl zwischen zwei Übeln wären wir dazu verdammt, dem Algorithmus zu vertrauen.

Das Nachvollziehen der Wege, die Algorithmen gehen, um ein Problem zu lösen, ist bereits heute eine echte Herausforderung und teils kaum bis gar nicht mehr möglich. Und wenn es möglich ist, dann nur noch für wenige sehr tief mit den digitalen Gedankengängen vertraute Experten. Ich sehe insbesondere drei zentrale Herausforderungen.

Wie kontrollieren wir *erstens* zukünftig das Lernen der künstlichen Intelligenz, wenn es zusehends in Echtzeit möglich wird? So soll ein autonomes Auto, sagen die Visionäre, in Zukunft im laufenden Betrieb lernen. Wenn es in einer gefährlichen Situation etwas lernt, man

**Machtübernahme
durch eine Superintelligenz?**

Der Philosoph Nick Bostrom ist Direktor des *Institute for the Future of Humanity* in Oxford. Er wurde bekannt als Verfechter eines transhumanistischen Übergangs zu einer technischen Zivilisation. In seinem Buch *Superintelligenz* beschreibt er, wie eine künstliche Intelligenz uns beherrschen und sogar auslöschen könnte. Diese Bedrohung erscheint ihm so real, dass er eine recht brachiale Metapher verwendet. Er rückt die schnelle Entwicklung künstlicher Intelligenz in die Nähe von Kindern, die mit Dynamit spielen. Er rechnet damit, dass wir mit 90-prozentiger Wahrscheinlichkeit bis zum Jahr 2075 eine intelligente Maschine entwickeln werden, die uns in allen kognitiven Fähigkeiten mindestens gleichkommt. Eine solche Maschine würde sich durch Lernen selbstständig weiter verbessern, sodass es zu einer ›Intelligenzexplosion‹ käme, wie Bostrom schreibt. Innerhalb von Wochen oder gar Stunden könnte sich eine Superintelligenz bilden, die uns das Heft sofort aus der Hand nehmen würde.

könnte sagen, Fahrpraxis gewinnt, könnte es das Gelernte über das Internet sofort an alle anderen autonomen Autos weitergeben. Das heißt aber, dass sich die Software, die das Auto steuert, vielleicht von Tag zu Tag ändert. Wie kontrollieren wir, ob nicht etwas ›Schlechtes‹ gelernt wurde und ob der Computer noch der Straßenverkehrsordnung entspricht? Also wird eine Überwachungssoftware gebraucht, die die Bordcomputer permanent kontrolliert. Diese Überwachungssoftware soll natürlich auch lernen. Also wird eine weitere Software benötigt, welche die Überwachungssoftware kontrolliert, ob diese noch den Anforderungen entspricht und nicht vielleicht etwas Falsches gelernt hat. Auf diese Weise entstehen Kaskaden der Komplexität, bei denen ich mir nicht vorstellen kann, wie am Ende der Mensch noch das letzte Wort haben soll.

Wie gehen wir *zweitens* damit um, dass Algorithmen praktisch in Echtzeit entscheiden, während menschliche Beratung und entsprechendes Nachdenken ganz einfach Zeit benötigen (Kapitel 11)? Wie steht es mit der Kontrolle durch den

Wer hält hier wen in der Hand?

Filme und Romane thematisieren die Überlegenheit künstlicher Intelligenz. Der Film *Transcendence* oder die *Matrix*-Trilogie dramatisieren die Auseinandersetzung zwischen Mensch und Maschine zu einem Kampf um die Weltherrschaft. Diese Filme dienen sicher vor allem Unterhaltungszwecken. Ihre Erfolge weisen aber darauf hin, dass die Frage, wer wen in der Hand hält, durchaus die Menschen bewegt.

Menschen, wenn die Lerngeschwindigkeit der digitalen Systeme so groß wird, dass wir keine Chance mehr haben, das Lernen noch nachzuvollziehen? Wenn wir nicht verstehen, was passiert, können wir auch nicht im entscheidenden Moment den Stecker ziehen.

Jedoch, und dies ist die *dritte* und wahrscheinlich dramatischste Herausforderung, was machen wir, wenn die Option, den Stecker zu ziehen, uns selbst massiv gefährden würde? Was wäre, wenn die Abhängigkeit von den Algorithmen tatsächlich so stark geworden ist, dass wir nicht mehr der Herr sind, sondern der Knecht (S. 17)? Wenn wir den Algorithmus umsorgen müssten, weil ansonsten wir die Leidtragenden wären? Im Bereich der großen Versorgungsinfrastrukturen sind wir teils schon nahe dran. Das Internet im Notfall abzustellen würde weitere Notfälle aller Art erzeugen: Die Weltwirtschaft bräche zusammen, ebenso die globalen Logistikstrukturen und damit auch unsere Versorgung mit lebenswichtigen Gütern. Wir wären letztlich selbst die Dummen. Wenn wir aber nur noch funktionieren müssen, um der Technik hinterherzulaufen und sie gut zu behandeln, dann hätten wir den Punkt verpasst, an dem wir vom Herrn zum Knecht geworden sind. Wo wir in dieser Hinsicht stehen, ist nun wahrlich schwer zu beantworten. Bequemlichkeit, übermäßiges Vertrauen und mangelnde Wachsamkeit sind aus meiner Sicht die wirklich kritischen Punkte, durch die ein Kontrollverlust ›auf kaltem Wege‹ erfolgen kann, ohne dass wir es bemerken.

Über unsere Abhängigkeit von der Technik sprechen wir nicht gern. Als 2011 dem Deutschen Bundestag der Bericht über die Folgen eines überregionalen und länger dauernden Ausfalls der Stromversorgung in Deutschland überreicht wurde, war das Erschrecken groß. Marc Elsberg verarbeitete dieses Erschrecken in seinem Roman ›Blackout‹ zu einer dramatischen Erzählung. Und das, wohlgemerkt, betraf den Zusammenbruch der Stromversorgung zu einer Zeit, als die Digitalisierung noch nicht alle Lebens- und Technikbereiche so stark durchdrungen hatte, wie dies heute der Fall ist. Unsere Abhängigkeit vom reibungslosen Funktionieren der Technik hat durch die Digitalisierung weiter zugenommen. Was wäre heute, wenn die Versorgungssysteme nicht mehr funktionierten? Mir liegt fern, hier Panik schüren zu wollen. Aber wir sollten uns unserer Abhängigkeit bewusst sein. Und wir sollen uns vom ethischen Vorsorgeprinzip leiten lassen und gelegentlich zumindest darüber nachzudenken, was denn wäre, wenn ...

9. DIE ZUKUNFT DER DEMOKRATIE

ALGORITHMEN – TOTENGRÄBER DER DEMOKRATIE?

Seit Jahren lesen und hören wir von der Krise der Demokratie. Populismus, schleppende Entscheidungsprozesse, Politikverdrossenheit und geringe Wahlbeteiligung sind einige der Anzeichen. Mit der Digitalisierung als solcher hat das alles wahrscheinlich wenig zu tun – diese kommt auf andere Weise allerdings sehr wohl ins Spiel. Der Wahlkampf für die amerikanischen Präsidentschaftswahlen 2016 wurde nach Geheimdiensterkenntnissen von russischen Hackern manipuliert; *Social Bots*, also Algorithmen, machen im Internet Stimmung für oder gegen bestimmte Positionen und beeinflussen die öffentliche Meinung; sogenannte *Shitstorms* – dafür habe ich keine deutsche Übersetzung – in den *Social Media* sowie die Nutzung des Internets durch Terrororganisationen und organisierte Kriminelle lassen wenig Zweifel: Demokratie und Digitalisierung vertragen sich nicht ohne Weiteres.

Dabei fing alles einmal ganz anders an. Weitreichende demokratische Visionen begleiteten die Digitalisierung. Mitte der Neunziger entstand die Utopie eines globalen Dorfes, in dem wir alle durch das damals neue Internet verbunden werden sollten. Diktatoren, so wurde erhofft, hätten keine Chance mehr, denn über das Internet würden ihre Untaten rasch in aller Welt bekannt werden. Die Menschen würden sich besser informieren und miteinander vernetzen können. Eine Weltgesellschaft ohne Hierarchien, eine demokratische Gemeinschaft gleichberechtigter Menschen würde entstehen – eine wunderbare Zukunft.

Wenn die Pioniere des Internet sich heute anschauen, wie sich ihr Kind entwickelt hat, werden sie vermutlich depressiv. Verflogen ist der demokratische Impuls, verflogen sind die Ideale einer friedlichen, auf gegenseitiger Anerkennung beruhenden und sich gleichberechtigt über das Internet organisierenden Weltgemeinschaft. Heute fallen uns zuerst die Macht einiger Konzerne und Geheimdienste ein, außerdem Datenmissbrauch, Ausspähung, politische Manipulation und die Verrohung der Kommunikation, wenn wir nach dem Verhältnis von Demokratie und Digitalisierung fragen. Privat betriebene Netzwerke wie Facebook oder Twitter sind zu öffentlichen Infrastrukturen geworden, über die Politik gemacht wird. Ihre Betreiber entscheiden, welche Inhalte sie problematisch finden und gelöscht werden sollen und welche nicht. Privatfirmen haben einen demokratisch nicht legitimierten, früher unvorstellbaren Einfluss auf die öffentliche Kommunikation und die Art und Weise erworben, wie Politik betrieben wird. Einige Visionäre der Digitalisierung sehen die Demokratie als veraltet an und träumen von der Abschaffung der Politik zugunsten einer Herrschaft der künstlichen Intelligenz. Die Spannungen zwischen Demokratie und Digitalisierung zeigen sich auf mindestens fünf unterschiedliche Weisen.

1. DIE MACHT ÜBER DIE DATEN

Arno Rolf, Soziologe und Informatiker, beschreibt in seinem Buch *Weltmacht Vereinigte Daten* anschaulich, welche Macht in der Kontrolle über die Daten liegt. Der Titel enthält eine reizend indirekte, aber deutliche Anspielung auf die USA, die als militärische und wirtschaftliche Weltmacht gelten. Die Gründer der Datenkonzerne, allesamt Pioniere der Digitalisierung mit Sitz oft im amerikanischen *Silicon Valley*, haben früh erkannt, dass Daten, wie manche sagen, das Gold des 21. Jahrhunderts sind. Aber Daten sind mehr als Gold: Sie sind Quellen der Macht, weil sie ein immenses und oft neuartiges Wissen über Menschen und Gesellschaften ermöglichen. Das wissen die Geheimdienste schon lange. Mit den Datenkonzernen hat diese Macht jedoch eine neue, globale Dimension erreicht, die sich scheinbar jeder Kontrolle entzieht. Die düstere Vision *1984* von George Orwell findet ihre spannende Nachfolge zum Beispiel in dem Roman *Zero* von Marc Elsberg. Demokratien können (bislang) meist nur national wirken und sind in ihren Entscheidungsprozessen eher langsam. Gegenüber globalen Konzernen und schnellen Algorithmen, wie sie bei Google, Amazon oder Facebook entwickelt wurden, haben sie zunächst erhebliche Nachteile. Aber sie sind nicht machtlos. Dass Mark Zuckerberg, der Gründer und Chef von Facebook, angesichts der jüngsten Datenskandale 2018 vor dem amerikanischen Kongress und dem Europaparlament Rede und Antwort stehen musste (S. 170), ist vielleicht ein kleines Anzeichen, dass die Parlamente als Hüter der Demokratie verstanden haben, worum es hier geht. Leider nur ein kleines Zeichen, denn die Befragung war ausgesprochen harmlos. Aber immerhin. Regierungen haben ohnehin weniger Probleme mit dem Datenmissbrauch als der gewöhnliche Nutzer – manche kooperieren gern mit den Konzernen und nutzen deren Datenbasis für ihre Geheimdienste.

2. KÜNSTLICHE INTELLIGENZ – DIE NEUE INTRANSPARENZ

Transparenz in öffentlichen Angelegenheiten ist eine Errungenschaft der letzten Jahrzehnte. Medien fordern von Politikern maximale Transparenz ein. Politiker, die sich diesem Anspruch nicht beugen, sind in der öffentlichen Meinung schnell unten durch. Der Anspruch auf Transparenz gilt auch in der wissenschaftlichen Politikberatung, beispielsweise in meinem Berufsfeld der Technikfolgenabschätzung. Unsere Ergebnisse sollen lückenlos und Schritt für Schritt nachvollziehbar sein. Dahinter steht der zutiefst demokratische Wunsch, zu verstehen, wie Beratungswissen zustande kommt. Schließlich sollen auf dieser Basis gesellschaftliche Meinungsbildung erfolgen und Entscheidungen vorbereitet werden. Geheimwissen elitärer und technokratischer Kreise hat im öffentlichen Bereich nichts zu suchen.

Bei Algorithmen, die große Datenmengen auswerten und mit Mitteln der künstlichen Intelligenz stetig hinzulernen, sind wir jedoch erheblich großzügiger. Ihre Ergebnisse sind ab einer gewissen Komplexität von Menschen kaum noch oder gar nicht mehr nachvollziehbar. Schon bei normalen Modellrechnungen kann, wenn die Modelle in sich verwickelt genug sind, niemand mehr überprüfen, warum ein bestimmtes Ergebnis herauskommt. Irgendwann ist nicht mehr unterscheidbar, ob ein unerwartetes Ergebnis eine geniale neue Entdeckung, die Folge einer

Mark Zuckerberg und der Cambridge Analytica Datenskandal

Die Betreiber der sozialen Netzwerke wie Facebook und WhatsApp standen schon immer im Verdacht, eher locker mit den Daten ihrer Nutzer umzugehen. Obwohl Warnungen vor Verletzungen der Privatsphäre seit der Gründung von Facebook im Umlauf sind, hat sich das Unternehmen weltweit durchgesetzt. Die User akzeptieren die Geschäftsbedingungen und willigen ein, Werbung zu erhalten. Viele Datenskandale haben daran nichts geändert. Der von der britischen Beratungsfirma *Cambridge Analytica* 2017 ausgelöste Skandal hatte allerdings eine neue Qualität. Die Daten von 87 Millionen Facebook-Nutzern wurden von Facebook an *Cambridge Analytica* weitergegeben. Das Unternehmen unterstützte 2016 das Wahlkampfteam des späteren US-Präsidenten Donald Trump. Der Facebook-Gründer Mark Zuckerberg musste vor dem US-amerikanischen Kongress und dem Europaparlament Rede und Antwort stehen. Facebook wurde 2018 von der britischen Datenschutzbehörde wegen Verstoß gegen Datenschutzgesetze verurteilt. *Cambridge Analytica* hat mittlerweile Insolvenz angemeldet.

unsinnigen Annahme oder schlicht ein Fehler ist. Bei intelligenten Algorithmen kommt noch hinzu, dass sie während ihrer Tätigkeit lernen, sich also verändern. Die Ergebnisse ihrer Berechnungen werden für uns dann zu einer geheimen Offenbarung, wie in früheren Zeiten das Orakel von Delphi oder Aussagen von Hellsehern und Wahrsagern. Auch bei diesen konnte niemand die Diagnosen und Empfehlungen nachvollziehen. Die Alternative hieß: glauben oder nicht glauben. So gesehen führt die Übertragung von Entscheidungen an Algorithmen, die wir nicht mehr verstehen, zurück ins Mittelalter oder in die Antike. Fortschritt wird zum Rückschritt.

3. ÜBERMÄSSIGE BESCHLEUNIGUNG

Zwischen Demokratie und Digitalisierung gibt es einen tief greifenden Gegensatz. Demokratie meint die Suche nach gangbaren Wegen angesichts vieler unterschiedlicher Werte und Bedürfnisse. Demokratie zielt auf die Einbeziehung vieler verschiedener Menschen, nicht nur bei den Wahlen, sondern auch inmitten einer lebendigen Öffentlichkeit und in partizipativen Verfahren. Demokratie bedeutet die mühsame Aushandlung komplexer Fragen und das ebenso mühsame Eingehen von Kompromissen. Demokratie beinhaltet auch, diese Kompromisse nach einiger Zeit wieder infrage zu stellen und mit der Suche nach dem richtigen Weg neu anzufangen. Die Digitalisierung hingegen, wir haben es in Kapitel 2 gesehen, steht für Beschleunigung und Automatisierung, für die Bestimmung vermeintlich optimaler Strategien durch die Auswertung riesiger Datenmengen in Sekundenbruchteilen. Kurz gesagt: Digitalisierung meint Kalkulation und Optimierung, Demokratie hingegen meint Abwägung, Diskussion und Inklusion. Digitalisierung ist Beschleunigung, Demokratie benötigt Zeit, um die vielen Perspektiven der unterschiedlichen Gruppen und Menschen zu berücksichtigen.

> ### Digitale Visionäre und die Demokratie
>
> Ein bekannter Vertreter des digitalen und demokratiefeindlichen Zeitgeists ist einer der Gründer der Internet-Bezahlfirma PayPal, Peter Thiel. Eine Märchenkarriere, Auswanderer aus Frankfurt, Philosophiestudent an der Eliteuniversität in Stanford und nun Milliardär, reich geworden mit der Umsetzung digitaler Visionen. Wie die *Berliner Gazette* im Mai 2017 schrieb, verbirgt sich hinter einem liberal scheinenden Geschäftsgebaren aber der Wunsch nach Abschaffung der Demokratie. Demokratie und Freiheit seien, so Thiel, nicht vereinbar, da die Demokratie der Fantasie, den wirtschaftlichen Interessen und technischen Visionen Grenzen setze, also die Freiheit behindere. Freiheit in seinem Sinne ist danach die Freiheit der Mächtigen und der ihrem Selbstverständnis nach Heil bringenden digitalen Visionäre, nicht die der Bürger. Peter Thiel gehört heute zum Beraterkreis von Präsident Trump.

Diesen tiefen Gegensatz zwischen Digitalisierung und Demokratie haben wir noch nicht wirklich verstanden – geschweige denn, dass wir schon gut damit umgehen könnten. Viele Matadore der Digitalisierung folgern aus diesem Gegensatz, dass die Demokratie nicht mehr zeitgemäß sei. Manchmal wird sie dargestellt als eine Art alte Tante, die gut gemeinte Ratschläge verteilt, aber hoffnungslos aus der Zeit gefallen ist. Öffentlichen Widerspruch gibt es wenig. Auch Politiker fordern, dass die Demokratie sich der Digitalisierung anpassen müsse. Tatsächlich müssten Demokraten genau umgekehrt argumentieren: Wir wollen demokratisch regiert werden, also muss sich die Digitalisierung so entwickeln, dass sie der Demokratie zugutekommt: *democracy first* statt *digitization first*. Die Digitalisierung muss sich nach der Demokratie richten, nicht umgekehrt. Das scheint jedoch im Moment gegen den digitalen Zeitgeist zu sein (S. 171).

4. ALGORITHMEN SOLLEN POLITIK ERSETZEN

Demokratie ist mühsam. Oft bekommen wir die Angelegenheiten, die uns als Gemeinwesen betreffen, nicht gut geregelt. Können Algorithmen nicht vielleicht bessere und vor allem schnellere Entscheidungen treffen als Fraktionen, Koalitionen, Regierungen und Parlamente? Könnten kluge Algorithmen die Politik vielleicht ganz ersetzen?

Als eher spielerische Idee kann man sich sogar vorstellen, dass in Zukunft mehrere Algorithmen einen Wahlkampf veranstalten. Sie würden unterschiedliche ethische Werte und politische Positionen repräsentieren und entsprechende Wahlprogramme vertreten. Das Wahlvolk

Politik-Automat ersetzt Bundestag

In Zukunft, so eine frei erfundene Vision, könnte es einen deutschen Politik-Automaten geben. Die ethischen und politischen Grundsätze, nach denen er funktioniert, wurden vorab in der Gesellschaft ausführlich diskutiert. Das Ergebnis wurde vom Deutschen Bundestag mit großer Mehrheit verabschiedet, zusammen mit einem Gesetz, mit dem alle gesetzgebenden und exekutiven Funktionen ab dem 1. Januar 2035 diesem Politik-Automaten übertragen werden. Zu einer groß angekündigten Gegendemonstration am Brandenburger Tor kamen nur wenige. Mit Inkrafttreten des Gesetzes erhält der Politik-Automat Zugriff auf alle Daten der Gesellschaft. Anstehende Probleme behandelt er durch die Auswertung dieser Daten anhand der vorgegebenen ethischen Leitlinien und Entscheidungskriterien. Auf ihrer Basis rechnet er in wenigen Sekunden die beste aller möglichen Lösungen für das jeweilige Problem aus. Er setzt diese Lösung unbestechlich und objektiv in Gesetze und Verordnungen um und kümmert sich um ihre praktische Umsetzung. Die Menschen sind zufrieden, niemand vermisst die Große Koalition, das Parteiengezänk, endlose Bundestagsdebatten, schlecht gemachte Gesetze, die schon nach kurzer Zeit nachgebessert werden müssen, und mühsame Kompromissrunden.

hätte dann die Möglichkeit, einen sozialistischen, einen konservativen oder einen neoliberalen Algorithmus zu wählen. Der gewählte Algorithmus würde sein Wahlprogramm umsetzen – und müsste sich nach Ablauf seiner Amtszeit wieder dem Votum der Wähler stellen.

Jeder dieser Algorithmen würde versprechen, optimale Lösungen zu finden. Was sollte dagegen einzuwenden sein, dass die beste aller möglichen Entscheidungen getroffen wird, und das auch noch schnell, objektiv und unbestechlich? Niemand könnte ernsthaft verlangen, die zweit- oder drittbeste Lösung zu nehmen, wenn man die beste haben kann, jedenfalls eine, die für die beste gehalten wird. In manchen Kreisen in Wirtschaft und Wissenschaft werden diese Visionen eines Ersatzes von Politik durch Expertensysteme mit künstlicher Intelligenz nicht nur für möglich, sondern gelegentlich sogar für wünschenswert gehalten.

5. MIT BIG DATA IN DEN TOTALITÄREN STAAT

Die Zusammenführung von unterschiedlichen Daten erlaubt die personenbezogene Erhebung von Verhaltensmustern, Lebensstilen, Vorlieben, politischen und sexuellen Einstellungen, Kaufverhalten und Hobbys. Damit wird die Einführung sogenannter *Scoring-Systeme* möglich. Sie bewerten Menschen nach bestimmten Eigenschaften auf Basis der über sie im Netz oder in Datenbanken verfügbaren Informationen. Hier kommt es zu dem, was die Psychologen den Panoptikums-Effekt nennen. Menschen, die sich beobachtet fühlen, verhalten sich nicht mehr frei und authentisch. Wenn sie wissen, dass ihre Daten gesammelt und gegen sie verwendet werden können, stellen sie ihr Verhalten um. Vorauseilender Gehorsam, die Schere im Kopf, der Rückzug ins Private, der Verzicht auf öffentlich sichtbares Engagement können die Folgen sein. Für eine lebendige Demokratie ist das eine üble Vorstellung. Letztlich kann auf diesem Wege eine homogene und formierte Gesellschaft gebildet werden, wie das in China ganz offen das Staatsziel ist (S. 174). Die Anpassung erfolgt dort nicht als Nebenfolge, sondern ist Hauptzweck, intendiert von der Machtelite, von den chinesischen

Informatikern entsprechend umgesetzt.

Besonders raffiniert daran ist der Mechanismus, die Bürger zu einem mit den Partei- und Staatszielen konformen Verhalten zu bringen. Es braucht keine martialische und sichtbare Unterdrückung durch Polizei oder Militär, durch die Inhaftierung von Oppositionellen oder öffentliche Schauprozesse. Das System funktioniert dadurch, dass die Menschen sich wie von selbst anpassen, aus Eigeninteresse, um eben gute Chancen im Leben zu haben. Gegen diesen raffinierten Ansatz, über eine Milliarde Menschen zu kontrollieren, wirkt der Instrumentenkas-

Noten für gutes Bürgerverhalten in China

Das in China zurzeit im Aufbau befindliche System der Benotung der Bürger greift auf Datenbanken zurück, um Personen oder Organisationen zu bewerten. Das System soll auf Unterlagen zur Kreditwürdigkeit, das Strafregister und alle Beobachtungen zum Verhalten zurückgreifen, die mittels der digitalen Technologien erfasst wurden. Hierzu gehören Konsumvorgänge, die elektronisch beglichen wurden, das räumliche Bewegungsprofil anhand von Videokameras, Handy- oder Smartphone-Daten oder elektronischen Tickets für Bus oder Bahn. Hinzu kommen Spuren, die jemand im Internet hinterlassen hat, z.B. weil er oder sie heimlich Pornos anschaut, die Internetseiten politisch verdächtiger ausländischer Akteure besucht oder sich in einer nicht gern gesehenen Religionsgemeinschaft engagiert. Gute Noten hingegen gibt es für staatstreues Verhalten im Sinne der Kommunistischen Partei. Bei schlechten Noten werden Karrieremöglichkeiten beschränkt und höhere Steuern fällig, wird Mobilität unterbunden, indem man z.B. keine Flugtickets mehr bekommt, und die Internetgeschwindigkeit gedrosselt. Chinesische Staatsbürger mit guten Noten bekommen schnelleren Zugang zu Konsumkrediten und werden bei Ausreisebestimmungen bevorzugt. Das System soll ab 2020 flächendeckend mit etwa 600 Millionen Überwachungskameras und der entsprechenden Auswertekapazität installiert sein.

ten der Stasi wie Kinderspielzeug. Freilich, ob er im Sinne der Kommunistischen Partei durchgreifend wirken wird, bleibt abzuwarten.

Fünf Erzählungen von der Bedrohung der Demokratie durch die Digitalisierung – spiegeln sie realistische Zukunftsaussichten wider? Sind diese Szenarien wahrscheinlich oder sogar unausweichlich? Oder sind sie nur Ausdruck der gegenwärtigen Demokratiemüdigkeit? Wären viele Bürger vielleicht ganz froh, wenn künstliche Intelligenz über unsere Angelegenheiten entscheidet und uns von der lästigen Zumutung des staatsbürgerlichen Engagements befreit? Zeigt sich in den digitalen Fantasien zum Ende der Demokratie der Wunsch, menschliche Schwächen von Politikern in der digitalen Zukunft zu überwinden? Oder stehen konkrete Interessen und Werte hinter den Abgesängen mancher KI-Visionäre auf die Demokratie?

DIE MÄR VON DEN OPTIMALEN ENTSCHEIDUNGEN

Die große Frage ist, wer in öffentlichen Angelegenheiten Mitspracherecht hat und auf welche Weise diese Mitsprache umgesetzt wird. Die Demokratie sieht, auch wenn ihre Ideale oft nicht mit der Wirklichkeit übereinstimmen, die Mitwirkung aller Bürger vor. Menschen haben sich dieses Recht auf Mitsprache in den sie selbst betreffenden Angelegenheiten über Jahrhunderte hinweg mühsam erkämpft. Der Weg von den absolutistischen Herrschern wie Ludwig XIV., Friedrich dem Großen oder Katharina II. von Russland bis zur heutigen Demokratie führte über die Französische Revolution, über Aufstände und Freiheitskriege, über unzählige Tote und Inhaftierte, Unterdrückung und Protest. Der hohe Anspruch der Demokratie, die Mitwirkung aller an der Regelung der allgemeinen Angelegenheiten, ist im Menschenbild von Immanuel Kant verankert. Nach Kant sollen wir nur den Gesetzen folgen, die wir selbst nach den Maßstäben von Vernunft und Ethik in Kraft gesetzt haben. Selbstgesetzgebung, auf Griechisch Autonomie, ist die Absage an Fremdbestimmung und selbst verschuldete Unmündigkeit. Es gehört zur Würde des Menschen, sich selbst zu regieren, statt Potentaten oder Diktatoren zu folgen. Ähnlich wie Karl Marx der Entfremdung der Arbeit den Kampf ansagte, ritisierte Kant die Fremdbestimmung des Menschen.

Weltregierung durch Algorithmen?

Der amerikanische Visionär und Politiker Zoltan Istvan will mit der von ihm gegründeten transhumanistischen Partei *(World Transhumanist Party)* zunächst eine transhumanistische Weltregierung etablieren. Diese soll, sobald die Technik weit genug ist, die Macht an einen KI-Algorithmus abgeben. Einer größeren Öffentlichkeit wurde er als Kandidat bei den US-amerikanischen Präsidentschaftswahlen 2016 bekannt. Trotz seiner Außenseiterposition wurde er in vielen Medien wegen seiner visionären Botschaften hofiert – z. B. forderte er Unsterblichkeit für alle. Zurzeit ist er Kandidat bei den Gouverneurswahlen 2018 in Kalifornien. In Deutschland wurde von dem Philosophen Stefan Sorgner die Transhumane Partei gegründet. Sie fordert allerdings bei aller Begeisterung für Digitalisierung und Transhumanismus einige Vorkehrungen, um zu verhindern, dass Algorithmen die Macht übernehmen.

Aber wo bleibt nun in der digitalen Welt der Stolz auf die mühsam erkämpften Standards der demokratischen Mitwirkung? Haben wir keine Lust mehr, diesem Anspruch nachzukommen? Geben wir angesichts der digitalen Bequemlichkeiten auf? Der *Cambridge-Analytica*-Skandal (S. 170) hat Facebook nicht sonderlich geschadet. Die Nutzer bleiben dem Unternehmen treu. Waren die Freiheitskämpfe und Demokratiebewegungen umsonst? Ist Demokratie eine vorübergehende Erscheinung der Menschheitsgeschichte und ihre Ersetzung durch digitale Technik die nächste Stufe? Woher kommt die Faszination bei manchen digitalen Visionären, aber auch in Teilen der Öffentlichkeit, demokratische Entscheidungen Algorithmen anvertrauen zu wollen?

1. OPTIMIERUNG ALS IDEOLOGIE

Für die Algorithmen spricht sicherlich ihre Einsicht in riesige Datenmengen und ihre Fähigkeit zur schnellen Mustererkennung. Das reicht aber nicht zur Erklärung, warum Algorithmen auf Basis künstlicher Intelligenz schnellere und bessere Entscheidungen treffen sollten – besser als die Entscheidungen des Bundestags (S. 172) oder des amerikanischen Präsidenten. Dahinter steckt, denke ich, bei vielen ein negativer Blick auf die Politik. Das politische Geschäft erscheint manchen allzu weit entfernt von den demokratischen Idealen. Andere träumen von einer Expertenherrschaft und lehnen das demokratische Prinzip ab, demzufolge nun einmal alle eine Stimme haben, unabhängig von Bildung, Vermögen oder Intelligenz. Die Idee, das mühsame politische Geschäft durch kluge Algorithmen abzulösen, verdankt sich also unterschiedlichen Motiven.

Aber was würde es bedeuten, all die komplexen Verhandlungen und das Ringen in der Demokratie durch eine Art physikalische Optimierungsrechnung auf reiner Datenbasis zu ersetzen? Was wäre denn eine *optimale* Lösung für ein Problem, etwa in der aktuellen Flüchtlingskrise der Europäischen Union? Das Wort ›optimal‹ suggeriert, etwas wäre ›optimal für alle‹. Genau darauf beruht seine rhetorische Überzeugungskraft. Denn wer wollte keine optimale Lösung für die Energiewende oder die Nachbarschaftskonflikte? Wenn eine von den Algorithmen ausgerechnete Lösung optimal *für alle* wäre, würde niemand widersprechen. Alles wäre gut.

Leider kann das nicht funktionieren. Die Vorstellung, dass es Entscheidungen geben könnte, die für alle optimal sind, ist in einer offenen und pluralistischen Gesellschaft eine Illusion. Optimierungen sind nur in einer homogenen Gesellschaft denkbar,

Gesellschaft physikalisch betrachtet

Der amerikanische Computerwissenschaftler und Psychologe Alex Pentland beschrieb in seinem 2014 erschienen Buch *Social Physics*, wie eine Gesellschaft rein physikalisch funktionieren könnte. Alle Daten müssten verfügbar sein. Ihre Auswertung durch *Big Data*-Technologien würde mögliche Fehlentwicklungen vorhersehbar machen. Diese könnten dann sozusagen vor ihrem Eintreten verhindert oder wenigstens abgemildert werden. Damit wäre ein kybernetischer Rückkopplungsprozess etabliert, der für jedes Problem die optimale Lösung aus den Daten selbst generieren würde. Politik wäre arbeitslos, das Optimum der Gesellschaft würde sich in dem genannten Rückkopplungsprozess wie von selbst einstellen. Pentland sieht hierbei die Gesellschaft als ein physikalisches und nicht als soziales System an. Diese Idee ist nicht neu, sondern wurde bereits in der ersten Welle der Kybernetik in den 1960er-Jahren propagiert, so etwa in der Planungstheorie von Herbert Stachowiak. Ihre heutige Renaissance dürfte mit dem Fortschritt der digitalen Technik zu tun haben.

in der alle die gleichen Werte und Interessen hätten – ein Gesellschafts-
bild, das weit von unserer Realität entfernt ist. Bei uns gehen schon die
Vorstellungen darüber, was gut und erstrebenswert ist, weit auseinander.
Was die einen für gut erachten, passt anderen nicht. Das ist Pluralität,
wie sie untrennbar mit dem modern-westlichen Bild vom Menschen als
freiem Individuum (Kapitel 10) verbunden ist. Entsprechend sind je nach
Einstellung, persönlichen Werten und Interessen die Kriterien für ›optimal‹ verschieden. Keine Entscheidung kann für alle gleichermaßen optimal sein. Das Wort optimal ist in diesem Zusammenhang nicht nur nicht
anwendbar, sondern vollkommen sinnlos, daran kann auch der beste
Algorithmus nichts ändern.

Nun könnte man versuchen, das Wort ›optimal‹ auf der Ebene sta-
tistischer Durchschnittswerte zu retten. Danach wäre eine optimale
Entscheidung zum Beispiel diejenige, die das Wirtschaftswachstum
in einem Land am stärksten fördert. In der Tat lässt sich die Politik
auf Basis derartiger Optimierungen in der Volkswirtschaftslehre beraten, so etwa durch die fünf ›Wirtschaftsweisen‹. Jedoch wird in der
statistischen Betrachtung die Verteilungsgerechtigkeit, das Thema der
Gewinner und Verlierer, oft ausgeblendet. Ein statistisches Gesamt-
optimum kann auch vorliegen, wenn Teile der Bevölkerung massiv
verlieren würden. Dann wäre ›optimal‹ eben nicht optimal *für alle*,
sondern nur für einige. Das macht den rhetorischen, wenn nicht gar
ideologischen Charakter der Phrase von der Optimierung deutlich.
Immer wieder sprechen sich diejenigen für die optimale Lösung aus,
die sich auf der Gewinnerseite sehen. Dann jedoch wird die Rede von
der Optimierung wirklich ideologisch und verschleiert nur reale Interessen, mag sie auch noch so gut durch quantitative Modelle und viele
Daten untermauert sein.

Der stärkste Einwand ist aber noch ein anderer. Optimiert werden
soll in Bezug auf das Gemeinwohl. Gerade die Visionäre der künstlichen Intelligenz führen anspruchsvolle Worte im Mund: Zukünftige
Algorithmen sollen unbestechlich dem Gemeinwohl verpflichtet und
vollkommen altruistisch sein – so ormulierte es der bereits erwähnte
Zoltan Istvan (S. 176). Nehmen wir als Gedankenexperiment einmal
an, technisch wäre es möglich, Algorithmen so zu programmieren,

dass sie das Gemeinwohl durchsetzen. Woher soll der Algorithmus dann wissen, was das Gemeinwohl ist?

In westlichen Gesellschaften kann das Gemeinwohl nur Ergebnis demokratischer Prozesse sein. In den komplexen Verfahren der Demokratie stellt sich heraus, was in einer Gesellschaft als Gemeinwohl gelten darf. In Deutschland drückt es sich letztlich in den legitimen Entscheidungen des Bundestages aus. Es gibt keine übergeordnete Instanz, die über das Gemeinwohl entscheiden könnte, keinen Kaiser, keinen Philosophenkönig oder Nobelpreisträger. Wir Bürger sind der Souverän, vertreten durch legitimierte Institutionen. Darin realisiert sich, jedenfalls der Idee nach, jene Vorstellung von Immanuel Kant, dass Menschen sich selbst die Gesetze geben sollten, nach denen sie regiert werden wollen.

Wenn nun der Bundestag durch einen Algorithmus ersetzt würde (S. 172), wie würde dann das Gemeinwohl bestimmt? Selbst kann der Algorithmus das offenkundig nicht, denn, so die Visionäre der künstlichen Intelligenz, er soll ja *unsere* Vorstellungen vom Gemeinwohl umsetzen. Dann gibt es nur zwei Möglichkeiten: Entweder wir brauchen ein demokratisches System mit Wahlen und Institutionen wie den Bundestag, das mehr oder weniger mühsam das Gemeinwohl bestimmt, so ähnlich wie bisher. Damit kann der Algorithmus dann programmiert werden. Er wäre so etwas wie ein Verwaltungschef mit einer dienenden Funktion. Vielleicht wird das in Zukunft eine ernsthafte Option sein, um Verwaltungsabläufe und Umsetzungen zu unterstützen. Oder aber eine Elite bestimmt das Gemeinwohl und programmiert den Algorithmus entsprechend. Hier drängt sich ein Verdacht auf: Manche der digitalen Heilsbringer scheinen selbst genau zu wissen, was Gemeinwohl ist. Sie wollen die Weichen stellen. Optimierung bedeutet dann, dass das *von ihnen festgelegte Gemeinwohl* zum Maßstab erhoben werden soll. Damit wären das Ende der Demokratie und der Beginn einer rein technokratischen Herrschaft erreicht.

Der Schluss ist eindeutig: Der so faszinierend klingende Ersatz der mühsamen Politikprozesse in der Demokratie durch einen klugen Algorithmus, der unbestechlich das Gemeinwohl durchsetzt, ist eine Mogelpackung. Dahinter stehen Interessen und Machtkalküle. Statt

darauf hereinzufallen, sollten wir lieber die Demokratie
weiterentwickeln.

2. DAS AUTOMATISCHEGERICHT – EINE KARIKATUR

Demokratie ohne Recht ist
nicht denkbar. Rechtspre-
chung ist wie die Demokratie
oft ein mühsames und lang-
wieriges Geschäft. Kein Wunder, dass die Visionäre der
künstlichen Intelligenz auch
hier Abhilfe schaffen wollen:
Sie hoffen auf den automatischen Richter. Könnten nicht
Algorithmen die bekann-
ten Unzulänglichkeiten der
menschlichen Richter überwinden? Könnten sie nicht die
objektive und beste Entscheidung viel besser und zuverläs-
siger treffen als menschliche
Richter?

Die zentrale Errungenschaft
des Rechtssystems ist jedoch

Der automatische Richter

Das Recht braucht eine funktionierende
Rechtsprechung, also Gerichte und Richter. Richter entscheiden nach Rechts-
und Beweislage und fällen Urteile. Diese
werden immer mal wieder angefochten,
es wird Revision eingelegt, manchmal
taucht Beweismaterial erst Jahre später
auf oder es unterlaufen Verfahrensfeh-
ler. Ein intelligenter Algorithmus hätte in
Sekundenbruchteilen Zugriff auf alle Aktenberge der Rechtsgeschichte und alle
Daten der beteiligten Personen. Er könnte sein Urteil so gut absichern, wie es einem menschlichen Richter wohl niemals
gelingen würde. Er wäre nicht launisch
und würde gegenüber den Konfliktpar-
teien weder Sympathie noch Antipathie
ausprägen. Stattdessen würde er unpar-
teiisch und unbestechlich, objektiv und
rational dem Recht dienen, ohne irgend-
eine Ablenkung oder andere Interessen.

nicht die einfache schematische Einordnung von Einzelfällen unter
klare Regeln. Diese braucht das Recht lediglich zur Orientierung. Rechtsprechung ist die sorgfältige Abwägung der Regeln unter Beachtung der
jeweiligen Umstände. Sie erschöpft sich von ihrer Natur her meist gerade nicht in klaren Ja-Nein-Entscheidungen, sondern befasst sich mit
den Zwischentönen. Beispielsweise müssen unbestimmte Rechtsbegrif-
fe in jedem Verfahren eigens ausgelegt werden, und oft geht es um das

richtige Maß. Ein Gericht ist kein Algorithmus, sondern ein Ort der sorgfältigen Anhörung und Abwägung. Die größte Kunst des Richters besteht
darin, dem Einzelfall in Ansehung der allgemeinen Regeln Gerechtigkeit
zukommen zu lassen. Das ist zumeist etwas ganz anderes, als einfach die
allgemeinen Regeln auf den Einzelfall anzuwenden, wie es der Algorithmus unter Zuhilfenahme der Daten könnte.

3. DER RUF NACH DEM STARKEN MANN

Und was wird aus der Demokratie? Gibt es einen Aufstand der demokratischen Bevölkerung, einen Proteststurm in den Medien oder zumindest
wissenschaftliche Analysen anlässlich der Sorgen um die Demokratie in
Zeiten der Digitalisierung? Eher nicht, würde ich sagen, jedenfalls kann
ich keinen erkennen. Interessant ist umgekehrt, dass Menschen wie Peter Thiel, Elon Musk und Zoltan Istvan heute viel Aufmerksamkeit finden,
oft geradezu hofiert werden und auf Neugier in den Medien stoßen, während sie in anderen Zeiten vermutlich als verrückte Spinner belächelt
worden wären. Ich denke, das sagt einiges über unser heute schlechtes
Verhältnis zur Demokratie aus.

Dabei ist die Demokratie von der Idee her ein wunderbares Instru-
ment, um Menschen mit unterschiedlichen Ansichten, Interessen und
Werten friedlich miteinander leben zu lassen. Diese Idee in der Praxis
umzusetzen, ist aber bekanntlich schwer. Demokratie ist mühsam und
langwierig, umständlich und zäh. Der Ruf nach dem starken Mann an
der Spitze, der seit einigen Jahren in vielen Ländern lauter geworden
ist, und die Faszination des intelligenten Algorithmus versprechen
beide schnelle und einfache Lösungen. Auf dieser Ebene haben sie
auch etwas miteinander zu tun. Beide verraten etwas über schlechte
Erfahrungen mit dem politischen Personal. Digitale Visionen für die
von einigen ersehnte Zeit nach der Demokratie werden denn auch regelmäßig von den Klagen über die Schwächen menschlicher Politiker
begleitet (S. 182). Die Diagnose ist ja auch nicht falsch: Egoismus und
Machtstreben, Vorteilsnahme bis hin zur Korruption, Wortbruch und
Intrigen, all das kommt in der politischen Welt vor – wie in anderen Be-

**Warum Algorithmen
angeblich bessere Politiker sind**

Oft geht der Vergleich von Algorithmen und Menschen in Politik und Recht zulasten des Menschen. Hank Pellissier vom *Institute for Ethics and Emerging Technologies* brachte das auf drei Punkte:

1. Menschen sind egoistisch. Oft ordnen sie ihrem Stolz und Ehrgeiz alles andere unter. Statt sachdienliche Entscheidungen zu treffen, wird das Ego befriedigt. Algorithmen hingegen haben es nicht nötig, ihr Ego zu pflegen. Sie tun einfach emotionslos das, was wir ihnen einprogrammiert haben: Sie sorgen für Sicherheit, Wohlstand und Gesundheit.
2. Menschen sind nachtragend und haben ein historisches Gedächtnis. Gewalt und Gegengewalt aus der Vergangenheit setzen sich oft in der Gegenwart fort. Jahrhundertelange Feindschaften prägen die Geschichte mancher Nachbarn, etwa von Serben und Kosovo-Albanern, Sunniten und Schiiten. Algorithmen hingegen gehören keinem Stamm an, keiner Religion, keinem Clan.
3. Erfolgsgewöhnte Personen, meist Männer, stolpern nicht selten über Sexgeschichten, verstricken sich in Lügen und werden erpressbar. Auch das fehlt den Algorithmen.

reichen der Gesellschaft übrigens auch. Nur wird es dort meist nicht öffentlich.

Das Handeln des politischen Personals stellt manchmal eine Zumutung dar. So gesehen ist sogar verständlich, dass einige auf die Verlockungen der künstlichen Intelligenz setzen.

4. DENKEN IN ALTERNATIVEN

Dennoch, die Abgabe von demokratischer Macht an Algorithmen wäre ein Abstieg in eine neue selbst verschuldete Unmündigkeit. Vom gesetzgebenden Menschen würden wir zum Befehlsempfänger undurchschaubarer Entscheidungen von Algorithmen. Statt in der demokratischen Debatte und über legitimierte Institutionen sinnvolle Kompromisse zu verhandeln, würden Algorithmen vermeintlich optimale Lösungen ausrechnen und wegen ihrer ideologisch vermeintlichen Alternativlosigkeit unmittelbar umsetzen. Das visionäre und vielleicht manchmal gar utopische Moment politischer Gestaltung würde verloren gehen. Verschwinden würde auch das sorgsame Abwägen von Alternativen, denn die würden ja nicht mehr gebraucht. Das angeblich Optimale duldet keine Alternative neben sich. Wenn man, wie der Erlanger Philosoph Wilhelm Kamlah, das Denken in alternativen Möglichkeiten als ein zentrales Kennzeichen des Menschen überhaupt sieht, wäre die Übergabe der Politik an Algorithmen in gewisser Weise seine Selbstabschaffung. Freilich, wie wir gesehen haben, wäre es ja nicht wirklich die Abgabe von Macht an Algorithmen, sondern an die Menschen, Institutionen und Unternehmen, die hinter ihnen stehen. Besser muss das nicht unbedingt sein.

Nicht zu vergessen sind die Probleme des möglichen Missbrauchs und der mangelnden digitalen Sicherheit. Alles kann gehackt werden, kein Algorithmus ist ganz sicher.

**Karlsruher Thesen
zur Digitalen Souveränität Europas**

Sicherheitsexperten der Informationstechnik aus Karlsruher Forschungseinrichtungen haben kürzlich Forderungen zur Sicherstellung bzw. Wiedergewinnung digitaler Souveränität veröffentlicht. Darin heißt es unter anderem:

1. Wir müssen unsere Gesetze und Wertvorstellungen gegenüber Internetgiganten durchsetzen können.
2. Wir wünschen uns flexible Geschäftsbedingungen von Internetservices, bei denen Anwender selbst entscheiden, inwieweit sie mit ihren Daten oder mit Geld bezahlen.
3. Wir wünschen uns, dass Internetseiten auf Basis nachvollziehbarer Suchmaschinen-Algorithmen gefunden werden.
4. Die Autoren ziehen das Fazit: »Digitale Souveränität und verlässliche Informations- und Kommunikationssysteme sind eine Grundvoraussetzung für eine freiheitliche Gesellschaft, für eine funktionierende Wirtschaft und für einen unabhängigen Staat. Es bedarf jetzt einer großen Anstrengung, um Digitale Souveränität zu erreichen.« Dem ist nichts hinzuzufügen.

Man stelle sich vor, dass der Bundestagsalgorithmus (S. 172) von Terroristen, Firmen oder auch nur als dummer Jungenstreich geknackt würde. Die Visionäre der künstlichen Intelligenz vermeiden dieses Problem rhetorisch geschickt, indem sie es einfach nicht ansprechen. Aber dadurch verschwindet es nicht. Ich jedenfalls möchte mich diesem Risiko nicht aussetzen.

Diese Argumente helfen, die digitalen Visionen vom Ersatz der Politik und Recht durch Algorithmen in die Schranken zu weisen. Sie geben aber keine Garantie, dass der Zug nicht doch in diese Richtung fahren könnte. Schon immer haben sich Politiker gern hinter Experten versteckt, um sich die Alternativlosigkeit ihrer eigenen Positionen attestieren zu lassen. Dass künstliche Intelligenz instrumentalisiert wird, um eine solche Behauptung zu unterstützen, ist geradezu zu erwarten.

Entgegen der Rhetorik des Optimierens kommt es darauf an, den Blick dahingehend offenzuhalten, dass es meist auch anders ginge und dass es Alternativen gäbe. Souveränität und Mündigkeit bedeuten, das Denken in Alternativen zu pflegen, sich um die jeweils angemessene Lösung zu streiten und sich zu guter Letzt zu entscheiden. Demokratie ist mühsam, erfordert Arbeit und Einsatz und muss immer neu erworben werden. Aber sie lohnt sich.

DER TOTAL DIGITALE STAAT

Es gibt viele Gründe, warum demokratische Staaten auf Digitalisierung setzen. An erster Stelle sind vermutlich wirtschaftliche Gründe zu nennen: Man erhofft sich Wertschöpfung im eigenen Land, vor allem wenn das Land keine Rohstoffe hat, sondern auf Kreativität und Innovation angewiesen ist, um in der globalen Wirtschaft zu bestehen. Eine verlässliche Dateninfrastruktur, schnelle Datenautobahnen, klare Regulierung und Anreizsysteme für digitale Bildung werden von der Politik gefördert, zumindest wird das versprochen.

An zweiter Stelle stehen die Sicherheitsinteressen von Staat und Bürgern. In Zeiten des global vernetzten Terrorismus, angesichts von Hackern, die gern Wahlkämpfe in anderen Ländern manipulieren, mit dem verständlichen Wunsch, die eigene und zusehends über digitale Kanäle gesteuerte Energieversorgung nicht von außen stören zu lassen, und mit dem Wunsch, die organisierte Kriminalität zu unterbinden, muss auch der demokratische Staat sich selbst, also Polizei und Geheimdienste, digital aufrüsten, um mithalten zu können.

An dritter Stelle ist der Staat als Dienstleister zu nennen. Die komplette Verlagerung von Verwaltungsvorgängen auf digitale Medien spart nicht nur jede Menge Papier, sondern den Bürgern zudem Behördengänge und lange Wartezeiten. Über das Internetportal der örtlichen Gemeinde mit den Behörden zu kommunizieren und Formulare

auszufüllen, ist einfach angenehmer, als in zugigen Meldehallen War-
temarken zu ziehen und die Zeit abzusitzen, bis man drankommt. Estland hat gezeigt, wie weit die Digitalisierung getrieben werden kann.

So weit, so gut. Wenn die demokratischen Kontrollen von Polizei
und Geheimdiensten funktionieren und wenn die Behörden die digital gehorteten Daten der Bürger vor unbefugtem Zugriff verlässlich
sichern, dann gibt es kein Problem. Oder? Trotz der Vorteile und der
ungeheuren Bequemlichkeit der Digitalisierungvon staatlichen Funktionen sollten wir nicht blind
werden für mögliche problematische Folgen.

Sicherheit ist hier ein gutes
Beispiel. Überwachungskameras haben sich in den letzten
Jahren explosionsartig ver-
mehrt, weil das Sicherheitsbe-
dürfnis der Bevölkerung hoch
ist. Gegner der totalen Überwachung, die auf möglichen
Missbrauch der Daten durch
Geheimdienste und Hacker
hinweisen, haben es schwer.
Man hält ihnen entgegen:
Haben Sie etwa etwas zu verbergen? Denn sonst hätten
Sie doch nichts dagegen, beobachtet zu werden. Privatheit

Das digitale Vorzeigeland Estland

Estland gilt als Avantgarde der Digitalisierung in Europa. Die Verwaltung
funktioniert weitgehend ohne Papier.
Mit dem digitalen Personalausweis und
einem Lesegerät können die Bürger
ihre Behördenangelegenheiten online
erledigen. Der öffentliche Raum ist fast
komplett durch WLAN-Netze abgedeckt,
trotz einer Vielzahl ländlicher und tendenziell abgelegener Regionen. Bereits
1997 wurden die Schulen an das Internet angeschlossen. Im Jahre 2000 folgte
die digitale Steuererklärung, 2005 dann
die ersten Wahlen mit elektronischer
Stimmabgabe. Über den digitalen Personalausweis und die elektronische Identität können die Esten Unternehmen
anmelden, Arztrezepte erhalten und Ver-
träge abschließen.

sei schließlich nur für Kriminelle wichtig, damit sie im Dunkeln unbe-
obachtet ihren Geschäften nachgehen können.

Das ist eine wirklich perfide Argumentation, weil sie das Interesse an nicht einsehbarer Privatsphäre in den Geruch des Kriminellen
rückt. Schleichend kann so das Bewusstsein verloren gehen, dass Privatheit für eine lebendige Demokratie unverzichtbar ist. Die überzo-
genen Sicherheitsargumente laufen Gefahr, einen totalitären Ton zu
bekommen.

Ein zweiter kritischer Gedanke bezieht sich auf die mögliche Diskriminierung von Minderheiten durch *Big-Data*-gestützte Erkennungstechnologien. Diese nutzen vielfältige Daten aus Bewegungsprofilen von Smartphones, dem Einkaufsverhalten oder einfach dem Surfen im Internet, um Schlüsse auf das Verhalten oder auf Einstellungen zu ziehen (S. 174). Diese Daten könnten von Finanz- und Versicherungswirtschaft genutzt werden, um Risikoprofile ihrer Kunden zu erstellen, oder von Sicherheitsbehörden, um mögliche Gefährder zu identifizieren. Dagegen wäre kaum etwas zu sagen, wenn die Regeln hinter den eingesetzten Algorithmen transparent wären. Das sind sie aber nicht; stattdessen werden den Algorithmen bestehende Vorurteile mitgegeben. In den USA führt dies beispielsweise dazu, dass immer wieder Schwarze stärker überwacht werden. Der Einzelne wird diskriminiert, weil er zu einer Gruppe gehört, die statistisch, aufgrund seiner Nachbarschaft oder einfach aufgrund von Vorurteilen belastet ist.

Der dritte kritische Gedanke kann einen dann endgültig frösteln lassen. Wir verlassen uns meist darauf, dass alles mit guten demokratischen Dingen zugeht. Dass die Geheimdienste parlamentarisch kontrolliert werden, dass die Gerichte unabhängig sind und unser ganzes System weiterhin gut funktionieren wird. Aber was wäre, wenn das nicht mehr der Fall wäre? Wenn der Ruf nach einem starken Mann abermals von vielen unterstützt würde? Wenn die demokratische Bürgerschaft sich selbst aufgeben und der Machtübergabe an nichtdemokratische Kräfte zustimmen würde? Wir mussten in den letzten Jahren mit ansehen, wie sicher geglaubte demokratische Errungenschaften wie die Unabhängigkeit der Justiz oder die Wertschätzung von Diplomatie in Ländern bedroht wurden, die nun wirklich nicht als Bananenrepubliken bezeichnet werden können.

Es gibt nun einmal keine Garantie, dass die Demokratie immer funktionsfähig bleibt, nur weil sie in Deutschland seit bald siebzig Jahre besteht. Was würde passieren, wenn bei uns die Demokratie von einer Diktatur abgelöst würde? Die digitale Infrastruktur würde komplett bestehen bleiben. Sie könnte dann von den neuen Machthabern ohne jede demokratische Kontrolle eingesetzt werden. Und wofür wohl, wenn nicht zur Stützung der Diktatur durch die totale Überwachung!

Das macht Angst: Noch nie in der Geschichte der Menschheit waren die technischen Voraussetzungen für eine totale Diktatur so gut wie heute. Gegen unsere digitalen Überwachungstechnologien war alles, was Hitler, Stalin oder Mao zu bieten hatten, nicht viel mehr als Kinderspielzeug – und da liegt mir jede Verharmlosung extrem fern.

Daraus folgt nicht, dass wir auf die Digitalisierung der Behörden und Sicherheitsstrategien verzichten sollten. Sehr wohl müssen wir jedoch auf die demokratische Kontrolle achten. Denn den Fall, dass diese einmal nicht mehr funktionieren könnten, möchte ich mir lieber nicht ausmalen.

10. INDIVIDUALITÄT IM DIGITALEN NETZ

MIT DIGITALISIERUNG ZU NOCH MEHR INDIVIDUALITÄT

Selbstverwirklichung steht in der Wertschätzung moderner westlicher Menschen ganz weit oben. Lebensstil, Wohnort, Berufswahl, Familienplanung, Konsumverhalten, Kleidung: Jeder und jede will sein oder ihr Leben selbst in die Hand nehmen und entscheiden, was ihm oder ihr wichtig ist. Die Zeit, als ganze Lebensläufe durch die Familie oder die Zugehörigkeit zu einer bestimmten gesellschaftlichen Schicht vorgegeben wurden, ist vorbei. Die freie Wahl sexueller Vorlieben, wie sie in den meisten westlichen Ländern in den letzten Jahrzehnten erreicht wurde, ist der jüngste Akt der Befreiung des Individuums aus ehemals zahlreichen, als selbstverständlich geltenden und teils auch strikt durchgesetzten Zwängen.

Die heute erreichte Freiheit zur Selbstverwirklichung wurde hart erkämpft. Ihre Wurzel liegt in der Wertschätzung des einzelnen Menschen in der christlich-jüdischen Tradition sowie im Erbe der griechischen Philosophie. Die europäische Aufklärung ist diesen Weg weiter gegangen: das *cogito ergo sum* von René Descartes, das ›ich denke, also bin ich‹, gibt dem ›Ich‹ eine zentrale Stellung. Der französische Philosoph Rousseau begründete die Idee der individuellen Menschenrechte. Die Menschenrechtserklärung anlässlich der Unabhängigkeit der USA 1776 und die Französische Revolution 1789 mündeten über viele Zwischenstufen und Rückschläge in die Menschenrechtsdeklaration der Vereinten Nationen 1948. Völkerrechtlich sollen damit die unveräußerlichen Rechte jedes Individuums im Mittelpunkt aller politischen Bestrebungen stehen. Wenn auch die Realität in weiten Teilen der Welt anders aussieht, wurde hier doch ein Meilenstein in der Wertschätzung des einzelnen Menschen erreicht.

Nach dem Zweiten Weltkrieg ermöglichte das Wirtschaftswunder individuelle Lebensstile – etwa in der Urlaubs- und Freizeitkultur. Traditionelle Bindungen lösten sich im Zuge der Individualisierung mehr und mehr auf. Die klassische Familie wurde zu einem Patchwork unterschiedlicher Lebensabschnittspartnerschaften, die Kirchenbindung verringerte sich zugunsten individueller Zugänge bis hin zur Esoterik, das Vereinsleben leidet, Gewerkschaften und Parteien klagen über Mitgliederschwund, und das Wahlverhalten wird immer unberechenbarer. Der klassische Arbeitsrhythmus in Produktion, Verwaltungen und Dienstleistung löst sich zugunsten individueller Absprachen auf, in denen *Homeoffice* und Elternzeiten eine Rolle spielen. In meinem Institut in Karlsruhe arbeiten über 100 Mitarbeiterinnen und Mitarbeiter. Die Zahl der unterschiedlichen Arbeitszeitmodelle dürfte nicht viel niedriger liegen. Selbstverwirklichung ist zum dominanten Leitbild in Lebensführung, Arbeitswelt und Gesellschaft geworden. Die Frage ist nun, wie sich die Digitalisierung auf die menschliche Individualität auswirkt beziehungsweise auswirken könnte.

Auf den ersten Blick machen die digitalen Technologien gewaltige weitere Schritte der Individualisierung möglich. Jeder Einzelne kann über das Internet globale Netzwerke schaffen, mit-

Die digitale Nachbarschaft

In der analogen Welt spielen Nachbarschaften eine große Rolle für das tägliche Leben. Man kennt sich, manchmal verträgt man sich gut und feiert gemeinsam Nachbarschafts- oder Straßenfeste, manchmal gibt es Nachbarschaftskonflikte, die vor Gericht enden. In beiden Richtungen ist das Leben in einer Nachbarschaft prägend. Digitale Nachbarschaft hingegen sieht anders aus. Sie ist eine Weiterführung der früheren Brieffreundschaften. Heut schreibt man keine Briefe mehr, sondern teilt Bilder in seiner WhatsApp- oder Instagram-Gruppe oder über Facebook. In digitalen Nachbarschaften trifft man sich nicht in der Kneipe, sondern im Chatroom. Man weiß manchmal vielleicht gar nicht, ob die digitalen Nachbarn echt sind, also ob sich nicht jemand hinter einer virtuellen Identität versteckt oder gar ein *Social Bot* ist. Von den Zwängen der analogen Nachbarschaft ist man befreit und kann die Vorzüge der digitalen Freiheit respektive Unverbindlichkeit nutzen. Wenn einem etwas nicht passt, sucht man sich eine andere digitale Nachbarschaft. Wenn ein digitaler Nachbar nervt, kann er im Netzwerk einfach gelöscht werden.

hilfe von Suchmaschinen mühelos Gleichgesinnte oder an gleichen Themen Interessierte finden, Informationen oder auch nur Befindlichkeiten
austauschen, für Themen sensibilisieren und mobilisieren. Digital vernetzte Selbsthilfegruppen holen Individuen mit seltenen Krankheiten
oder nach schweren Erlebnissen in einem Maß aus der Isolierung, die
weit über die Möglichkeiten traditioneller, an räumliche Nähe gebunde-
ner Gruppen hinausgeht (S. 190). Räumliche Entfernung und Länder-
grenzen spielen kaum noch eine Rolle. Wir können individuell auf unsere Interessen zugeschnittene Nachrichten abonnieren, individualisierte
Werbung zulassen und Angebote bestellen, die nach unseren Wünschen
konfiguriert sind. Und das alles ist vom Smartphone oder Tablet im
Wohnzimmer oder in der Straßenbahn machbar. So gesehen erreicht
die Individualisierung im digitalen Zeitalter eine neue Dimension.

Die Entwicklungen hin zur Industrie 4.0 und der digitalen Arbeit
(Kapitel 3) folgen ebenfalls dem Muster der Individualisierung. Die
Produktion in der Industrie soll sich nach den individuellen Wünschen der Konsumenten richten. Kein Produkt soll mehr dem anderen
gleichen, so wie kein Individuum dem anderen gleicht. Damit soll die
digitalisierte Industrie das genaue Gegenteil der Welt der Massenproduktion und der Fließbandarbeit eines Henry Ford vor über 100 Jahren werden. Wie auch bei Lebensstilen und im Freizeitbereich, die
Bewegung ist immer die gleiche: weg von kollektiven Verhaltensmustern und Gemeinschaften mit ihren verbindlichen Regeln hin zu den
Wünschen des einzelnen Menschen. Digitale Technologien sind wie
geschaffen, diesen Weg zu unterstützen.

DIE FILTERBLASE: TRIUMPH ODER ENDE DER INDIVIDUALITÄT?

Allerdings hinterlassen wir auf unseren digitalen Ausflügen schier un-
endlich viele Datenspuren: beim Onlinebanking und beim Einkauf im
Internet, bei der Bezahlung mit der Kreditkarte, bei der Orientierung
über GPS, beim Surfen im Internet, beim *Lifelogging*, wenn wir unsere
Körperfunktionen zum Beispiel beim Sport überwachen, bei der Nutzung des Smartphones und mit den elektronisch aufgerüsteten Autos

von heute. Unsere Daten werden statistisch ausgewertet und lassen bestimmte Regelmäßigkeiten erkennen. Als ich neulich einen Flug nach Pisa gebucht habe, bekam ich kurz darauf massenweise Werbung für Ferienwohnungen in der Toskana. Wer Bücher im Internet bestellt oder auch nur recherchiert, erhält Vorschläge für weitere Bücher mit dem Argument: Menschen, die sich für das gewünschte Buch interessieren, zeigen in der Regel auch Interesse für die zusätzlich gezeigten. Oft passen diese Vorschläge gar nicht so schlecht zu unseren Wünschen. Dabei beruhen sie einfach auf Statistiken, die keinen Bezug zum einzelnen Menschen erlauben. Vielleicht sind wir gar nicht so individuell und unverwechselbar, wie wir gern denken, sondern teilen unsere Vorlieben und Gewohnheiten mit den vielen anderen Mitbewohnern der gleichen Schublade.

Ein zunehmend großer Teil dieser riesigen Datenmengen ist jedoch auf die einzelne Person beziehbar. Mit *Data Mining* und *Big-Data*-Technologien werden die Schubladen immer kleiner, in die wir von Algorithmen einsortiert werden. Und je kleiner die Schublade, mit umso weniger Menschen müssen wir sie teilen und umso näher kommen wir unserem Bild vom einzigartigen Individuum. Zu guter Letzt sitzt jeder Mensch in seiner eigenen, unverwechselbaren und einzigartigen digitalen Schublade. Oder besser gesagt: Von jedem Menschen gibt es einen digitalen Zwilling, eine Datenkopie (S. 36). Christoph Kucklick spricht in seinem Buch über die Auflösung der Wirklichkeit von einer ›Differenz-Revolution‹: Alles wird unterscheidbar, wenn nur genügend Daten vorhanden sind.

Das Internet und die Algorithmen, aber natürlich auch die dahinterstehenden Datenkonzerne, kennen diesen digitalen Zwilling und damit auch uns selbst individuell immer besser. Sie ziehen Rückschlüsse auf unsere persönlichen Vorlieben und Gewohnheiten, Hobbys und politische Einstellungen, sexuelle Gewohnheiten, Lebensstil und Konsumverhalten. Sie machen Kundenprofile möglich, die umso besser auf den einzelnen Menschen passen, je mehr Daten verfügbar sind. Sie lesen unsere vermeintlichen Wünsche und Bedürfnisse aus unseren Daten ab, die wir dauernd hinterlassen. Und dann versorgen sie uns zunehmend – jedenfalls nach Auskunft der entsprechenden Werbeträger – mit maßgeschneiderten Angeboten, individualisierter Werbung und passfähigen Nachrichten. Jedes Individuum in seiner individuellen Schublade erhält ein individuelles Angebot.

Nun könnte man sagen, super, das ist doch ausgezeichnet. Statt dass ich mich in einer Buchhandlung mühsam durch die Regale oder Kataloge arbeiten muss, um das Passende zu finden, bietet mir ein Dienst im Internet genau das Buch an, das ich gerade gesucht habe, ohne es zu wissen. Statt durch eigene Internetrecherche oder gar eine analoge Nachfrage im Reisebüro geeignete Feriendomizile in Tunesien zu finden, bitte ich einfach einen globalen Internetdienst, unter dem Stichwort Tunesien auf Basis meines Profils zu recherchieren. Vermutlich würde das auch nichts kosten, denn ich bezahle ja mit meinen Daten. Wäre das nicht angenehm, ein schöner Service, der uns viele Mühen abnimmt?

Manchmal ja, ohne Zweifel, und vielleicht sogar relativ oft. Wenn so etwas aufgrund der menschlichen Bequemlichkeit jedoch zur Regel wird, sollten wir aufpassen. Was sich wie eine Vision des Schlaraffenlandes anhört, hat eine Kehrseite. Denn unsere Profile beruhen ausschließlich auf Daten aus der Vergangenheit, speisen sich aus unseren eigenen früheren Datenspuren. Wenn wir zulassen, dass unsere Wünsche auf Basis von vergangenen Profildaten erfüllt werden, haben wir nicht mehr die Chance, auf wirklich Neues zu stoßen. Denn das Neue würde nicht zu unserem aus der Vergangenheit stammenden Profil passen, ansonsten wäre es ja nicht neu. Neues in Form von Irritationen und Überraschungen kann man zum Beispiel beim Stöbern in den Regalen und Auslagen einer Buchhandlung erleben. Dort stößt man gelegentlich auf Bücher, die eine neue Facette eines bekannten Themas beleuchten oder ein neues Interesse eröffnen. Vom Internetdienst wären diese gnadenlos aussortiert worden, weil sie eben nicht zu dem Profil der Vergangenheit passen. Wenn wir uns auf den Modus des Verwöhnt-Werdens durch Internetdienste auf Basis unseres individuellen Profils verlassen, dann geraten wir in eine Filterblase, die auf Daten aus der Vergangenheit beruht: nichts Neues und keine Entwicklung mehr, nur noch Stagnation.

Damit ist das magische Wort der Filterblase gefallen, manche sprechen auch von Echokammern. Gemeint ist, dass in der digitalen Welt geschlossene Bereiche entstehen, abgeschottet von den anderen geschlossenen Bereichen. Die Filterung übernehmen Algorithmen auf Basis der aus unseren Daten erzeugten Profile. Sie passen auf, dass uns nichts erreicht, was nicht zu unseren Profilen passt.

Das gilt nicht nur fürs Einkaufen. Unsere digitalen Zwillinge achten auch darauf, welche Nachrichten aus aller Welt uns erreichen dürfen. Natürlich wurde und wird auch in traditionellen Fernsehnachrichten und Tageszeitungen gefiltert. Hier sind Redaktionen am Werk, die sowohl das Profil ihres Senders oder ihrer Zeitung bestimmen als auch die Inhalte für ihre jeweilige Zuschauer- und Leserschaft. Allerdings geht es hier um Zuschauer- und Leserschaften von Hunderttausenden oder Millionen Menschen. Das sind riesige Schubladen. Entsprechend werden wir dort mit vielen durchaus sehr unterschiedlichen Dingen konfrontiert, von denen uns manche interessieren, andere nicht, bei denen uns manche gefallen und andere ärgern. Die Größe der Schublade ist notwendigerweise mit einer gewissen Diversität und Pluralität verbunden.

In einer vollends digitalen Welt würde jedoch jeder in seiner eigenen digitalen Schublade wohnen, in der nur noch individuell passende Nachrichten ankommen: Nachrichten, von denen das Internet weiß, dass wir uns dafür interessieren, Meinungen, von denen es weiß, dass sie unsere Weltsicht – und unsere Vorurteile – bestätigen. Der Rest der Welt würde ausgeblendet. Beim Blick ins Internet würden wir nichts Neues mehr über die Welt lernen, sondern nur noch uns selbst wie in einem

---

Die Trilogie Matrix: düsteres, aber nicht hoffnungsloses Epos

Der Film *Matrix* wurde 1999 gedreht und erzählt eine fiktive Geschichte, in der die Menschheit den Krieg gegen die von ihr selbst erschaffenen Maschinen mit künstlicher Intelligenz verlor. Um vielleicht doch noch zu gewinnen, verdunkelten die Menschen den Himmel und hofften, damit die Maschinen auszuschalten, denn diese bezogen ihre Energie aus Sonnenkollektoren. Die Maschinen waren jedoch klüger als erwartet. Sie fanden eine neue Energiequelle: den menschlichen Körper. Um die bewusstlosen Menschen unter Kontrolle zu halten, entwickelten sie die Computersimulation der Matrix – eine Art extremer Filterblase. Der Film und die beiden Folgefilme handeln von den Versuchen, die in der Matrix gefangenen Menschen zu befreien.

Spiegel sehen. Das jeweils Andere, das möglicherweise Überraschende und unsere vorgefassten Meinungen Irritierende, das Fremde und das Neue würde von der Software weggefiltert, in der vielleicht gut gemeinten Absicht, uns nicht zu belasten, zu ärgern oder mit unnötigen Nachrichten zu belästigen.

Dieses rein spekulative Szenario gemahnt an die Kino-Trilogie *Matrix* (S. 194): Die Menschen leben in einer simulierten Welt, aber in Wirklichkeit sind sie nur Energiespender für eine technische Infrastruktur. Das ist großes Kino. Allerdings ist der Filterblaseneffekt nicht einfach nur erfunden, sondern es gibt

Individualität als Entwicklungsprozess

Nach dem Soziologen Georg Simmel entsteht Individualität durch die Kreuzung sozialer Kreise, also letztlich durch Begegnung mit anderen. Die Kreuzung sozialer Kreise geschieht auch durch Vernetzung im Internet. Das Internet vergrößert die Kreuzungsmöglichkeiten mit den Kreisen anderer um ein Vielfaches und schafft dadurch Möglichkeiten weiterer Individualisierung. Wenn jedoch die Kreise und die durch Kreuzungen entstehenden Verknüpfungen bloß auf Basis von Profildaten aus der Vergangenheit berechnet würden, dann käme es nicht zu neuen Kreuzungspunkten. Man könnte immer nur solche Kreise kreuzen, deren Profile zu den schon vorhandenen Kreuzungspunkten passen. Anders ausgedrückt: Man würde auch im digital-globalen Netz immer nur diejenigen treffen, die man sowieso schon trifft, oder diejenigen, die die bisherigen Kreuzungspunkte nur bestätigen würden. Eine Weiterentwicklung als Entwicklungsprozess durch die Begegnung mit den anderen ist nicht vorgesehen.

ihn schon heute. Vor allem die Verschwörungstheoretiker dieser Welt schätzen den Effekt der Filterblase: Da bleibt man unter sich und bestätigt sich gegenseitig.

Bei Verschwörungstheoretikern handelt es sich immerhin noch um Gruppen von Menschen. Nehmen wir einmal an, dass in Zukunft *individuelle* Filterblasen möglich würden. Pure Bequemlichkeit könnte viele Menschen dazu bringen, sich begeistert in diesen Blasen einzurichten und sich pudelwohl zu fühlen. Jeder könnte mit seinen Überzeugungen und Interessen in Ruhe seine Schublade bewohnen und würde von der Welt draußen nur gefilterte Nachrichten erhalten. Irritationen und Störungen des Wohlbefindens würden aussortiert. Jeder würde für sich in Harmonie mit der Welt leben, denn er bekäme nur noch das mit, was ihn bestätigt. Unsere Wünsche würden uns erfüllt, vielleicht bevor wir sie selbst kennen. Scheinbar wirklich eine Art von Paradies der Individualität – oder?

Oder wäre diese Welt nicht eher eine Hölle voll endloser Langeweile und immerwährender Bestätigung des gleichen? Wir wären getrennt von anderen, getrennt von Herausforderungen, getrennt von der Möglichkeit, neue Erfahrungen zu machen. Wir wären abgeschnitten von Gedanken, dass die Welt auch ganz anders aussehen könnte. Denn wir könnten nicht mehr visionär und utopisch an eine bessere Welt denken, weil wir ja in der vermeintlich besten aller Welten leben.

Das dialogische Prinzip nach Martin Buber

Martin Buber (Foto) formulierte in seinem Buch *Ich und Du* das ›Dialogische Prinzip‹: »Die Grundworte sind nicht Einzelworte, sondern Wortpaare. Das eine Grundwort ist das Wortpaar Ich-Du. Das andere Grundwort ist das Wortpaar Ich-Es. ... Es gibt kein Ich an sich, sondern nur das Ich des Grundworts Ich-Du und das Ich des Grundworts Ich-Es. Wenn der Mensch Ich spricht, meint er eins von beiden.« Entscheidend für uns: Danach ist die Existenz in der Filterblase vom Wesentlichen abgeschnitten, nämlich sowohl vom Es als auch vom Du. Dann kann es aber dort keine echte Individualität, kein Ich geben.

Es wäre aber nicht die beste. Denn menschliches Leben ohne Überraschungen, ohne einen Anlass, sich zu ärgern, zu wundern oder zu protestieren, ein solches Leben wäre letztlich leer und hohl.

Die Antworten auf diese Frage aus Philosophie, Psychologie und Sozialwissenschaft sind eindeutig: Individualität ist etwas anderes als das Leben in einem digitalen Käfig, der alles Fremde, möglicherweise Unangenehme und alle Herausforderungen wegfiltert. Individualität ist kein Zustand, sondern ein *Prozess*. Wir sollten besser von Individualisierung als einem lebenslangen Entwicklungs- und Lernprozess sprechen, statt von Individualität als Zustand. Dieser Prozess braucht Anregungen von außen (S. 195). Wer sich auf sein Profil aus den alten Daten beschränken lässt, bleibt stehen und entwickelt sich nicht wei-

ter. Wer nicht in ungefilterte Auseinandersetzungen mit dem Gegenüber eintritt, hat keinen Austausch mehr und stagniert. Dann entsteht
nicht Individualität, sondern eine in sich abgeschlossene Ich-Kapsel,
die mit der Außenwelt nur durch gefilterten Datenaustausch verbunden wäre. Es wäre bloß noch die Illusion von Individualität: angenehm
vielleicht, aber letztlich leblos. Überraschungen und Irritationen müssen auch weiterhin einen Weg zu uns finden, auch wenn sie gelegentlich als unbequem, störend oder lästig empfunden werden.

DIE VISION VOM GLOBALEN GEHIRN

In der Welt vor der Digitalisierung standen sich Mensch und Technik wie Subjekt und Objekt gegenüber. Das technische Gegenüber
des Menschen war ein Werkzeug wie eine Säge, eine Maschine wie
ein Auto, eine Großanlage wie ein Kraftwerk. Mit dieser Konstellation
sind wir vertraut, im Alltag wie auch in der Philosophie. Der Mensch
ist aktiv, der Macher der Technik und Herrscher über den technischen
Gegenstand, Technik ist passiv, das Gemachte. Einfache Sache.

Diese Konstellation hat sich in der digitalen Welt verändert. Wir
stehen dem Internet nicht gegenüber wie einer Waschmaschine und
den Algorithmen in der *Cloud* oder den *Big-Data*-Technologien der
großen Datenkonzerne nicht wie einem Rasenmäher. Hier hat sich
philosophisch etwas radikal verändert, was wir gerade erst anfangen
zu begreifen. Uns steht nicht ein Apparat gegenüber, sondern ein
weltweites Netzwerk, das Zugriff auf riesige Daten- und Wissensstän-
de hat. Dadurch gewinnt die digitale Technik eine ungeheure Übermacht. Die Algorithmen kooperieren untereinander, optimieren Ressourcen und werden für uns zusehends undurchsichtig. Sie nehmen
mehr und mehr die Rolle von Subjekten ein, die vormals uns Menschen vorbehalten war. Zusehends treffen sie die Entscheidungen,
denen wir uns anpassen. Wir werden damit also zu Objekten technischer Subjekte. Das könnte eine tief greifende Zäsur in der Menschheitsgeschichte sein, die erst einmal durchdrungen und verarbeitet
werden muss.

Das ist noch nicht alles. Wir können uns zusehends nicht mehr als Individuen verstehen, ohne zu bedenken, dass wir Teil eines globalen und vernetzten Systems sind. Die digitale Vernetzung ist zum Bestandteil unserer Individualität geworden. Ohne digitale Anbindung über ein Smartphone oder andere Instrumente fühlen viele Menschen sich bereits unvollständig, abgekoppelt und leer. Dies gilt insbesondere für die Jüngeren, die nie eine Welt ohne digitale Anbindung kennengelernt haben (die *Digital Natives*), die nicht wissen, dass man auch ohne Handy, Smartphone und Internet leben kann, vielleicht sogar gut leben kann. Wenn das WLAN einmal nicht funktioniert, ist das eine größere Katastrophe, als wenn das Auto streikt, früher eine der großen privaten Katastrophen. Ohne gleich von Medien- und Internetsucht zu sprechen – die verbreiteter sind, als man denkt –, scheint sich eine grundlegende Änderung abzuzeichnen: Das Individuum ist nicht mehr das Individuum früherer Zeiten, etwa im Sinne von Immanuel Kants Menschenbild, sondern es wird zu einem Individuum, das sich selbst nur noch als Teil einer digital vernetzten Welt begreifen kann: *Ich bin vernetzt, also bin ich.* Und wenn nicht ...?

Was bedeutet es also, wenn Individualität vom Vernetztsein abhängig gemacht wird? Immerhin ist die Vernetzung ein kollektives Phänomen: Sie macht nur Sinn, wenn viele sich vernetzen. Ist mit Vernetzung automatisch eine Kollektivierung verbunden? Bedeutet nicht die Tatsache, dass viele sich noch nur noch im Online-Modus vollständig fühlen, schon eine Kollektivierung? Denn dann wäre das Netzkollektiv in der Lage, dem einzelnen Menschen das Gefühl von Individualität und Bedeutung zu vermitteln. Das wiederum wäre aber etwas ganz anderes als der Gedanke aus der europäischen Aufklärung, dass das Individuum *aus sich heraus* unverwechselbar und wertvoll ist. Man fühlt sich eher an manche ostasiatischen Traditionen erinnert, wo das Individuum nicht als solches viel gilt, sondern hauptsächlich als funktionaler Teil des Kollektivs Wertschätzung erfährt. Der gegenwärtige Einsatz von *Big Data* in China (S. 174) treibt die Kollektivierung unter dem Ziel einer konformen Gesellschaft absichtlich voran.

In eine ähnliche Richtung laufen fantastische Erzählungen von einer zukünftigen Superintelligenz, einem ›globalen Gehirn‹, dessen Nervensystem das Internet wäre und dessen Endgeräte wir Menschen darstellen. Damit würde nun wirklich die Individualität wegdigitalisiert. Es wäre das Ende des individuellen Menschen, wie wir ihn aus Antike, Christentum und Aufklärung kennen. Die Individuen würden zwar weiterhin gebraucht, hätten aber aus sich heraus keinen Wert mehr. Ihr Wert würde nur noch im Beitrag zum Kollektiv bestehen, im Dienst am globalen Gehirn. Menschen würden zu Endgeräten einer globalen Superintelligenz, mit der einzigen Daseinsberechtigung, diese zu füttern.

Nun würde wohl kaum jemand einwilligen, auf diese Weise seine Individualität abzugeben. Der Weg zu einem globalen Gehirn müsste entweder über Zwang laufen – freilich eine unschöne und so gar nicht zum digitalen Urgedanken passende Vision. Oder aber es käme zu einem sanften Sog in ein solches System hinein, ein Sog, der mit Annehmlichkeiten verbunden ist, sodass wir den Verlust von In-

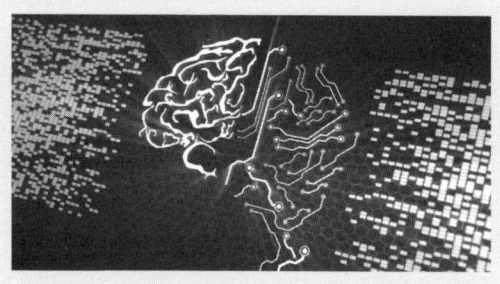

**Auf dem Weg zu
einem globalen Gehirn?**

Die Fantasie eines globalen Gehirns stammt aus den 1960er-Jahren, der Zeit der Kybernetik und des Systemdenkens. Sie wurde bereits vor etwa zwanzig Jahren mit dem sich damals rasch durchsetzenden Internet verbunden. Darüber würde es möglich, das gesamte Wissen der Menschheit zu ordnen. Dieses könnte dann zum Wissensspeicher einer künstlichen Superintelligenz werden, einer Art globalem Gehirn mit dem Internet als Nervensystem und uns Menschen als Zulieferern. Es wäre eine neue Existenzform des Lebens, ein Superorganismus. Idealerweise, so berichtete DIE ZEIT online bereits 2001, sollten daran menschliche Gehirne direkt angeschlossen werden. Dieser Superorganismus wäre sogar in der Lage, in den Kosmos zu expandieren. Hier trifft sich die digitale Vision mit dem alten amerikanischen Traum der Siedler des 19. Jahrhunderts, ständig Grenzen zu überschreiten und neue Siedlungsräume zu eröffnen. Freilich ist das alles Spekulation. Und von vielen technischen Durchbrüchen auf diesem Weg, die in dem ZEIT-Bericht als unmittelbar bevorstehend angekündigt wurden, ist heute keine Rede mehr.

dividualität und Freiheit gar nicht bemerken würden. Hegels Geschichte von Herr und Knecht lässt grüßen (S. 17). Vielleicht würden die Menschen weiterhin glauben, sie seien freie und selbstbestimmte Individuum. In Wirklichkeit aber wäre die Individualität nur vorgegaukelt und so gesteuert, dass jede Persönlichkeitsentwicklung entweder in den Dienst des globalen Gehirns gestellt oder verhindert würde. Das Leben in dieser Filterblase wäre kollektiv durch die Algorithmen geregelt – die bereits genannte Filmtrilogie *Matrix* lässt grüßen (S. 194). Genau an dieser Stelle trifft sich die im vorigen Punkt beschriebene Filterblasengeschichte mit der Vision von der Superintelligenz.

Sich mit Neuem auseinanderzusetzen, Überraschungen und Irritationen zuzulassen und sich mit anderen Menschen und ihrer Andersartigkeit abzuplagen, erfordert Anstrengung. Das Leben in Filterblasen ist demgegenüber erst einmal angenehm. Die Verlockungen sind groß, sich in eine Blase zu begeben, in der man immer nur bestätigt wird und sich nicht mehr an den anderen reiben muss. Der berühmte Satz von Jean-Paul Sartre, die anderen seien die Hölle, wird gegenstandslos, wenn in meiner Welt die anderen mit ihrer Fremdheit und ihren Zumutungen nicht mehr vorkommen. Sie leben, wie ich, in ihrer eigenen Blase glücklich vor sich hin. Individualität wäre das freilich nicht (S. 196).

Die Chance aber ist, die digitalen Technologien so zu entwickeln, dass sie unsere Individualität und Selbstverwirklichung fördern. Das Potenzial ist vorhanden, wir müssen es allerdings nutzen. Und wir müssen begreifen, dass Bequemlichkeit allein oft kein guter Ratgeber ist. Das ›Ich-sagen-Können‹, das Bewusstsein unserer selbst, die Ausprägung unserer Individualität als Prozess in Auseinandersetzung mit dem Neuen, dem Fremden, mit anderen Menschen, ist eine Kulturleistung, die auf aktiver Auseinandersetzung beruht. Immer wieder ist dies eine Zumutung – aber ich bin überzeugt: Es lohnt sich, diese Zumutungen auf uns zu nehmen, weil wir daran wachsen. Ob wir jemals zu Endgeräten eines digitalen Netzes verkümmern, hängt so gesehen letztlich von uns selbst ab.

11. WER SIND WIR? MENSCHENBILD IM WANDEL

EINE SACHE DES VERTRAUENS

Vertrauen und Misstrauen sind zentral für das menschliche Zusammenleben. Ohne Vertrauen in Partner und Freunde gäbe es keine Gemeinschaft, ohne Vertrauen in Busfahrer und Lokomotivführer würden wir uns kaum von ihnen fahren lassen, ohne Vertrauen in Institutionen wie Gerichte, Banken und Behörden könnte eine moderne Gesellschaft nicht funktionieren. Ständig vertrauen oder misstrauen wir jemandem, im privaten Bereich, aber auch im Kollegenkreis, und schließlich vertrauen wir den Politikern und anderen Autoritäten. Vertrauen ist wichtig, kann aber auch tief enttäuscht werden. Vertrauen lässt sich nur mühsam wieder aufbauen. Wir reden vom blinden Vertrauen und gesunden Misstrauen und sagen: Vertrauen ist gut, Kontrolle ist besser. Viele Werke der Weltliteratur, aber auch heutige Soaps und Serien im Fernsehen erzählen Geschichten von zu viel oder zu wenig Vertrauen. Oft enden diese Geschichten tragisch.

Wenn also Vertrauen und Misstrauen unser Zusammenleben und damit unser Bild von uns selbst prägen, stellt sich die Frage, welche Rolle Technik und Digitalisierung hier spielen. Die hohe Zuverlässigkeit vieler Technologien führt dazu, dass wir ihnen trauen. Wir vertrauen darauf, dass der Strom aus der Steckdose kommt, dass das Auto auch im Winter anspringt, dass genug Gas für die Heizung vorhanden und im Supermarkt alles vorrätig ist, was wir gerade benötigen. Wir vertrauen darauf, dass das Smartphone mit den vielen Apps funktioniert, das Navi den richtigen Weg weist und wir immer einen Internetzugang haben. Technik ist längst zu unserer ›zweiten Natur‹ geworden, in der wir uns wie selbstverständlich bewegen. Die digitale Welt könnte sich zu einer ›dritten Natur‹ des Menschen entwickeln.

Trotz regelmäßiger Datenskandale und trotz der Meinungsbeeinflussung durch Algorithmen im Netz trauen viele Menschen den digitalen Ratgebern mehr als der Auskunft eines Menschen (Kapitel 4). Manchmal wird die Tatsache, dass etwas im Internet steht, geradezu als Wahrheitsbeweis genommen. Traditionelle Medien wie Fernsehen oder Tageszeitungen können sich in manchen Bevölkerungskreisen hingegen längst nicht mehr auf ein solches Vertrauen verlassen. Dabei kann jeder, der eine Internetseite hat, dort behaupten, was immer er möchte, etwa: dass der Mond aus grünem Käse besteht. Dagegen wehren sich weder die Tastatur noch die Sprache noch das Rechtssystem. Und dann steht im Internet, dass der Mond aus grünem Käse besteht. Und wenn das nur genügend Menschen lesen ... So viel zum Thema Vertrauen im Internet!

Das Beispiel mit dem grünen Mond ist eher lustig. In anderen Bereichen sorgt der gleiche Effekt aber für einige Verwirrung. Manche Berufsgruppen bekommen das Vertrauen in die digitalen Informationen zu spüren – so zum Beispiel die Ärzte, deren Diagnosen und Therapievorschlägen immer öfter entgegengehalten wird, dass im Internet doch etwas anderes stehe (Kapitel 6). Der Südwestrundfunk berichtete Ende 2017, dass Patienten in der Chirurgie einem Roboter als Operationsassistenten mehr vertrauten

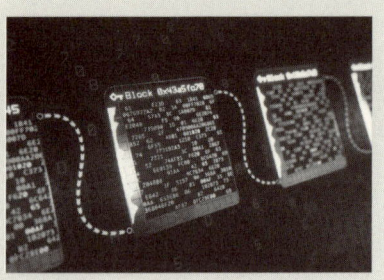

Die Blockchain-Technologie

Die *Blockchain*-Technologie beruht auf der Idee, alle Informationen über vertrauensvolle Vorgänge, also z. B. Finanztransaktionen, nicht auf einem Server oder bei einem Unternehmen zu speichern, sondern auf viele Computer zu verteilen. Damit hätte keine Institution, Behörde oder Person mehr Macht über diese Daten. Alle Teilnehmer haben die gleichen Zugriffsrechte und Einsichtsmöglichkeiten. Weil dieses System der Informationsverarbeitung niemandem gehört, kann kein zentraler Administrator sagen, was richtig und was falsch ist. Die Visionäre sehen bei diesem Verfahren kein Risiko der Manipulation und Korruption. Anwendungsgebiete für *Blockchain* werden in der Musikindustrie, im Vertragswesen, bei internationalen Banküberweisungen oder anderen Transaktionen in der Finanzbranche gesehen.

als den Händen des Chirurgen. Das ist verständlich, weil der Roboter extrem ruhig operiert und letztlich immerhin noch einem ›richtigen‹ Chirurgen assistiert. Insgesamt jedoch ist die zunehmende Verschiebung des Vertrauens vom Menschen auf die digitale Technik ein kaum überschaubares Phänomen. In allen Feldern, in denen menschliche Ratgeber durch Apps ersetzt werden, wird die Mensch-Mensch-Kommunikation durch Mensch-Technik-Kommunikation ersetzt. Statt jemanden zu fragen, schaut man auf seinen Bildschirm und kommuniziert – wenn man das denn Kommunikation nennen will – mit einer Welt der Algorithmen und Daten. Dieser Welt trauen wir offenkundig in vielem mehr als dem Nachbarn, dem Arzt oder dem einheimischen Wanderer beim Trekking.

Diese Verschiebung des Vertrauens findet sich auch auf gesellschaftlicher Ebene. Moderne Gesellschaften funktionieren nur, wenn ein Mindestmaß an Vertrauen in ihre Institutionen besteht. Besonders wichtig sind demokratische Einrichtungen, Behörden, Schulen, Sicherheitsorgane, Sozialversicherungen und Banken. Verschiedenste Transparenzverpflichtungen, Aufsichtsorgane und behördliche Kontrollmechanismen sind in Kraft, damit diese Institutionen auch wirklich vertrauenswürdig arbeiten. Und meist tun sie das auch. Allerdings gibt es keine Garantie für den reibungslosen Ablauf – wie etwa die weltweite Bankenkrise 2007/2008 gezeigt hat. Es ist ein mühsames Geschäft, die Vertrauenswürdigkeit herzustellen, mehr noch, sie auf Dauer aufrechtzuerhalten. Kann die Digitalisierung diesen Vorgang erleichtern?

Informatiker versuchen, ein objektiv und rein technisch funktionierendes System zur Sicherung der Vertrauenswürdigkeit aufzubauen. Dahinter steht – Thema Menschenbild – eine für uns Menschen negative Beobachtung: Wir sind zwar die Quelle des Vertrauens, aber auch immer wieder ihr Totengräber. Wenn Behörden oder Banken nicht vertrauensvoll funktionieren, dann sind in der Regel Menschen dafür verantwortlich. Manche sind korrupt, andere nehmen ihre Aufsichtspflichten nicht sorgfältig wahr, wieder andere wirtschaften in die eigene Tasche. Der Mensch ist also die Ursache für die Vertrauenskrisen von Institutionen, die dringend Vertrauen benötigen. Und wenn der Mensch die Schwachstelle für die Vertrauenswürdigkeit von Institutionen ist, sollte er, so die Schlussfolgerung der Informatiker, aus dem System entfernt werden, ähnlich wie der menschliche Autofahrer als Sicherheitsrisiko aus dem Straßenverkehr (Kapitel 5) oder der machtzentrierte Politiker aus dem Parlament (Kapitel 9). Man ersetze Menschen durch angeblich objektive Algorithmen, und das Vertrauensproblem ist gelöst! Eine solche Erleichterung wird etwa von der *Blockchain*-Technologie erwartet (S. 202).

Nun ist das der Blick der Visionäre, der seine eigenen Engstellen und Schlagseiten haben kann. Es wird abzuwarten sein, welche Vertrauensleistungen von Algorithmen und IT-Systemen erbracht werden können. Es wäre ja wünschenswert, wenn sie die Vertrauenswürdigkeit unserer zentralen Institutionen vergrößern könnten.

Aus heutiger Sicht können wir allerdings schon Folgendes sagen:

1. In vielen Situationen ist digitale Technik in der Bereitstellung von vertrauenswürdigen Informationen dem Menschen tatsächlich überlegen. Allein dadurch, dass Algorithmen oftmals Zugriff auf riesige Informationsressourcen haben, können sie verlässliche Hilfestellung geben, etwa in der Navigation. Auch könnten Algorithmen sicherlich helfen, die Strukturen und Prozesse innerhalb der Institutionen vertrauenswürdiger und transparenter zu gestalten.

2. Oft ist das Vertrauen in die digitale Technik allerdings blind. Denn als Endnutzer von Apps, Programmen und Internetseiten können wir selten prüfen, ob die Informationen und Empfehlungen auf vertrauenswürdige Art und Weise zustande gekommen sind. Die *Blockchain*-Technologie (S. 202) ist ein Ansatz, für bestimmte Vorgänge in der digitalen Welt mehr Vertrauen zu ermöglichen. Ich erinnere aber an die Geschichte vom Mond und dem grünen Käse als Warnung, dass nichts in der digitalen Welt *per se* vertrauenswürdig ist. Digitale Technik kann menschliche Qualitätskontrolle, Urteilskraft und Medienkompetenz unterstützen, sie aber nicht ersetzen. Dies bewusst zu halten, ist Teil der digitalen Mündigkeit (Kapitel 13).

3. Je mehr wir in digitale Helfer statt in Menschen vertrauen, umso stärker werden wir von ihnen abhängig. Dabei gehen Kompetenzen und Fähigkeiten aus der analogen Welt verloren, weil wir nicht mehr auf sie zurückgreifen. Das ist kein Problem, solange digital alles funktioniert – aber was wäre, wenn nicht? Auch hier gilt: Dieser Abhängigkeit sollten wir uns bewusst sein, anstatt der Technik blind zu vertrauen.

4. Unser Vertrauen in die digitale Technik ist zwangsläufig mit dem Vertrauen in die Menschen hinter den Algorithmen und Robotern verbunden. Hinter den Apps und Programmen stehen Informatiker, *Content-Provider* (wie die Bereitsteller von Inhalten auf Neudeutsch genannt werden), Konzerne und Behörden, Manager und Visionäre. Sie alle haben ihre eigenen Interessen, Werte und Überzeugungen, die nicht unbedingt transparent sind. Die Objektivität der digitalen Technik und die Neutralität der Informationen – das sind Fiktionen. Es stimmt nicht, dass der störanfällige Mensch aus dem System herausgenommen wird: In der digitalen Welt werden lediglich die Menschen, denen man in einem Gespräch vertraut, ersetzt durch die Menschen hinter den Apps und Programmen.

Digitale Technik wird nicht die anthropologische Situation auflösen können, dass wir letztlich immer nur Menschen vertrauen können – bei allem Risiko, enttäuscht zu werden. Wenn manche digitalen Visionäre die Lösung des Vertrauensproblems von den Algorithmen erwarten, dann ignorieren sie einen Teil des Menschseins: Vertrauen können wir gewinnen und geben; Vertrauenswürdigkeit müssen wir uns erarbeiten; Enttäuschungen gehören zum Menschsein ebenso dazu wie das Glück eines unerwarteten Vertrauensbeweises. Die Digitalisierung bringt diese Aspekte des Vertrauens nicht zum Verschwinden. Allerdings können diese verschleiert werden.

Und gerade dieser Punkt macht mir Sorgen. Zwar trifft die Beobachtung zu, dass Menschen häufig die Quelle von Vertrauensbrüchen und Enttäuschungen sind, weil manche von uns sich egoistisch, korrupt oder betrügerisch verhalten. Wer jedoch meint, durch die Verlagerung des Vertrauens auf die digitale Technik das Problem gelöst zu haben, ist schon Opfer der Verschleierung geworden. Wie gesagt: Hinter den Algorithmen und Daten stehen Menschen, Firmen und Institutionen, die wir nicht kennen und deren Vertrauenswürdigkeit wir schlecht einschätzen können. Sie verfolgen bestimmte Strategien, die auf unterschiedlichen Interessen, Wertvorstellungen und Menschenbildern beruhen. Wir lösen das Vertrauensproblem also nicht, indem wir der digitalen Technik vertrauen, sondern verdrängen es nur. Hier lauert die digitale Unmündigkeit (Kapitel 1).

DIE BESCHLEUNIGUNGSSPIRALE DER INNOVATION

Innovation ist eines der Zauberworte der modernen Gesellschaft. Der Wettbewerb um schnelle und erfolgreiche Innovationen ist der Motor des Wirtschaftssystems. Schneller als die Konkurrenz zu sein, ist ein Erfolgsgeheimnis – und gleichzeitig Ursache für die dauernde Beschleunigung. Innovationshemmnisse sollen abgebaut, die Innovationsgeschwindigkeit soll gesteigert werden. Ein Schlüsselwort zur Digitalisierung aus Wirtschaft und Politik lautet ›disruptive Innovation‹ (S. 207). Es denkt die Beschleunigung bis zum Äußersten.

Disruptive Innovationen sind das Gegenteil allmählicher Innovationsprozesse. Dass dieser Typ von Innovation gegenwärtig so hoch im Kurs steht, obwohl er schlecht kalkulierbar ist, liegt an der Digitalisierung. Beschleunigung ist eines ihrer Wesensmerkmale. Die Erhöhung der Rechengeschwindigkeit, die Möglichkeit, Millionen von Optionen in kürzester Zeit durchzurechnen und Daten in Sekundenbruchteilen rund um den Globus zu schicken, die Erhöhung der Innovationsrate – alles scheint schneller zu werden. Elektronische Geräte veralten teils innerhalb von Monaten, in schneller Folge werden neue Updates auf unsere Computer und Handys gespielt, auf die wir uns einstellen müssen. Denn nichts ist schlimmer in der digitalen Welt, als Hard- oder Software von gestern zu benutzen. Der Druck ist hoch, dauernd auf dem neuesten Stand zu sein. Dabei kommt es oft nicht darauf an, ob wir diese neueste Technik im Alltag überhaupt brauchen. Es ist mehr eine Sache der Haltung, der Botschaft an die anderen oder auch einfach der zweckfreie Sog des Neuen, dem wir erliegen.

Die Verknüpfung kreativer Ressourcen über das Internet und die Beschleunigung von Datentransfer und Kommunikation verkürzen die Innovationszyklen. Die Sorge in vielen Unternehmen ist: Wer in der Beschleunigungsspirale nicht mitmacht, riskiert, vom Markt zu fliegen. Marktentwicklungen können überraschend schnell verlaufen und unternehmerische Planungen rasch obsolet werden lassen.

Die Frage ist nun, ob diese Verhältnisse für Mensch und Gesellschaft gut sind, ob Beschleunigung ein Wert an sich ist, ob Innovationshemmnisse um jeden Preis abgebaut werden sollen und wohin die digital befeuerte Beschleunigungsspirale uns führen kann.

Alles hat seine Zeit, so heißt es im alttestamentlichen Buch Kohelet. Zum Menschenbild gehören Vorstellungen über uns als Wesen *in der Zeit*. Ob es so etwas wie dem Menschen angemessene Zeitmaße gibt, ist umstritten. Oft wird unterschätzt, wie hochgradig anpassungsfähig wir sind. In der Frühzeit der Eisenbahn wurde noch befürchtet, dass Menschen durch die hohe Geschwindigkeit von 30 oder 40 Kilometern pro Stunde Schaden nehmen könnten. Mittlerweile macht uns die zehnfache Geschwindigkeit im ICE oder TGV nichts weiter aus, nicht einmal die dreißigfache Geschwindigkeit im Flugzeug. Auch in Wirtschaft und Gesellschaft haben wir uns an höhere Geschwindigkeiten gewöhnt, etwa an

Disruptive Innovation als Ideal der Digitalisierung

Seit Kurzem schwärmen Manager und Politiker von der ›disruptiven Innovation‹, auch Sprunginnovation genannt. Disruption meint Unterbrechung oder Abbruch. Bisherige Produktlinien oder etablierte Marktpositionen sollen herausgefordert werden, damit etwas digital Neues entstehen kann. Der Niedergang der Erfolgsfirma Kodak, einst Weltmarktführer bei Fotos und Filmen alter Schule, ist ein gutes Beispiel. Zwar konnten Digitalkameras anfangs qualitativ nicht überzeugen. Aber sie hatten und haben andere Vorteile: Das Bildergebnis lässt sich sofort überprüfen, Schnappschüsse sind ohne Kosten möglich, die Bilder lassen sich sofort weiterverarbeiten, verschicken oder kopieren. Inzwischen haben Digitalkameras die analogen Kameras nahezu verdrängt. Die jahrzehntelange Erfolgsgeschichte von Kodak endete im Konkurs. Eine echte Disruption.

die schnellere Abfolge neuer digitaler Technologien. Freilich bedeutet das nicht, dass wir auch jede weitere Beschleunigung prinzipiell werden wegstecken können. Seit einiger Zeit gibt es diesbezüglich ein zunehmendes Unbehagen – und wir verwenden das schöne Gegenwort *Entschleunigung*. Viele fordern die Entschleunigung unserer Lebensvorgänge und ein geringeres Tempo in Wirtschaft und Arbeitsleben mit dem Argument, dass die immer weitere Beschleunigung nicht menschengerecht sei. Es ist aber schwer zu sagen, ob es auf der Ebene des einzelnen Menschen so etwas wie anthropologisch angemessene Zeitmaße gibt und wo sie liegen.

Vernünftige Zeitmaße in unserer Lebens- und Arbeitswelt, in Wirtschaft und Politik sind jedoch ein ande-

Die Weltwirtschaftskrise und die Rolle der Algorithmen

Im Jahr 2007 kam es zunächst zur US-amerikanischen Bankenkrise, für die ein überhitzter Immobilienmarkt in den USA als Initialzündung gilt. Dahinter jedoch standen Algorithmen, schnelle Computer und das Vertrauen der Banker in die mathematischen Modelle der Risikoprüfung. Auf Basis dieser Modelle wurden immer spekulativere Finanzprodukte erfunden, mit denen das Risiko fauler Kredite verteilt werden sollte. Diese wurden so komplex, dass sie nicht mehr durchschaubar waren. Hoch mathematische Risikobewertungen verloren damit jede Aussagekraft über die realen Risiken von Kreditvergaben und Finanztransaktionen. Nach der Katastrophe übrigens waren die Algorithmen nutzlos. Sie konnten zwar alles berechnen, aber nicht verstehen, was sie da berechnet hatten. Die Rekonstruktion der Krise blieb den Menschen vorbehalten, wie Cathy O'Neil in ihrem Buch *Angriff der Algorithmen* zeigt.

res Thema. Tempo ist hier oftmals entscheidend: Manches muss schnell gehen, anderes braucht Zeit. Sorgfältige Beratungen zum Beispiel dürfen nicht überstürzt werden – es gibt Konflikte und unterschiedliche Meinungen, die abgewogen werden wollen. In solchen Situationen, die bei weitreichenden Entscheidungen in Politik und Wirtschaft nicht selten sind, geraten Schnelligkeit und Sorgfalt in einen prinzipiellen

Gegensatz zueinander. Entsprechend müssen übereilte, etwa dem tagespolitischen Druck der Medien geschuldete politische Entscheidungen oft nach kurzer Zeit nachgebessert werden. Manche Visionäre der Digitalisierung haben auch hier Lösungen parat: Die Berater sollen durch Optimierungsrechnungen auf Basis künstlicher Intelligenz ersetzt werden (Kapitel 9). Sorgfältiges Nachdenken und zeitaufwendige Gespräche sollen überflüssig und die Beschleunigungsspirale weiter vorangetrieben werden. Was ist davon zu halten?

Zunächst ist an eine schlechte Erfahrung mit diesem Vorschlag zu erinnern: In der Banken- und Weltwirtschaftskrise 2007/2008 spielte die digitalisierte Finanzwirtschaft eine ungute Rolle (S. 208). Das Vertrauen in kaum durchschaubare Modelle und in die Schnelligkeit der Computer sowie die Gier einiger Finanzmanager führten die Weltwirtschaft in die tiefste Krise seit fast neunzig Jahren. Lehren daraus wurden entgegen vieler Ankündigungen bisher kaum gezogen.

Natürlich lebt der wirtschaftliche Wettbewerb davon, dass manche Anbieter schneller sind als andere. Die Tendenz zur Beschleunigung ist Teil des kapitalistischen Wirtschaftssystems. Sie setzt Kreativität und Innovation frei – allerdings kennt die klassische Wirtschaftstheorie auch den Ausdruck vom zerstörerischen Wettbewerb. Die Beschleunigungsspirale ist nicht beliebig weit überdrehbar. Irgendwann frisst sie die menschlichen und natürlichen Ressourcen, von denen sie lebt. Trotzdem ist es schwer, vielleicht unmöglich, die Grenze der Beschleunigung zu finden.

Große Philosophen wie Aristoteles und Thomas von Aquin wiesen darauf hin, dass das sorgfältige Bedenken und Beraten, das Abwägen von Alternativen, die Suche nach dem rechten Maß und das Ringen um eine gute Entscheidung eine gewisse Zeit benötigen. Diese Überlegungen und Beratungen kann uns bislang und vielleicht auch grundsätzlich kein Algorithmus abnehmen. Optimierung und Berechnung sind etwas grundsätzlich anderes als Abwägung und Beratung. Wie oft geschieht es, dass im Laufe des Nachdenkens und Beratens neue Kriterien und Argumente in den Blick geraten, die dann den Ausschlag geben! Algorithmen operieren bislang üblicherweise im Rahmen fester Kriteriensätze und optimieren gemäß ihrer Programmierung und der

Datenlage. Künstliche Intelligenz und maschinelles Lernen (Kapitel 2) versprechen mehr, aber da ist vieles nach wie vor visionär. Wo es einen fest vereinbarten Kriteriensatz und gute Daten gibt, ist eine Optimierung sinnvoll. Dort können die Algorithmen uns Arbeit abnehmen und sicher auch Prozesse beschleunigen. Politische oder ethische Herausforderungen sind aber nicht von diesem Typ. Sie beinhalten Fragen des guten Lebens, Modelle einer gerechten Gesellschaft und Kriterien, wie wir leben wollen und was uns wichtig ist. Darüber sollten wir schon selbst befinden – und dazu brauchen wir Zeit. Diese Zeit gehört zum Menschen.

Es ist also berechtigt, der grenzenlosen Beschleunigungsrhetorik zu widersprechen. Weniger weil Menschen eine Eigenzeit haben und eine ständige Erhöhung des Tempos ihrem Wesen nicht entspricht, sondern weil der Mensch als *zoon politicon*, als moralisches und politisches Lebewesen, auf Nachdenken, Beratung und Dialog angewiesen ist (S. 196). Daher sind Forderungen nach Entschleunigung und eine Kritik an der Beschleunigungsspirale nicht nur modischer Ausdruck einer aktuellen Krisenwahrnehmung. Vielmehr geht es darum, dass wir uns in den politischen und ethischen Debatten die Zeiträume nehmen, die wir für ein sorgfältiges Nachdenken benötigen. Letztlich formulieren sich so die Anforderungen an eine menschengerechte Gesellschaftsordnung: Passt sich der Mensch an die Beschleunigungsspirale aus Digitalisierung und Wettbewerbsdruck an, oder gelingt es uns, die in der digitalisierten Wirtschaft und Gesellschaft angelegte Beschleunigungsdynamik in einem menschenfreundlichen Bereich zu halten?

DER MENSCH ZWISCHEN HYBRIS UND UNTERLEGENHEITSGEFÜHL

Die Fragen, wer wir Menschen sind, welche Stellung wir in Welt und Geschichte haben, was uns vor anderen Lebewesen auszeichnet und welchen Sinn das alles haben soll oder haben könnte, sind typisch menschlich. Schildkröten oder Hauskatzen stellen sich diese Fragen wohl nicht, sondern leben vermutlich einfach so vor sich hin. Aber wir Menschen als Wesen, die ein Bewusstsein von sich selbst haben, die viele Pläne haben und denen vieles nicht gelingt, die letztlich ihren Tod vor Augen haben, kommen nicht umhin, uns derartige Fragen zu stellen.

In der Menschheitsgeschichte wurden viele Antworten entwickelt, häufig aus den Religionen heraus. Die Bibel sieht den Menschen als Krone der Schöpfung und Ebenbild Gottes; ähnlich steht es in den Hadithen, den überlieferten Sprüchen des Propheten Mohammed, während die buddhistische Lehre von Karma und Wiedergeburt den Menschen als Ergebnis seiner Taten aus früheren Existenzen versteht. Die europäische Aufklärung sah den Menschen als Vernunftwesen, so etwa in der Bestimmung von Immanuel Kant, dass der Mensch zur Selbstgesetzgebung berufen und befähigt sei.

Die Digitalisierung spielt hier zunächst keine Rolle. Technik wurde erst im Zuge der Industriellen Revolution für die Menschenbilder relevant. Dass Karl Marx menschliche Arbeit, die eben oft mit Technik zu tun hat, in die Mitte seines Bildes vom Menschen stellte, hängt sicher mit seinen Beobachtungen in der frühen industriellen Welt zusammen. Der Philosoph und Biologe Arnold Gehlen deutete Technik als wesentliches Kennzeichen des Menschen und gab ihr dadurch einen anthropologischen Wert. Andere Philosophen wie Martin Heidegger und Theodor W. Adorno hingegen waren skeptisch und sahen den Menschen durch die Technisierung bedroht.

Als *Homo Faber,* als Handwerker und Techniker, ist der Mensch außerordentlich erfolgreich, wie der Blick auf den atemberaubenden technischen Fortschritt der letzten zweihundert Jahre zeigt. Der Nobelpreisträger Paul Crutzen bezeichnete unsere Zeit sogar als *Anthropozän*, als Zeitalter des Menschen. Wir sind mit unserer Technik zur beherrschenden Kraft auf dem Planeten geworden. Bis in den letzten Winkel der Erde spielt das vom Menschen Gemachte in die Natur hinein. Dennoch glänzt der Erfolg nicht nur, denn zwei sehr gegensätzliche Folgen sind nicht angenehm: unsere Hybris und unser schlechtes Gewissen. Beide haben offenkundig Einfluss auf unser Bild von uns selbst:

1. Der sichtbare Erfolg des Menschen verführt nicht selten zu Überheblichkeit. Als schöpferisch tätiger *Homo Creator*, wie der Berliner Technikphilosoph Hans Poser den Menschen beschrieb, ist er in Gefahr, Gott spielen und die Welt beherrschen zu wollen. Übermut und Selbstüberschätzung bis hin zum Größenwahn seien die Folgen des unermesslichen technischen Erfolgs. Transhumanistische Vorstellungen (S. 144), denen zufolge der Mensch verbessert und dann durch eine technische Zivilisation abgelöst werden soll, gehen offensiv in diese Richtung. Aber auch viele digitale Visionäre machen nicht gerade durch Bescheidenheit und Zurückhaltung auf sich aufmerksam.

2. Eine ganz andere Folge des technischen Fortschritts und seiner Nutzung in der Wirtschaft ist die Umweltkrise in Form von Klimawandel, Artensterben und Ausplünderung des Planeten Erde, um nur einige Stichworte zu nennen. Als Kehrseite des genialen *Homo Creator* habe sich der Mensch als eine Art Parasit auf dem Planeten Erde breitgemacht. Er werde, so die Pessimisten, sie so lange ausbeuten, bis es zu spät sei, um noch gegenzusteuern. Ein schlechtes Gewissen und deutliche Schuldgefühle sind für viele die Folge, denn die Ursache für die Umweltkrise liegt einwandfrei bei uns.

Der Erfolg des technischen Fortschritts lässt uns Menschen also mit einem gespaltenen Selbstbild zurück: strotzend vor Selbstbewusstsein angesichts unserer Leistungen einerseits, aber auch voller Zerknirschung über das, was wir angerichtet haben, andererseits. Eine ähnliche Spaltung finden wir in der Digitalisierung. Die Entwicklung der digitalen Wunder (Kapitel 2) ist Menschenwerk, daran gibt es keinen Zweifel. Ein Grund, stolz zu sein, sollte man meinen. Wir könnten mit gelassenem Selbstbewusstsein unsere digitalen Kinder ansehen und uns an ihnen erfreuen. Auch auf uns könnten wir stolz sein, weil wir diese Kinder ja produziert haben. Entsprechend ist der Optimismus vieler digitaler Visionäre atemberaubend und von Hybris manchmal nur schwer zu unterscheiden.

Die andere Seite der Medaille sind jedoch Sorgen vor den unkontrollierbaren Folgen der Technik und einer möglichen menschlichen

Unterlegenheit. Woher kommt die verbreitete und teils diffuse Angst vor unseren digitalen Kindern? Warum fürchten wir, unterlegen zu sein? Hier hilft ein Blick hinter die Kulissen der Digitaltechniker. Ihre Visionen und die entsprechende Medienberichterstattung bringen das dahinterstehende Menschenbild zum Vorschein. Wir Menschen kommen dabei alles andere als gut weg. Wir werden als egoistisch, ungerecht und korrupt dargestellt, als rasch müde und unkonzentriert, als aggressiv, wankelmütig und inkonsequent, als bequem bis faul, mit einem schwachen und störanfälligen Körper – und schließlich müssen wir sterben. Unterschwellig besagt dieses Menschenbild: Wir sind eine Katastrophe. Wir können nichts wirklich gut, machen aber vieles falsch. Wir sind der Evolution oder der Schöpfung einfach schlecht geraten.

Algorithmen und Roboter hingegen werden ganz anders dargestellt. Von der technischen Perfektion digitaler Produkte und Dienstleistungen geht eine erhebliche Faszination aus. Immer wieder geraten wir Menschen im Leistungsvergleich unter Druck – wie wir an vielen Beispielen in diesem Buch gesehen haben. Algorithmen seien objektiv und unbestechlich, Roboter nimmermüde und immer dienstbereit. Sie werden als die besseren Menschen beschrieben, weil sie die Stärken haben, die wir uns eigentlich von uns selbst wünschen. Schwächen haben sie nicht oder wenigstens in Zukunft nicht mehr, denn die programmieren wir ihnen weg. Da ist es in gewisser Weise konsequent, eine Selbstabschaffung des Menschen nicht nur für möglich zu halten, sondern sie aktiv zu fordern und darauf hinzuarbeiten (S. 144). Die Wegdigitalisierung des Menschen ist dann nicht das Problem, sondern die Lösung.

Uns bliebe nur ein Trost: Die ersehnte Verbesserung oder gar unsere Ablösung durch die digitale Technik wäre letztlich unser Werk. Wir könnten immerhin stolz darauf sein, den Staffelstab der Geschichte an unsere eigenen digitalen Kinder abgeben zu können. Es wäre sozusagen ein evolutionärer Generationenwechsel, der mit Vorsatz und Würde absolviert werden könnte. Zwar würden wir Menschen vergehen, aber irgendwie in unseren digitalen Kindern weiterleben. So werden Erlösungserwartungen auf die digitale Technik projiziert (Kapitel 12).

Die Argumentation hat allerdings einen Haken. Sie funktioniert nur, wenn der Mensch als eine digitale Maschine betrachtet wird. Ein schlechtes Menschenbild meint dann, dass er eben eine schlechte Maschine sei. Und Maschinen können, wie jede Technik, verbessert werden. Es könnten künstliche digitale Maschinen geschaffen werden, die in allem besser sind als wir – und schon wäre unsere Daseinsberechtigung dahin. Bleibt die Frage offen: Ist der Mensch eine Maschine?

DER MENSCH ALS MASCHINE?

Seit einiger Zeit wird in manchen Wissenschaften, aber auch im Alltag und in den Medien oft von Menschen in einer technischen Sprache geredet. Fangen wir mit einer Beobachtung aus dem Alltag an. Über manche Arztbesuche sprechen wir so ähnlich, als ob wir unseren Körper zur Reparatur bringen, ähnlich wie das Auto in die Werkstatt. In Krankenhäusern werden Ersatzteile

Die Zukunft gehört dem Maschinenmenschen – im Film 1927

Fritz Lang thematisierte in seinem Filmepos *Metropolis* (1927) die Herstellung eines Maschinenmenschen, dem die Zukunft gehöre. Golem und Frankenstein sind literarische Vorbilder. Erzählungen von Menschen als Maschinen oder Maschinen als Menschen sind also nicht neu. Sie bekommen allerdings durch den wissenschaftlich-technischen Fortschritt immer neue Nahrung. Damit wird die Frage dringender: Wer sind wir Menschen? Oder: Wer *wollen* wir sein?

montiert, wenn das Original nicht mehr funktioniert, etwa eine Hüfte oder ein Knie. Psychologen werden gern technisch als Seelenklempner bezeichnet. Die technische Art und Weise, wie wir über den Menschen reden, verrät, dass wir uns immer stärker als eine Art Maschine begreifen.

Ganz neu ist das nicht. Der französische Arzt und Philosoph Julien Offray de La Mettrie schlug bereits 1748 in seinem Buch *Der Mensch als Maschine* ein mechanisch-materialistisches Menschenbild vor. Umgekehrt ließ Fritz Lang in seinem Film *Metropolis* den Maschinenmenschen auftreten. Die modernen Biowissenschaften und die Hirnforschung haben die biologischen Vorgänge im Körper immer weiter aufgeklärt und zu weitreichenden Diskussionen angeregt, ob der Mensch wirklich einen freien Willen habe oder durch seine Gene oder sein Gehirn dominiert werde. Die Digitalisierung, die Welt der Computer und Daten, legt so etwas wie ein digitales Menschenbild nahe und greift dabei auf digitale Begriffe zurück. So wird unser Gehirn gern als Datenverarbeitungsmaschine angesehen, unser Gedächtnis als Festplatte, unsere Sinnesorgane als Sensoren und unsere Nerven als Datenleitungen. Der bei La Mettrie noch mechanische, später dann biologische Blick auf den Menschen wird gegenwärtig durch den digitalen Blick ersetzt. Wir formen unser Bild vom Menschen zunehmend nach Vorbildern aus der digitalen Technik. In einer Titelstory im Dezember 2013 fragte DER SPIEGEL rhetorisch: Was ist der Mensch anderes als eine elektrische Maschine (S. 134)?

Die Deutung von Lebewesen als Maschinen ist auch in anderen Bereichen zunehmend üblich. In der

Gehirne als unsere Herren – eine umstrittene These

Nicht wir Menschen handeln und entscheiden nach mehr oder weniger reiflicher Überlegung, sagen manche Hirnforscher, sondern das Gehirn entscheide und gaukle uns die Illusion, dass wir selbst entscheiden könnten, nur vor. Wir seien als Menschen nichts weiter als ausführende Organe unserer Gehirne, deren Funktionalität von der Hirnforschung immer besser aufgeklärt werde. Kaum irgendwo scheint die Idee der Gottesebenbildlichkeit des Menschen oder die Bestimmung von Immanuel Kant, der Mensch sei ein zur Selbstgesetzgebung befähigtes und verpflichtetes Wesen, weiter entfernt. Das Wort von der menschlichen Verantwortung, einer der wichtigsten Begriffe in Ethik und Recht, soll den Bekundungen mancher Hirnforscher nach am besten abgeschafft werden, da Menschen als Knechte ihrer Gehirne keine Verantwortung für das übernehmen könnten, was sie tun.

Synthetischen Biologie wird von molekularen Fabriken (den Mitochondrien), von Transportsystemen, von Mechanismen der Energieerzeugung, von Kopiervorgängen sowie von Datenspeichern und Datenlesesystemen gesprochen. Bestimmte mikrobiologische Prozesse in Zellen werden als Lichtsammel- und Umwandlungsanlagen, als Signalwandler, Katalysatoren, Pumpen oder Motoren beschrieben.

Diese technische Sprache über Vorgänge des Lebens entspricht dem weltanschaulichen Naturalismus. Danach sind Menschen wie alle anderen Lebewesen aus Atomen und Molekülen zusammengebaut und funktionieren nach Naturgesetzen der Physik, Chemie und Biologie, wie eben auch Maschinen. Ob im Zoo, im Park oder in der freien Natur: Überall sehen wir Maschinen am Werk, wie der Philosoph Alfred Nordmann es formulierte. Viren oder Bakterien, Pflanzen oder Tiere oder eben auch Menschen, sie alle funktionieren im naturalistischen Weltbild nach den gleichen Gesetzen.

Die Beschreibung des Menschen als Maschine ist zugegebenermaßen für viele Zwecke nützlich und hilfreich. Die moderne Medizin erzielt ihre großen Erfolge gerade darin, bestimmte Teilvorgänge im Menschen wie maschinelle Vorgänge zu beschreiben, dadurch Ursachen für Fehlfunktionen zu erkennen und Therapien zu entwickeln. Das ist eine hoch anerkennenswerte Erfolgsgeschichte, etwa in der Interpretation des Herzmuskels als elektronisch gesteuerte Pumpe. Wenn etwas an dieser Pumpe nicht gut funktioniert, können daran Reparaturen wie an dem technischen Bauteil einer Maschine vorgenommen werden. So weit, so gut.

Entscheidend ist jedoch die Unterscheidung, ob Menschen für bestimmte Zwecke, etwa die Heilung konkreter Fehlfunktionen, als Maschinen *beschrieben werden*, oder ob wir glauben, dass sie dem Wesen nach letztlich Maschinen *sind*. Das ist ein feiner, aber dramatischer Unterschied. Theodor W. Adorno hätte gesagt: ein Unterschied ums Ganze. Zwischen Aussagen des Typs ›wir beschreiben den Herzmuskel als Pumpe‹ oder ›das Hüftgelenk funktioniert nach Gesetzen der Mechanik‹ einerseits und der Position ›*Menschen sind letztlich Maschinen*‹ andererseits klaffen Welten.

Mein Verdacht ist, dass das Menschenbild der digitalen Visionäre und zusehends auch der von ihnen beeinflussten gesellschaftlichen Gruppen durch das letztgenannte Bild geprägt ist. In ihren Augen *sind* wir Menschen letztlich digitale Maschinen. Eine Technisierung des Menschenbildes hat eingesetzt: Wir vergleichen und messen uns an Maschinen und digitaler Technik in deren ureigenem Anwendungsfeld. Damit ist sofort auch klar, warum ein so schlechtes Bild vom Menschen entsteht. Denn als digitale Maschinen sind wir selbstverständlich unterlegen und schlecht, zumindest im Vergleich zu den Computern und Apps, die von künstlicher Intelligenz gesteuert werden.

Das ist so ähnlich, als würde man die Unterlegenheit des Menschen gegenüber Schaufeln und Spaten behaupten – mit dem Argument, dass Menschen Grabegeräte seien und ihre Hände weniger funktionstüchtig als Metallschaufeln. Oder wenn ihre Unterlegenheit gegenüber Waschmaschinen mit dem Argument konstatiert würde, dass Menschen ja eigentlich Waschmaschinen sind. Vielleicht sind diese Analogien etwas überzogen, aber ich denke, sie treffen den wunden Punkt in der Argumentation, der Mensch sei der digitalen Technik unterlegen. Natürlich ist der Mensch unterlegen, wenn ich ihn als Computer auf zwei Beinen interpretiere.

Ein Problem hätten wir nur, wenn wir nicht nur in dieser oder jener Hinsicht, beim Graben, Waschen oder Kopfrechnen unterlegen wären, sondern generell, in *jeder denkbaren Hinsicht*. Das ist genau die Falle, in die uns die Menschenbilder der digitalen Welt locken. Denn jede Eigenschaft einer Maschine kann im Prinzip verbessert werden, durch neue Materialien, durch neue chemische Prozesse, durch neue mechanische Bauteile, durch schnellere Prozessoren und kleinere Mikrochips, durch bessere Algorithmen und größere Datenspeicher. Alles, was wir mit technischen Augen betrachten, wird irgendwann von Algorithmen und Robotern besser gemacht werden können als von uns. Wenn wir Menschen wirklich *Maschinen* wären, würde der technische Fortschritt uns irgendwann ganz alt aussehen lassen. Dann würden wir zu den Defizitwesen, die viele Visionäre der Digitalisierung schon heute in uns sehen, weil die digitale Technik in existenziell *allem* besser würde als wir. In dieser Denkweise könnten wir den technischen Fortschritt nur mit Gewalt anhalten und so etwas wie moderne Maschinenstürmer werden. Abgesehen davon, dass Zerstörung nicht sehr kreativ ist, sollten wir auch daran denken, dass schon die Maschinenstürmer vor zweihundert Jahren nicht sonderlich erfolgreich waren (Kapitel 3).

Es ist besser, die vorgestellte Argumentation bei ihrem Schwachpunkt zu packen. *Sind* wir Menschen denn wirklich Maschinen? Gehen wir ohne Rest im technischen Funktionieren auf? Wenn wir so über uns denken, dann ist die oben genannte Linie stichhaltig. In der Linie des technischen Optimierens ist es nur eine Frage der Zeit, bis kein Leistungsargument mehr für uns spricht. Dann sollten wir uns zu gegebener Zeit von der Bühne verabschieden, wie die Transhumanisten fordern.

Was jedoch könnte ein Kriterium dafür sein, ob wir Maschinen sind oder nicht? Aus der technischen Maschinenwelt könnten wir Kriterien wie das reibungslose Funktionieren für den gedachten Zweck, die Erwartbarkeit der Ergebnisse, der geregelte Ablauf und andere mehr übertragen und dabei vielleicht an einen Automotor oder einen Computer denken. Diese Maschinen stehen unter dem Ideal technischer Perfektion, deren Erfüllung gemessen werden kann.

Diese Denkwelt passt jedoch nicht auf uns. Wenn wir uns selbst unter das Ideal technischer Perfektion stellen, haben wir aus zwei Gründen schon verloren. Erstens erfüllen wir das Ideal schlecht oder gar nicht – genau deswegen brauchen wir Technik, die gewisse Dinge besser kann als wir. Zweitens werden genau die Eigenschaften, die uns gemäß der menschlichen Ideengeschichte ausmachen, in dieser Denkwelt nicht erfasst. Wenn wir uns ausschließlich technisch sehen und als Maschine betrachten, blenden wir das Eigentliche aus und nehmen nur die Funktionalitäten in den Blick, in denen wir schlecht sind. Der negative Blick auf uns selbst ist vorprogrammiert. Man könnte das digitalen Masochismus nennen.

Aber was ist das Eigentliche am Menschen? Die Menschheitsgeschichte ist voll von Überlegungen hierzu, und es würde zu weit führen, sie an dieser Stelle aufzuzählen. Aber zwei Hinweise möchte ich geben. Der erste ist beschreibender Art. Nach dem obigen Argument ist schon die Frage, wer besser ist, Mensch oder Algorithmus, eine technische Frage, weil sie darauf abzielt, bestimmte Fähigkeiten des Menschen mit einem nur für eine dieser Fähigkeiten optimierten technischen System zu vergleichen. Nicht-technisch am Menschen ist also das, wo die Frage keinen Sinn macht. Ein Ethikalgorithmus würde so weit am Wesen der Ethik vorbeigehen wie der Bundestagsalgorithmus (S. 172) am Wesen der Demokratie oder der automatische Richter am Wesen des Rechts. In diesen Beispielen würde der Ersatz menschlicher Beratung nicht zu irgendeiner Verbesserung führen, sondern wäre die Selbstaufgabe genuin menschlicher Felder. Dies gilt analog für menschliche Bereiche wie Liebe, Zuneigung, Vertrauen und Solidarität. Sexualität ist in Grenzen technisierbar (Kapitel 4), aber die Liebe nicht. Zuneigung kann durch nette Roboter simuliert werden (S. 78), ersetzt aber menschliche Nähe nicht. Solidarität ohne Rücksicht auf die Leistungsfähigkeit des anderen und ohne Erwartung eines eigenen Vorteils ist nicht-technisch. Romantik, Poesie und Natursehnsucht sind weitere Bereiche, deren Wesen zerstört würde, wenn man sie technisieren wollte.

Der zweite Hinweis bezieht sich nicht darauf, wer wir sind, sondern auf die Frage, wer wir *sein wollen*. Es ist ein Gemeinplatz der Philosophie, dass Menschen etwas wollen können, dass sie utopische Gedanken zur Zukunft entwickeln, dass sie ein normatives Bild von sich selbst ausprägen, das als Ideal der weiteren Entwicklung gelten kann. Das bedeutet, dass wir nicht einfach so sind, wie wir sind, sondern dass wir uns Ziele setzen und uns bewusst verändern können. Immanuel Kant etwa gab uns auf, an unserer Mündigkeit zu arbeiten (Kapitel 1). Dadurch setzte er im Verein mit vielen anderen die Demokratiebewegung in Gang und beeinflusste maßgeblich das westliche Menschenbild und damit auch die kulturelle und politische Entwicklung.

Freilich, wenn wir so sind, wie wir sein wollen, ist das eine ambivalente Sache. Denn wir könnten uns ja darauf verständigen, wie Maschinen funktionieren zu wollen. Da sind wir frei, die Entscheidung gibt uns niemand vor. Wenn wir uns unter das Ideal des Maschinenmenschen

**Charlie Chaplin
gegen die Diktatur der Technik**

Charlie Chaplins Film *Der Große Diktator* endet mit einer fulminanten Schlussansprache, in der nicht nur Demokratie und Freiheit hochgehalten, sondern auch die Diktatur technischen Denkens angeprangert wird: »Wir haben die Geschwindigkeit entwickelt, aber innerlich sind wir stehen geblieben. Wir lassen Maschinen für uns arbeiten, und sie denken auch für uns. Die Klugheit hat uns hochmütig werden lassen und unser Wissen kalt und hart, wir sprechen zu viel und fühlen zu wenig, aber zuerst kommt die Menschlichkeit und dann die Maschinen!«

stellen, dann löschen wir die genannten nicht-technischen Elemente des Menschen aus – und werden nach dem oben genannten Argumentationsgang überflüssig. Ob der Mensch ein Mensch bleibt, etwa im Sinne vieler Religionen oder der europäischen Aufklärung, oder ob er sich wegdigitalisiert, wird davon abhängen, inwieweit er seine nicht-technischen Anteile pflegt und weiterentwickelt. Hier bin ich optimistisch: Auch der digitale Überschwang wird uns den Wunsch nach einer solidarischen Welt, nach einer gerechten Gesellschaft und nach Liebe und Zuneigung nicht austreiben.

TEIL IV:

ZU GUTER LETZT

12. ILLUSIONEN DER DIGITALISIERUNG

Viele Vorteile der Digitalisierung sind offensichtlich, das erklärt ihren Erfolg. Manche Erwartungen jedoch werden immer wieder verbreitet, ohne durch die Realität gedeckt zu sein. Teils sind sie nur Illusionen.

DIGITALISIERUNG IST UMWELTFREUNDLICH – WIRKLICH?

Digitale Technik wird oft als *smart* bezeichnet, als klein und intelligent. Kleinheit macht in der Tat viele der Wunder der Digitalisierung erst möglich (Kapitel 2). So erscheint digitale Technik in vielem als das Gegenteil zu den klassischen Fabriken der chemischen Industrie oder der Stahlproduktion: klein und fein, keine schwarzen Rauchwolken, keine riesigen Anlagen, kein unmäßiger Material- und Energieverbrauch. Also: umweltfreundlich.

Information in Form von Bits und Bytes wiegt nichts. Wenn Sie Filme mit einem Datenvolumen von mehreren Gigabytes auf Ihr Gerät laden, wird es dadurch nicht schwerer. Auch wird das HDMI-Kabel beim Laden nicht heiß. Was sich fast merkwürdig trivial anhört, bedeutet einfach: Operationen mit großen Datenmengen benötigen beim Endnutzer wenig Energie. Das ist ebenfalls: umweltfreundlich.

Wer Kaufvorgänge, Finanztransaktionen und Geschäftsmodelle in die virtuelle Welt verlagert, hofft vielleicht, die Umweltbelastungen analoger Vorgänge vermeiden oder verringern zu können. Denn wer vom Sofa aus im Internet einkauft, spart die Fahrt zum Einkaufszentrum und reduziert seine Emissionen. Die digitale Abwicklung vieler Vorgänge spart Papier. Wiederum: umweltfreundlich.

Alle drei Geschichten werden immer wieder erzählt und nähren die Mär von der Digitalisierung als Lösung oder wenigstens Linderung der Umweltprobleme. Leider ist diese Mär eine Illusion. Zu guter Letzt müssen alle Waren doch in der analogen Welt produziert und geliefert werden. Wenn ich vom Wohnzimmer aus eine Vase im Internet kaufe, brauche ich zwar nicht zum Geschäft zu fahren – aber die Vase muss mir geliefert werden, sie passt nicht durch das breiteste Breitbandkabel. Stattdessen kommt nun einer der vielen Lieferwagen, die die Städte zuparken. Der Einkauf im Internet verleitet dazu, auf räumliche Nähe weniger zu achten – das Internet kennt keine Entfernungen. Die Folge ist, dass die Einkäufe oft von weither transportiert werden müssen, was entsprechend sogar eine größere Umweltbelastung zur Folge hat. Das Problem der Emissionen wird verschoben, aber nicht gelöst.

Die Digitalisierung hat einen riesigen Strombedarf. Nach einer Recherche des Südwestrundfunks brauchen deutsche Rechenzentren etwa vier mittelgroße Kohlekraftwerke zur Deckung ihres Strombedarfs. Weltweit sind etwa fünfundzwanzig große Kernkraftwerke notwendig, um genügend Strom für das Internet zu produzieren. Die Zeitung DIE WELT berief sich bereits 2011 auf Forschungsergebnisse an der TU Dresden, wonach das Web um 2030 so viel Strom verbrauchen würde wie damals die gesamte Weltbevölkerung. Vor allem die Server in den großen Rechenzentren, die neben den Datenleitungen das physische Rückgrat des Internets bilden, haben aufgrund der erforderlichen Kühlung einen erheblichen Strombedarf. In großen Unternehmen mit eigenen Rechenzentren sind deren Energiekosten mittlerweile zu einem wirtschaftlichen Problem geworden.

Die virtuelle Welt funktioniert nicht ohne materielle Basis, sondern ist auf eine Vielzahl von Materialien angewiesen. Bauteile von Computern, Smartphones und Tablets, aber auch von Servern, Windkraftanlagen und vor allem von Akkus und Batterien benötigen Lithium, Kobalt, Coltan und Platin. Auch Germanium, Scandium, Tantal, Neodym, Dysprosium und weitere seltene Metalle werden zunehmend benötigt. Man nennt sie auch die ›Gewürzmetalle‹: Wie beim Würzen braucht man nur ganz wenig davon, aber ohne geht es eben nicht. Leider sind die dazugehörigen Rohstoffvorkommen knapp und liegen in nur wenigen und politisch teils nicht unproblematischen Ländern wie China, Kongo, Chile und Bolivien. So kommen etwa zehn bis zwanzig Prozent des Kobalts aus improvisierten Minen und Kleinbergbau im Kongo.

Elektronikschrott – Kehrseite der Digitalisierung

Das Recycling von Elektronikschrott ist mühsam und gesundheitsgefährlich. Gigantische Mengen weggeworfener Handys und ausgemusterter Computer werden in westafrikanische Länder verbracht, hauptsächlich nach Ghana. Berüchtigt ist Agbogbloshie, ein Slum am Rande der Hauptstadt Accra, wo ein Teil des Elektronikschrotts angelandet wird. Tausende Menschen durchsuchen den Berg nach Spuren von Gold, Coltan oder Kupfer. Plastikverkleidungen von Kabeln und Platinen werden geschmolzen, um an die begehrten Rohstoffe zu kommen. Dabei entstehen krebserregende Gifte, aber auch die Schwermetallbelastung mit Blei und Cadmium, Quecksilber und Chrom führt zu erheblichen Gesundheitsbelastungen.

Amnesty International beklagt Kinderarbeit, Unfälle und Gesundheitsrisiken.

Daraus werden Computer, Handys und Akkus und alle die anderen digitalen Wundergeräte gefertigt. Und dann? Nach manchmal nur wenigen Monaten, spätestens aber nach ein bis zwei Jahren sind die schönen Geräte veraltet. Neue Geräte müssen her, und die alten werden entsorgt. Ent-Sorgen ist ein schönes Wort: Wir befreien uns von den Sorgen mit dem alten Kram, indem wir ihn wegschaffen: aus den Augen, aus dem Sinn. Ein großer Teil dieser riesigen Entsorgungswelle schwappt nach Afrika.

Leider ist also die Digitalisierung nicht an sich umweltfreundlich, sondern erzeugt sogar neue oder verschärft bestehende Umweltprobleme. Aber der Trost: Sie bietet viele Chancen auf einen besseren, vor allem effizienteren Umgang mit der natürlichen Umwelt. Nur kommt der eben nicht von selbst – hier muss zielorientierte Technikgestaltung ansetzen (Kapitel 8).

ALGORITHMEN ARBEITEN UMSONST – WIRKLICH?

Wir haben es doch gut: Wikipedia, das größte Nachschlagewerk der Welt, die Suchmaschine Google und die Sozialen Netzwerke, aber auch viele andere Dienstleistungen im Internet: Das alles ist umsonst, wir müssen nichts bezahlen. Während man in Köln für eine halbe Stunde Parken durchaus schon mal einen Euro oder mehr einwerfen muss, sind die wunderbaren Hilfsmittel im Internet frei. Jeder, der einen Internetzugang besitzt, kann sie nutzen, bei Google und Wikipedia muss man sich noch nicht einmal anmelden. Wunderbar, da müssen wahre Menschenfreunde am Werk gewesen sein, die sich solche Wohltaten für die Menschheit ausgedacht haben!

Misstrauisch könnte allerdings die Beobachtung stimmen, dass im Rahmen von manchen dieser Wohltaten viele zu Millionären und einige sogar zu Multimilliardären geworden sind und inzwischen zu den reichsten Männern der Welt gehören. Wie kann das sein, wenn doch alles umsonst ist?

Beginnen wir mit Wikipedia, was ein recht einfacher Fall ist. Es ist vermutlich die größte Wissensressource der Welt, eine Online-Enzyklopädie gefüttert von Tausenden oder sogar Millionen Experten auf den unterschiedlichsten Gebieten. Monatlich greifen in vielen Sprachen Hunderttausende von Redakteuren in die etwa vierzig Millionen Stichworte ein, um sie aktuell zu halten und weiterzuentwickeln. Wikipedia ist nicht-kommerziell und gemeinnützig, niemand wird dadurch reich. Die Finanzierung von Software und Server-Infrastruktur erfolgt vor allem durch Spenden. Eine wunderbare Erfindung. Aber wer hat eigentlich das Wissen bezahlt, das dort eingetragen ist? Viele Experten, Wissenschaftler und Menschen mit besonderen Kenntnissen schreiben freiwillig in die große Datenbank hinein. Sie machen ein Wissen verfügbar, das sie oft im Rahmen ihrer beruflichen Tätigkeit erworben haben, finanziert also von Arbeitgebern wie Universitäten oder Behörden. Wikipedia, ein Gemeinschaftsprojekt der Menschheit, wie man es emphatisch nennen könnte, lebt zum großen Teil von einem Wissen, das durch Geld und Zeit anderer erzeugt wurde. In der Biologie nennt man Wesen, die ernten, wo sie nicht gesät haben, Parasiten. Das wäre in Bezug auf Wikipedia nicht nett, denn diese Enzyklopädie ist ja gemeinnützig, und wir alle profitieren von ihr. Dennoch ist an der Diagnose etwas dran: Umsonst kommt das Wissen nicht ins Netz.

Ganz anders sind die großen Datenkonzerne wie Google oder Facebook in wirtschaftlicher Hinsicht aufgestellt. Google ist mit Abstand Marktführer auf dem Gebiet der Suchmaschinen, obwohl es mittlerweile eine Reihe von Alternativen gibt. Die Nutzung ist umsonst, anders etwa als bei professioneller Bürosoftware. Das gilt auch für die meisten anderen Produkte wie den Kalender und das E-Mail-System. Nun kostet aber der Betrieb von Zigtausenden von Servern, die Entwicklung komplexer Softwareprodukte und das Fotografieren von Straßen und Häusern in der gesamten Welt jede Menge Geld. Wie wird das alles finanziert, wenn von den Nutzern keine Gebühren erhoben werden?

Eine der ersten Geldquellen war die Werbung, die zusammen mit den Suchergebnissen geliefert wurde, ohne vom Nutzer bestellt worden zu sein. Je mehr Daten Google über seine Nutzer sammelte, zunächst statistisch, dann aber immer besser auch auf den einzelnen Nutzer bezogen, desto genauer konnte die Werbung auf die Bedürfnisse der Nutzer ausgerichtet werden. Die Kombination großer Datenmengen machte dann neue Werbeformen möglich, zum Beispiel die Werbung für bestimmte Firmen oder Restaurants, während der Nutzer sich von GoogleMaps zu einem Ziel navigieren lässt. Auf diese Weise werden Daten zu Geld. Eine Suchanfrage bei Google ist also nicht umsonst, auch wenn wir nicht in Euro zahlen müssen. Daten sind in der digitalen Welt eine Art Währung, die beim Übergang in die analoge Welt zu Euros oder Dollars werden. Jede Nutzung eines Google-Produkts spielt dem Konzern weitere Daten zu, mit denen sich Geld verdienen lässt. Wolfgang Kierdorf, Geschäftsführer der Kölner Beratungsagentur The Black Swan, schreibt: »In wenigen Jahren wird Google Sie so gut kennen wie kein anderer.« Er ist sicher, dass Google dieses Wissen auch kommerziell nutzen wird.

Ähnliche Geschäftsmodelle gelten für die *Social Media* und für die großen Internetfirmen wie Amazon oder Ebay. Für alle ist Marktdominanz entscheidend, optimal wäre eine Monopolstellung. Denn dann ist die potenziell größte Datenmenge verfügbar, die Auswertung kann optimiert werden, und die Möglichkeiten, dadurch Geld zu machen, etwa durch zielgruppenorientierte Werbung, sind am größten. Schließlich wird der Konzern so unangreifbar, dass er keine Konkurrenz mehr fürchten muss.

Leider ist also die Nutzung der Internetplattformen, Sozialen Medien und Suchmaschinen nicht umsonst. Wir bezahlen allerdings in einer Währung, mit der wir meist noch sehr naiv umgehen: mit unseren Daten. Oft wird uns gar nicht bewusst, dass wir gerade in dieser Währung bezahlen. Und wir haben keine Wahl. Wenn wir die Angebote nutzen wollen, müssen wir unsere Daten liefern. Konsumentensouveränität sieht anders aus. Im Karlsruher Manifest (S. 183) wird genau deswegen gefordert, dass Anwender selbst entscheiden können, ob sie mit Daten oder mit Geld bezahlen wollen. Von dieser Transparenz sind wir weit entfernt.

DIGITALE TECHNIK KOMMT ALLEN ZUGUTE – WIRKLICH?

Der niedrigschwellige Zugang und die recht geringen Kosten verführen zu der Annahme, dass die digitale Technik etwas für alle sei, kaum jemanden ausschließe und damit ein hohes Maß an Zugangsgerechtigkeit möglich mache. Nun, das ist durchaus richtig, wenn man bestimmte Gruppen betrachtet, zum Beispiel gebildete Schichten in westlichen Ländern. Noch besser funktioniert das für die jungen Menschen aus diesen Schichten. Während junge Leute (die *Digital Natives*) mit den digitalen Techniken teils schon im Kindergarten, spätestens in der Schule aufwachsen, als habe es sie immer schon gegeben, ist der Zugang für die Älteren mühsamer. Entsprechend bestanden vor etwa zehn Jahren große Sorgen, dass die ältere Generation im Rahmen der ›digitalen Spaltung‹ abgehängt werden könnte. Auch wenn das Thema nicht vom Tisch ist: Die Älteren haben in den letzten Jahren stark aufgeholt und die digitalen Technologien als Zugang zur Gesellschaft entdeckt.

Ähnliches gilt auch für die aufstrebenden Schichten in vielen Entwicklungsländern, wo klassische Informationsinfrastrukturen wie Telefonnetze oft gar nicht bestehen. Aber was ist mit dem Rest der Welt? Noch vor etwa zehn Jahren gab es in New York mehr Internetanschlüsse als in ganz Afrika zusammen. In der Zwischenzeit hat sich der Abstand verkleinert, aber die Diskrepanz ist immer noch dramatisch: Die digitale Spaltung zwischen Nord und Süd, zwischen Industrieländern und der sogenannten Dritten Welt, ist nach wie vor immens (S. 229).

Während wir uns über digitale Übermenschen (Kapitel 7) und ein globales Gehirn (Kapitel 10) den Kopf zerbrechen, verhungern täglich Tausende auf eine ganz erbärmliche analoge Weise, sterben an verunreinigtem Wasser und die dadurch übertragenen Krankheiten, haben nicht einmal einen minimalen Zugang zu modernen Infrastrukturen wie Energie und Gesundheit, sind auf der Flucht vor Kriegen, korrupten Regimen und marodierenden Banden und wissen nicht, wie sie den nächsten Tag überstehen sollen. Bei allem Respekt: Gemessen an diesen existenziellen Problemen sind manche, wenn nicht viele Debatten zur Digitalisierung ziemlich abgehoben. Ich plädiere nicht dafür, diese Debatten nicht zu führen, ganz im Gegenteil. Aber unsere Debatten dürfen uns nicht dazu verleiten, den Blick für die Realität in weiten Teilen der Welt zu verlieren.

MIT DIGITALISIERUNG ZUR FREIHEIT?

Eine häufige Erwartung an die Digitalisierung ist, dass sie Grenzen einreißt, nicht nur zwischen den Ländern, sondern auch zwischen den Autoritätsgrenzen – dass sie also zu mehr Gleichberechtigung führt und letztlich mehr Freiheit ermöglich. Und das stimmt ja auch. Das Internet und die Dienste dort sind grenzüberschreitend nutzbar, Hierarchien spielen im Netz keine so große Rolle wie in der analogen Welt, sogar die eigene Identität kann man wechseln, was ansonsten nur im Karneval möglich ist. Ein ganz wichtiger Effekt ist, dass die digitale Welt viele, die früher nur Empfänger von Nachrichten waren, etwa über das Fernsehen oder die Tageszeitungen, sich heute leicht auch als Sender betätigen können. Botschaften lassen sich

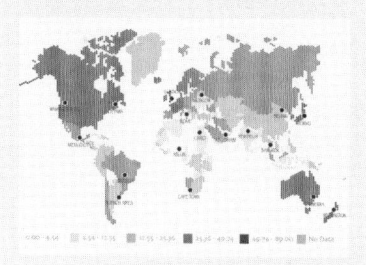

Die digitale Spaltung auf der globalen Ebene

Zwar ist die Zahl der Computer pro hundert Einwohner sicher kein erschöpfendes Maß für den Zugang zu digitalen Technologien, sagt aber dennoch etwas aus.

unkompliziert ins Netz stellen, in der Hoffnung, dass jemand sie dort auch wahrnimmt. Es ist auf keinen Fall falsch, das Internet als Medium der Freiheit zu bezeichnen. Dass diese Freiheit auch missbraucht wird, etwa durch Terroristen und Pornografen, spricht nicht gegen, sondern für diese These: Wenn es diese Freiheit nicht gäbe, könnte sie nicht missbraucht werden.

Also, die Geschichte von der Freiheit im Netz ist keine Illusion. Aber sie kann zu einer Illusion werden, wenn wir die Augen vor anderen, freiheitsgefährdenden Effekten der Digitalisierung verschließen. Die folgende Sammlung teils schon realer, teils eher möglicher Effekte ist schon beeindruckend oder sogar erschreckend, obwohl sie sicher nicht einmal vollständig ist.

1. Digitale Techniken insbesondere der Überwachung und Aus-spähung der Bürger bedrohen die Freiheit, wenn sie in Regimen eingesetzt werden, die auf Konformität ihrer Bürger setzen. Das Beispiel China (S. 174) ist allgemein bekannt, aber kein Einzel-fall. George Orwells düstere Version von *1984* lässt grüßen (S. 15). Diese Sorgen sind allzu offensichtlich. Wer Freiheit und Demo-kratie fördern und erhalten will, muss hier sehr aufmerksam sein.

2. Eine leicht subtilere Freiheitsbedrohung kann aufgrund perso-nifizierter Werbung entstehen, die schleichend manipulierend wirkt und vielleicht kaum oder gar nicht als Bedrohung erkenn-bar ist. Hier wäre es kein böser Algorithmus, der wie ein neuer Hitler nach Weltherrschaft strebt, sondern die Macht unsichtba-rer Konzerne und menschlicher Akteure *hinter* den Algorithmen, die Freiheit, Gestaltungskompetenz und Demokratie bedrohen oder zumindest aushöhlen.

3. Ob nun auf dem Arbeitsmarkt, bei selbst fahrenden Autos oder in der Entwicklung der Demokratie: Häufig gehen Sicherheitsge-winne auf Kosten der Freiheit. Dieser tiefgehende Widerspruch wird wohl nie aufgelöst werden können. Die Verabsolutierung von Sicherheit und ihre rein technische Durchsetzung können freiheitsbedrohlich sein; durch ein Übermaß an Überwachung zum Beispiel wird die Privatheit eingeschränkt. Technische Fort-

schritte in der Gesichtserkennung und der Erstellung von Bewegungs- und anderen Profilen geben durchaus zu denken.

4. Freiheit ist das Gegenteil von Abhängigkeit. Wir sind aber mittlerweile so abhängig vom Funktionieren großer technischer Infrastrukturen in Bezug auf Energie, Wasser, Kommunikation und die globale Nahrungsmittelversorgung, dass man sich schon jetzt Sorgen machen muss. Und alle diese Infrastrukturen werden zunehmend digital organisiert und damit anfällig für Softwarefehler und Hacker.

5. Der Gedanke der Optimierung hört sich gut an, ist aber schwierig, sobald es um Belange der Allgemeinheit geht (Kapitel 9). Im Extremfall wäre das Optimierungsdenken ein Weg zu einer totalitären Gesellschaft, in der sich alle dem technisch-optimierenden Denken unterordnen müssten. Denn Optimierung kennt keine Alternativen, und die Anerkennung, dass es Alternativen gibt, ist eine notwendige Bedingung von Freiheit.

6. Schließlich, sehr subtil und kaum diskutiert, entsteht eine Freiheitsbedrohung durch unsere eigene Bequemlichkeit. Dabei sind wir geradezu schizophren: Wir nutzen begeistert jede neue digitale App, fragen uns aber gleichzeitig, wo das alles hinführen soll. Dauernd kommt es zu Datenskandalen – alle sind empört, aber niemand ändert seine Datenpraktiken. Ich selbst kann mich da nicht ausnehmen. Die digitale Welt ist bequem: Einkaufen, Onlinebanking, die Organisation von Reisen, die sozialen Netzwerke, das Verschicken von Bildern an die Familie. Wenn die Bequemlichkeit siegt und unsere Wachsamkeit leidet, dann geraten wir auf eine schiefe Ebene. Wir verlieren unmerklich unsere Freiheiten und fühlen uns dabei noch wohl.

Die Lektüre dieser Liste ist leider nicht angenehm. Viel schöner wäre es doch, wenn wir die Wohltaten der Digitalisierung einfach genießen und darauf vertrauen könnten, dass alles seinen guten Gang geht: dass unsere demokratische Ordnung lebendig funktioniert, dass unsere Freiheiten und unsere Individualität (Kapitel 10) erhalten bleiben oder sogar weiterentwickelt werden, und dass freiheitsbedrohliche

Entwicklungen sofort erkannt und eingedämmt werden. Leider können wir uns nicht darauf verlassen. Wir müssen uns selbst die Mühe machen und Demokratie und Freiheit bewahren. Wir müssen mögliche Gefährdungen erkennen und das Denken in Alternativen pflegen, auch wenn es manchmal nervt und Kraft kostet. Wir müssen uns mit unterschiedlichen Positionen auseinandersetzen und uns Argumente überlegen, statt einfach ein *like* oder *dislike* anzuklicken. Freiheit ist keine Errungenschaft, auf der man sich ausruhen kann, sondern sie muss immer wieder verteidigt werden – gegen Manipulationen und andersartige Interessen, aber auch gegen unsere eigene digitale Bequemlichkeit.

DIGITALISIERUNG ALS WEG IN DIE ZUKUNFT?

Digitale Techniken gelten heute als das Synonym für Zukunft, ganz ähnlich wie die Kernenergie im Atomzeitalter (S. 19). Wirtschaftsvertreter und Politiker fordern, dass wir uns und unsere Kinder für die digitale Zukunft fit machen sollen. Anderenfalls, so wird gedroht, verspielen wir unsere Chancen. Die Digitalisierung wird als Schlüssel zu einer guten Zukunft gesehen.

Sicher ist das nicht falsch – aber auch hier müssen wir etwas genauer hinschauen. Denn auch diese scheinbar so selbstverständlichen Erwartungen an die Zukunft haben ihre Schattenseiten – und einen gewissen Illusionscharakter. Die Digitalisierung ist nicht einfach nur unsere Zukunft, sondern sie trägt auch ein Ende der Zukunft in sich.

Digitale Technik, insbesondere die *Big Data*-Technologien, basieren auf Daten aus der Vergangenheit. Das geht gar nicht anders, denn zwar ist die Zukunft für uns alle wichtig, für die gesellschaftlichen und politischen Entscheidungsprozesse, aber wir haben eben noch keine Daten aus der Zukunft. Mithilfe von *Big Data* versuchen wir, auf der Basis von Daten aus der Vergangenheit etwas Zukünftiges zu erkennen. Wenn wir der Zukunft nun aber einfach Datensätze und Korrelationen aus der Vergangenheit überstülpen, ersetzen wir alles Kommende durch eine datenbasierte Verlängerung der Vergangenheit. Wir verspielen das Neue, das Kreative, das Unerwartete – all das, was Zukunft eben sein kann jenseits der bloßen Verlängerung der Vergangenheit. Die Filterblase (Kapitel 10) lässt grüßen. Stillstand statt Aufbruch zu neuen Ufern.

Also müssen wir aufpassen. Digitalisierung ist etwas Wunderbares für viele Zwecke, aber kein Ersatz für Zukunft. Durch die Abhängigkeit von Daten aus der Vergangenheit ist Digitalisierung in gewisser Weise rückwärtsgewandt. Zukunft als ein Raum unbekannter und vor allem neuer Möglichkeiten hingegen kann nicht datenbasiert erzeugt werden, sondern durch Visionen und Ideen, durch Pläne und Utopien, durch Kreativität und Fantasie und durch Vorstellungen, wie eine bessere Gesellschaft aussehen könnte. Diese Art von Überlegungen ist gerade nicht datenbasiert, sondern, wie die Philosophen sagen, *kontrafaktisch*, das Gegenteil von Fakten und Daten. Nicht im Sinne der *Fake News* oder der alternativen Fakten, sondern im Sinne des Gedankens, dass die Welt nicht so sein muss, wie sie jetzt ist, sondern wir bewusst an Veränderungen arbeiten können. Algorithmen und Computer jedoch kennen diese Gedanken nicht, sondern sind bislang hemmungslos konservativ. Visionäre der künstlichen Intelligenz und des maschinellen Lernens erzählen, dass dies in Zukunft alles anders wird (Kapitel 2) – aber das müssen wir erst noch sehen.

Natürlich gibt es auch in Bezug auf die Digitalisierung Visionen und Utopien zur Zukunft des Menschen. Wir haben sie kennengelernt (siehe vor allem in den Kapiteln 6, 7 und 8). Leider wird oftmals keine gute Zukunft für uns entworfen, sondern das Ende der Zukunft des Menschen in seiner Selbstabschaffung als Vision verkündet: Die digitale Technik werde (und solle!) uns die weitere Entwicklung aus der Hand nehmen, etwa in der ›Großen Singularität‹ (S. 163) oder im Sinne des Transhumanismus (S. 144). Offenkundig geht es nicht wirklich um unsere Zukunft, sondern um ihr Ende. Dieses wird gedacht als eine Art Erlösung von unseren Schwächen – womit wir auf der letzten Stufe der Illusionen angekommen wären.

DIGITALISIERUNG ALS ERLÖSUNG?

Es ist schon oft aufgefallen, dass die Digitalisierung nicht einfach nur als neue Technikwelle thematisiert wird. Technik ist profan, soll bestimmte Funktionen erfüllen, effizient sein und so weiter. Digitalisierung jedoch wird ganz anders dargestellt: Digitale Visionäre gelten als Gurus und Propheten der Zukunft, und ein neues Smartphone wird wie in einer religiösen Liturgie in einem tempelartigen Ambiente vorgestellt. Es ist vom Übergang in eine neue Zivilisationsform die Rede; die Menschen sollen unsterblich werden. Digitale Technik soll allgegenwärtig werden (S. 88) und uns alle Wünsche von den Augen ablesen. Die ganze Darbietungsform und Redeweise entspricht nicht den Ingenieurwissenschaften und der Informatik, sondern ist religiösen Gemeinschaften und Gebräuchen entlehnt. Das Pathos vieler digitaler Zukunftsvisionen lässt nur einen Schluss zu: Es geht nicht einfach um gute Technik, die uns das Leben angenehmer macht, sondern um die Erlösung der Menschheit.

Dass der religiöse Gedanke der Erlösung in einer durch und durch technischen Zivilisation auf Technik übertragen wird, ist gar nicht so überraschend. Das Motiv der Erlösung durch Technik taucht seit dem späten 19. Jahrhundert immer wieder auf, gelegentlich verbunden mit der Bezeichnung der Ingenieure als Priester des technischen Zeitalters. Die Energieüberflussgesellschaft, eine Vision aus dem Atomzeitalter (S. 19), hatte religiöse Züge des Paradieses. Amerikanische Futuristen wie Eric Drexler und Ray Kurzweil erwarteten die Lösung praktisch aller Menschheitsprobleme durch die Nanotechnologie, auch damals schon die Verlängerung der Lebensspanne des Menschen bis hin zur Unsterblichkeit. Nun also die Digitalisierung. Susanne Gaschke schrieb bereits 2008 in ZEIT ONLINE über die ›digitale Erlösungslehre‹.

Erlösung durch Technik hat, wenn sie denn gelingen würde, einen großen Vorteil: Wir können sie selbst machen, so jedenfalls meinen die Technikoptimisten. Dass Erlösung abhängig von der Gnade eines Gottes sein soll, passt nicht zum erfolgsverwöhnten *Homo Faber*, der sein Schicksal selbst in die Hand nimmt. Mit digitaler Technik, so manche Visionäre der Digitalisierung, könnten wir eine Art Paradies schaffen. Wir selbst.

Die Sehnsucht nach Erlösung scheint jedenfalls ungebrochen, trotz aller Säkularisierung in den Industrieländern. Vielleicht ist das Leiden der Menschen an sich selbst, das Gefühl des Ungenügens (Kapitel 7) sogar noch stärker geworden. Wir müssen mit unserem schlechten Gewissen angesichts der globalen Umweltkrise, unseren Sorgen bezüglich der Folgen unseres eigenen Handelns, einer überbordenden Verantwortungslast und dem Gefühl, die eigenen Ansprüche weit zu verfehlen, fertigwerden. Die Weltreligionen haben dieses scheinbar zutiefst menschliche Empfinden auf unterschiedliche Weise aufgefangen, so etwa durch den Glauben an einen Gott, der seinen Geschöpfen auch oder sogar gerade in ihrer Unvollkommenheit verbunden ist. In der säkularisierten Gesellschaft jedoch fällt die Rückendeckung durch einen Gott weg. Vielleicht ist die transhumanistische Erlösungsvision der Überwindung des Menschen (S. 144) zugunsten einer technischen Zivilisation, in der endlich unsere menschlichen Utopien einer guten Gesellschaft umgesetzt werden, so zu erklären. Nach jahrhunderte- und jahrtausendealten Erfahrungen mit dem menschlichen Scheitern, vielleicht insbesondere nach den humanitären Katastrophen im ach so fortschrittlichen 20. Jahrhundert, verbunden mit den Namen Hitler, Stalin, Mao und Pol Pot, könnte für manche der Schluss lauten: Wir Menschen sind ein hoffnungsloser Fall (Kapitel 11). Vielleicht sollten wir alles tun, um uns wegzudigitalisieren. Der letzte Ausweg: Erlösung durch Selbstabschaffung.

Nun sehen die digitalen Visionäre aber eine glänzende Zukunft, ob nun mit oder ohne Menschen im heutigen Verständnis. Gegenüber dieser verheißenen Zukunft wirkt die Gegenwart schal. Unsere Aufgabe sollte es also sein, die Gegenwart zu überwinden, um Erlösung in der digitalen Zukunft zu finden, so könnte eine quasi-religiöse Deutung digitaler Visionen lauten. Diese Idee ist abgekupfert. Sie geht auf das religiöse Grundmuster einiger Strömungen der christlichen Religionsgeschichte zurück. Danach besteht die Aufgabe des Menschen in der Vorbereitung auf eine kommende Welt, in deren Licht die gegenwärtige bloß als vorübergehend und damit als nur wenig wertvoll betrachtet wird. Die Gegenwart ist danach nur ein Übergangsstadium auf dem Weg hin zu einer neuen Welt und hat keinen Wert in sich selbst, sondern dieser wird gleichsam aus den Zukunftsvisionen geborgt. Dies reicht hin bis zur Abwertung der Gegenwart als ›irdisches Jammertal‹, wie sie in manchen Kirchenliedern aus dem Barock genannt wird. Übertragen auf die Digitalisierung würde das bedeuten: Unsere Aufgabe ist es, möglichst rasch dieses Jammertal obsolet zu machen und den Weg zu einer besseren Zukunft zu ebnen. Natürlich auf dem Weg, den die digitalen Visionäre als neue Priester dieses Erlösungsweges vorzeichnen.

Ich bin skeptisch. Schon so einige technikbasierte Erlösungsgeschichten wurden erzählt, ohne dass die Erlösung eingetreten ist. Auch wenn daraus nicht folgt, dass es doch einmal gelingen könnte: Ich glaube, dass der quasi-religiöse Charakter, den nicht wenige der Digitalisierung geben, eher etwas über uns in der Gegenwart als über die Zukunft aussagt. Der Verlust religiöser Bindungen hat ein Vakuum hinterlassen, in das die technischen Visionen vorstoßen. Wie wir zur Erlösung stehen, ob wir sie benötigen, auf sie warten oder die Hoffnung längst begraben haben, bleibt aber eine Sache von Glauben oder Unglauben. Die Erlösung durch Technik ist jedenfalls eine Illusion.

Eine Kirche der Digitalisierung

Anthony Levandowski, einer der digitalen Wunderkinder im *Silicon Valley*, hat eine neue Kirche gegründet. Er nennt sie ›Way of the Future‹. Ihr Ziel ist es, einen friedlichen Übergang vom Planeten des Menschen zum Planeten von Menschen und Maschinen in einem neuen Miteinander zu unterstützen. Das Glaubensbekenntnis umfasst den Glauben an Wissenschaft, an Fortschritt und an die Entstehung der Superintelligenz (S. 199) – aber auch die Überzeugung, dass der Übergang zur neuen Welt sehr lange Zeit brauchen wird.

13. DER ÜBERLEGENE MENSCH

WARUM WIR UNS NICHT KLEINMACHEN SOLLTEN

Wir sind keine digitalen Maschinen. Und auch wenn ich nicht ab-
streiten will, dass den Menschen im Zusammenleben so einiges nicht
gelingt, von Problemen innerhalb der Familie bis hin zu den konflikt-
reichen Beziehungen ganzer Staaten: Es gibt keinen Grund, in eine
Depression über uns selbst zu verfallen und dem digitalen Masochismus zu frönen. Denn es gelingt auch vieles, und wir haben einige wunderbare Fähigkeiten, die ich den Algorithmen und Robotern und der
künstlichen Intelligenz absprechen möchte – zumindest auf lange Zeit
hin.

1. Wie *souverän* sind Algorithmen oder Roboter eigentlich in der
   Ausübung ihrer Tätigkeit? Könnten sie aus einer ihnen aufgetragenen Aufgabe aussteigen, wenn es Wichtigeres zu tun gibt?
   Heute kann man die Frage wohl eher verneinen: Ein Roboter, der
   Pakete zustellen soll, wird kaum in der Lage sein, einen medizinischen Notfall zu erkennen, der ihm unterwegs begegnet (S. 238).
   Die Fähigkeit, aus einem aufgetragenen Handlungsmuster aus-
   zubrechen und in einen komplett anderen Modus zu wechseln,
   dürfte Robotern bis auf Weiteres abgehen – und vielleicht auch
   grundsätzlich nicht zugänglich sein.

Die Souveränität, aus einem bestimmten Modus in einen absolut anderen zu wechseln, bedarf der Fähigkeit, den Anlass dafür zu *verstehen*
und seine Priorität zu erkennen. Roboter machen sich durch ihre Sensoren ein Bild von der Umgebung, sonst würden beispielsweise selbst
fahrende Autos sich nicht eigenständig bewegen können. *Verstehen* sie
aber auch, was sie sehen? Umgebungsbilder nach trainierten Schema-
ta zu interpretieren ist etwas anderes, als Situationen in der Umgebung

inhaltlich tatsächlich nachzuvollziehen. Die Not eines bewusstlosen Menschen zu erkennen, müsste der Software vorher antrainiert worden sein. Dann würde diese Situation vielleicht nach unseren Wünschen gut bereinigt werden. Aber wie viele unvorhergesehene und nicht standardisierbare Situationen tauchen immer wieder auf, in denen wir verstehen, dass etwas getan werden muss? Was zum Beispiel, wenn jemand aus einem Hausfenster um Hilfe ruft, oder wenn ein Kind verzweifelt seine Eltern sucht? Verstehen, worum es geht, tun, was geboten ist und dafür die eigentliche Tätigkeit unterbrechen: Auch uns fällt das nicht immer leicht – Roboter sind von dieser Fähigkeit weit entfernt.

Zustellroboter findet hilflose Person auf der Straße

2. Menschen können *Sein und Sollen* unterscheiden. Sie können erkennen, dass bestimmte Werte zwar in einer Gesellschaft anerkannt und durchgesetzt, ethisch aber nicht in Ordnung sind. Ein Beispiel: In der Nazizeit waren Rassismus und Antisemitismus staats- und handlungsleitend. Das ist so gewesen – hätte ethisch aber nicht sein dürfen. Sein und Sollen klafften kilometerweit auseinander. Roboter, die in dieser Nazigesellschaft von den

Stellen wir uns einen Boten- oder Zustellroboter vor, der Post und Pakete zu Wohnungen und Häusern bringt. Technisch wäre das bereits heute möglich, solange der Roboter eine gute Straßenkarte hat und weiß, wie er welchen Adressaten erreicht. Das bedarf einer gewissen digitalen Aufrüstung der Ziele, am besten mit einem digitalen Code. Ein solcher Roboter würde dann autonom seine Wege optimieren und ungeplante Hindernisse wie eine umgekippte Mülltonne klug umgehen. Was wäre aber, wenn ein solcher Roboter in der Erfüllung seines Dienstes eine ohnmächtige Person auf dem Bürgersteig vorfindet? Vermutlich würde er vorsichtig drum herum fahren oder gehen, um keinen Schaden zu erzeugen, und dann seinen Zustelldienst fortsetzen. Ein menschlicher Zusteller würde hier anders handeln: seinen Zustelldienst unterbrechen, die ohnmächtige Person ansprechen, den Puls messen und den Notarzt rufen.

Menschen gelernt hätten, wie man sich verhält, wären Naziroboter geworden. Wir Menschen aber wissen, dass etwas, nur weil es so ist, wie es ist, noch lange nicht so *sein muss*. Das idealistische, kritische oder utopische Denken, dass die Welt ganz anders sein könnte oder sogar sein sollte, als sie ist, gehört zum Menschen. Dieses Denken sorgt dafür, dass wir uns nicht mit allem abfinden, sondern uns aktiv für Veränderung engagieren. Algorithmus und Roboter fehlt die Vorstellung von einer besseren Welt. Stattdessen sind sie konservativ und funktionieren in ihrem jeweiligen System, ohne es hinterfragen zu können. Bei allem Respekt vor ihren technischen Meisterleistungen: So gesehen führen sie ein ärmliches Dasein.

3. Künstliche Intelligenz ist *lernfähig*, das ist eine der großen Revolutionen der Digitalisierung (Kapitel 2). Sie lernt jedoch auf eine eher simple Weise, zum Beispiel aus Fehlern der Mustererkennung. In vielen stark geregelten Systemen ist das von großer praktischer Bedeutung, zum Beispiel im Interesse der Sicherheit bei selbst fahrenden Autos. Menschen jedoch können auch anders lernen. Sie kennen zum Beispiel den ›guten Fehler‹, der eine Erkenntnis stiftet, die man sonst nicht gehabt hätte. Manchmal ist ein Fehler nicht einfach

Was bedeutet Nachhaltigkeit?

Die Bedeutung von Nachhaltigkeit scheint im Großen und Ganzen klar zu sein: Es geht um die dauerhafte Sicherung der Grundlagen menschlicher Zivilisation auf dem Planeten Erde, um Zukunftsverantwortung und Gerechtigkeit. Die Brundtland-Kommission der Vereinten Nationen schrieb 1987, dass eine Entwicklung dann nachhaltig ist, wenn sie die Bedürfnisse der gegenwärtigen Generation befriedigt, ohne die Möglichkeiten zukünftiger Generationen zu gefährden. Das ist genial – leider aber als Rezept unbrauchbar. Denn daraus folgt nicht automatisch, was getan werden soll, um zu mehr Nachhaltigkeit zu kommen. Um Handlungsempfehlungen zu entwickeln, etwa zur Energiewende, zum nachhaltigen Umgang mit Elektronikschrott (S. 225) oder zum Artenschutz, muss die Bedeutung von Nachhaltigkeit sehr viel konkreter gemacht werden. Aufgrund vieler Zielkonflikte und unterschiedlicher, teils unvereinbarer Kriterien für Nachhaltigkeit ist eine solche Analyse nicht durch Optimierungen möglich (Kapitel 9), sondern nur im abwägenden Dialog.

ein Fehler, sondern eine Überraschung, die uns auf unerwartete Weise weiterbringt. Die Geschichte der Wissenschaft kennt einige berühmte Beispiele, wo Messergebnisse zunächst als Fehler eingestuft wurden, aber dann zum Anlass für Entdeckungen wurden, die sogar mit dem Nobelpreis ausgezeichnet wurden. Die Geschichte des Ozonlochs und seiner atmosphärenchemischen Aufklärung ist ein Beispiel. Diese Art der Kreativität funktioniert nur, wenn man den angeblichen Fehler in einen ganz anderen Zusammenhang stellen kann. Das dürfte Computern schwerfallen.

4. Der Mensch ist ein *dialogisches Wesen* (S. 196). Problemlösung im Team mithilfe einer Kreativität, die im Brainstorming freigesetzt wird – das ist ein gutes Beispiel für eine typisch menschliche Fähigkeit. Ein Wort gibt das andere, die Diskussion nimmt einen ungeahnten Verlauf, und zu guter Letzt kommen Dinge heraus, an die vorher keiner gedacht hat. Wir sprechen zwar davon, dass selbst fahrende Autos sich unterhalten (S. 103) und dass in der Industrie 4.0 (S. 68) die Produktionsanlagen miteinander kommunizieren. Das ist aber nur eine metaphorische Rede: Die Computer tauschen Daten und Informationen aus, sind aber nicht dialogisch wie wir Menschen.

5. Wir haben die Fähigkeit des *allmählichen und sorgfältigen* Abwägens. Die meisten wirklich wichtigen Fragen haben keine unmittelbaren Antworten – die Antworten müssen durch Beraten und Abwägen gefunden werden. So etwa, wenn es um eine technische Innovation für mehr Nachhaltigkeit geht, die vielleicht entwicklungspolitisch in einem armen Land Afrikas wirtschaftlich sinnvoll ist, aber möglicherweise Umweltprobleme für zukünftige Generationen mit sich bringt. Hier muss man abwägen, was aus welchen Gründen wichtiger ist (S. 239). Dieses Abwägen ist etwas ganz anderes als das optimierende Durchspielen von Millionen von Spielzügen wie etwa beim Schach. Beraten, Erwägen, Abwägen, Bedenken und Nachdenken bleiben, soweit ich sehen kann, die Stärke des Menschen – eine Stärke freilich, die Zeit benötigt und durch die digital befeuerte Beschleunigungsspirale unter Druck steht (Kapitel 11).

6. Wir Menschen können über die *Bedeutung* von allen möglichen Begriffen oder Dingen nachdenken, uns austauschen und streiten, dadurch aber auch dem *Verstehen* dieser Bedeutung näherkommen. Gerade die großen Begriffe der Geistesgeschichte des Menschen wie Gerechtigkeit, Individualität (Kapitel 10), Demokratie, Sinn, Frieden, gutes Leben, Solidarität und heute auch Nachhaltigkeit (S. 239) bedürfen ständiger Arbeit am Verständnis. Ich glaube, dass sich im Bemühen um das Verstehen ihrer Bedeutung und durch viele Konflikte darüber letztlich unsere Weiterentwicklung vollzieht. Mit ist schleierhaft, wie Algorithmen das tun könnten.

Der Tenor dieser sicher unvollständigen Aufstellung ist, dass wir Menschen verstehen und beurteilen können, dass wir Situationen richtig einschätzen können, dass wir Regeln auch mal sehr elastisch auslegen können, wenn es die Situation erfordert. Immanuel Kant hätte gesagt: Das ist eben unsere *Urteilskraft*.

Schließlich, nach all den komplizierten Überlegungen, sollten wir etwas ganz Einfaches nicht vergessen: Auch wenn wir uns vielfach an Algorithmen und Software anpassen (siehe Kapitel 8), bleibt die fundamentale Asymmetrie zwischen uns und der digitalen Technik bestehen. Menschen sind die Macher, die Algorithmen sind gemacht. Auch wenn sie zunehmend das Lernen lernen, lernen sie es von uns in dem von uns gesetzten Rahmen.

DIGITALE MÜNDIGKEIT

Immer wieder war in diesem Buch von den Verlockungen der digitalen Technik die Rede. Digitale Techniken machen vieles so unglaublich angenehm und leicht und versprechen, alle unsere Wünsche zu erfüllen. Dies könnte uns bequem und denkfaul machen. Digitale Technik könnte zum Medium der Unfreiheit werden, als stillschweigender Weg in die digitale Unmündigkeit (Kapitel 12). Solange wir digitale Technik jedoch als *Technik* ansehen, als Hilfe und Unterstützung in unseren vielen Lebensbereichen, und sie entsprechend behandeln, so lange bleiben wir überlegen. Die Mahnung von Immanuel Kant, als aufgeklärte Wesen selbst zu denken (S. 31), bedeutet heute, nicht einfach allem hinterherzulaufen, was die Visionäre, aber auch die Bedenkenträger zur Digitalisierung erzählen und was die Medien dann verstärken. Dies kann bedeuten:

1. dass wir uns nicht von schlechten Menschenbildern wie dem Maschinenmodell anstecken lassen, sondern auf unsere Potenziale – die technischen wie die nicht-technischen – schauen und an ihrer Verwirklichung arbeiten. Anderenfalls droht das Phänomen der Selbsterfüllung: Wenn wir uns als Maschinen verstehen, dann werden wir auch zu Maschinen.

2. dass wir die süßen Verlockungen der Digitalisierung erkennen, sie genießen und nutzen, aber ihnen nicht blind erliegen. Zur Mündigkeit gehört, ihre Kehrseiten und Risiken im Blick zu behalten: Datenmissbrauch und mangelnde Privatheit, Umweltprobleme und unmerkliche Einschränkungen von Freiheiten, Manipulation durch *Fake News*, Undurchschaubarkeit und mangelnde Transparenz von Optimierungsrechnungen.

3. dass wir uns unserer zunehmenden Abhängigkeit von digitalen Technologien bewusst bleiben. Das Internet beispielsweise ist überlebenswichtig geworden für Weltwirtschaft und Handel einschließlich der Lebensmittelversorgung. Über das Wissen um diese Abhängigkeiten hinaus ist es geboten, einen Plan B für den Fall des Versagens lebenswichtiger Infrastrukturen zu entwickeln.

4. dass wir nicht aus dem Blick verlieren, dass Menschen und ihre Interessen hinter den Algorithmen und Robotern stehen. Informatiker, Manager und Politiker gestalten digitale Technologien und setzen sie nach ihren Menschenbildern, Werten und Interessen ein. Das bedeutet, dass die Digitalisierung mit anderen Menschenbildern, Werten und Interessen vielleicht anders ausgestaltet werden kann. Die Digitalisierung könnte einen anderen Lauf nehmen – es gibt Alternativen und Gestaltungsoptionen!

5. dass wir nicht den falschen Sorgen hinterherlaufen. Ein Hitler-Algorithmus mit dem Streben nach Weltherrschaft oder die immer wieder an die Wand gemalte Machtübernahme der künstlichen Intelligenz sind nicht unser Problem, anders als etwa die Macht der Datenkonzerne. Allerdings ist der Fortschritt der künstlichen Intelligenz beträchtlich, sodass die sorgfältige Beobachtung des Standes und der absehbaren weiteren Möglichkeiten erforderlich ist.

> **Rat für den Deutschen Bundestag**
>
> In der Studie *Visionen und Technologien der Mensch-Maschine-Entgrenzung* stellte das Büro für Technikfolgenabschätzung beim Deutschen Bundestag 2016 fest, dass das Risiko einer Machtübernahme künstlicher Intelligenzen derzeit vernachlässigbar ist. Hier gebe es noch riesige technologische Herausforderungen. Die Erfolge, die die KI-Forschung unzweifelhaft vorzuweisen habe, beschränkten sich gegenwärtig und auf absehbare Zeit auf ›lernfähige‹ Softwareanwendungen. Ein intelligentes oder autonomes Verhalten im menschlichen Sinne könnten diese in keiner Weise zeigen.

6. dass wir nicht den Technikdeterministen mit ihrer Botschaft von der Digitalisierung als Tsunami oder Erdbeben (S. 155) auf den Leim gehen. Anderenfalls würden wir schon wieder an einer *sich selbst erfüllenden Prophezeiung* mitwirken. Wenn viele glauben, dass man nichts ändern könne, dann passiert auch nichts. Wir dürfen aber nicht unsere eigene Ohnmacht dadurch erzeugen, dass wir an diese Ohnmacht glauben.

7. dass wir Technikgestaltung nach gesellschaftlichen und ethischen Werten einfordern und uns nach Möglichkeit daran beteiligen. Dafür gibt es durchaus Möglichkeiten: Wir können als Konsument digitaler Produkte auf ethische Standards achten, wie viele das mittlerweile bei Lebensmitteln tun; wir können als Informatiker und Manager Nutzer einbeziehen; wir können als Bürger die politischen Parteien drängen, die verantwortliche Gestaltung der Digitalisierung über Regularien und Förderungen voranzutreiben; wir können in Verbänden und Initiativen für Aufklärung der Bevölkerung sorgen; wir können als Lehrer in den

Schulen diese Themen aktiv in den Unterricht einbeziehen; und sicher noch vieles mehr. Dass gerade bei uns Nutzern noch sehr viel Luft nach oben besteht, war neulich daran zu erkennen, dass der Facebook-Datenskandal die Facebook-Nutzer (S. 170) kaum zu Konsequenzen motiviert hat.

8. dass wir die Ursachen für Probleme und Lösungsmöglichkeiten nicht in der digitalen Technik suchen, wenn sie dort nicht zu finden sind. So ist die Gestaltung des zukünftigen Arbeitsmarkts (Kapitel 3), des autonomen Fahrens (Kapitel 5) oder des Einsatzes von Robotern in der Pflege (Kapitel 6) keine technische, sondern eine politische und soziale Aufgabe, wo Technik bestenfalls unterstützend wirken kann.

9. dass wir Bildung im Hinblick auf Digitalisierung auf vielen Ebenen betreiben, nicht nur in Schulen und Universitäten. Diese Bildung muss natürlich das Verständnis für digitale Technologien und den Umgang mit ihnen beinhalten – darf sich aber nicht darauf beschränken. Mitnichten darf es nur darum gehen, uns ›fit für den digitalen Arbeitsmarkt‹ zu machen. Zur Mündigkeit gehört auch, kritisches Bewusstsein über Technikentstehung und Gestaltung, über Werte, Interessen und Visionen, über Ziele und nicht gewollte Nebenfolgen zu schaffen, um letztlich ein Denken in Alternativen zu befördern. Das wäre aufgeklärtes Denken in Freiheit.

Die Umsetzung dieser Liste ist mühsam. Sie ist aber notwendig, wenn wir nicht schleichend in digitale Unmündigkeit abdriften und damit zum Spielball anderer oder zum Opfer unreflektierter Abhängigkeiten werden wollen.

EIN LOB AUF DIE ANALOGE WELT

Vieles in diesem Buch ist eine Entzauberung digitaler Visionen, aber auch der übertriebenen Befürchtungen. Fragen bleiben übrig. Was ist es eigentlich, das das Virtuelle so faszinierend macht? Schließlich ist und bleibt der Mensch ein analoges Wesen. Wir leben, lieben, trauern und sterben analog. Wenn wir Computerspiele nutzen, empfinden wir die Spannung analog, freuen uns oder leiden analog. Mit einem Sexroboter zu verkehren, wird vermutlich ganz analoge Lust befriedigen, kcine virtuelle Lust. Wenn wir dem Navi und dem GPS trauen, wollen wir in der analogen Welt zum gewünschten Ziel kommen. Wenn in der digitalisierten Industrie 4.0 individualisierte Produkte und Dienstleistungen auf neuen Wegen hergestellt werden, dann sollen sie in der analogen Welt ihre Kunden zufriedenstellen. Selbst fahrende Autos sollen uns zum realen Ziel bringen, nicht zu einem virtuellen. Ein gutes und gelingendes Leben ist ein Leben in der analogen Welt. Digitale Techniken können und sollen ihre Beiträge dazu leisten, dadurch bemisst sich ihr Wert für uns.

Die digitalen Zwillinge, ein Kernbegriff der Digitalisierung (S. 36), sind Datenkopien von analogen Originalen. In der Welt der digitalen Zwillinge können *Big Data*-Technologien arbeiten, kann künstliche Intelligenz sich entfalten, können Profile angelegt und kann die industrielle Produktion digitalisiert werden. Die virtuelle Welt ist eine Datenwelt der Kopien. Sie macht all die Operationen der Algorithmen möglich, von denen wir profitieren. Aber eines dürfen wir nicht vergessen: Alles Profitieren von digitalen Techniken, aber auch das Leiden an ihr, die Sorgen, die viele sich machen, die Begeisterung, mit der andere über die Digitalisierung reden und sich dafür engagieren, all das findet in der analogen Welt statt: Erwartungen und Befürchtungen, Engagement und Protest, Berufstätigkeit und Ehrenamt, Staubsaugerroboter und Operationsassistenten, ja auch Alexa und Pepper (Kapitel 4). Digitalisierung zielt auf neue Möglichkeiten der Gestaltung und des Lebens in der analogen Welt, nicht auf ihre Abschaffung.

Auch die Verfremdungseffekte, die digitale Technik so einfach machen, das Spielerische etwa beim Ausprobieren neuer Identitäten im Netz oder in den Computerspielen, und die neuen Möglichkeiten digitaler Kunst – all das soll doch wieder analoges Vergnügen bereiten. Virtuelles Vergnügen, virtuelle Erbauung und virtuelle Spannung nützen uns nichts. Oder an ganz anderer Stelle der Digitalisierung: Hacker, die sicher zu den besten digitalen Experten überhaupt gehören, wollen schließlich etwas in der analogen Welt bewirken, also zum Beispiel die amerikanischen Wahlen beeinflussen, auf mangelnde Datenschutz-vorkehrungen in Behörden aufmerksam machen oder wirtschaftli-chen Schaden anrichten. Dass sie in der digitalen Welt arbeiten, ist nur Mittel zum Zweck: Sie zielen auf die analoge Welt.

Die Quintessenz dieses Buches besteht also in einem einfachen, fast trivialen Gedanken: Unsere Aufgabe ist es, die digitalen Techno-logien so zu entwickeln und einzusetzen, dass wir, und das schließt alle Menschen auf dieser Welt ein, ein *möglichst gutes analoges Leben* füh-ren können. Digitale Techniken sind vielfach wunderbare *Mittel zum Zweck* – aber sie sind nicht der Zweck selbst. Im digitalen Überschwang gerät da manchmal etwas durcheinander. Aber auch der digitale Über-schwang äußert sich in ganz analogen Empfindungen und Hoffnun-gen, gelegentlich sogar in Erlösungserwartungen. Es bleibt dabei: Wir leben in der analogen Welt, die wir gestalten können und für die wir Verantwortung übernehmen müssen.

DANKSAGUNG

Dieses Buch ist Ausdruck von Beobachtungen und Erkenntnissen, Hoffnungen und Sorgen, Diagnosen und Empfehlungen zur Digitalisierung. Viele der Erkenntnisse verdanke ich lebhaften Diskussionen und zahlreichen Studien in meinen Arbeitsfeldern, der Technikfolgenabschätzung und der Technikethik, die bereits ab Ende der 1970er-Jahre digitale Technik in den Bick genommen haben.

Der erste Dank gebührt den Mitarbeiterinnen und Mitarbeitern am Institut für Technikfolgenabschätzung und Systemanalyse (ITAS) des Karlsruher Instituts für Technologie (KIT) und am Büro für Technikfolgenabschätzung beim Deutschen Bundestag (TAB) in Berlin, deren Leitung ich innehabe. Hervorheben möchte ich das Engagement von Christopher Coenen, Torsten Fleischer, Reinhard Heil, Bettina-Johanna Krings, Linda Nierling und Klaus Wiegerling in der fachlichen Durchsicht einzelner Kapitel. Aus dem gleichen Grund gebührt Yannick Julliard Dank, mit dem mich eine lange Diskussion im Themenbereich Mensch und Technik verbindet.

Sodann möchte ich zwei Institutionen hervorheben, denen ich im Kontext der Digitalisierung als Mitglied wichtige Anregungen verdanke. Das ist zum einen die Deutsche Akademie der Technikwissenschaften (acatech), die seit Jahren zu vielen Fragen der Digitalisierung sehr aktiv ist. Zum anderen möchte ich die Ethik-Kommission autonomes und vernetztes Fahren nennen, die 2016 vom Bundesverkehrsministerium eingesetzt worden war.

Schließlich möchte ich dem riva Verlag für die Anregung danken, dieses Buch zu schreiben. Das Lektorat durch Matthias Teiting und die verlegerische Begleitung durch Mischa Gayring haben dem Text und der Buchgestaltung sehr gut getan. Die vorbildliche Betreuung ermöglichte es, dass zwischen dem ersten Kontakt in dieser Sache und dem Erscheinen des Buches weniger als ein halbes Jahr lag.

WEITERFÜHRENDE LITERATUR

1. BÜCHER

Knud Böhle, Jan Berendes, Mathias Gutmann, Caroline Robertson-von Trotha, Constanze Scherz (Hg.) (2014): *Computertechnik und Sterbekultur*. Berlin/ Münster

Nick Bostrom (2014): *Superintelligenz. Szenarien einer kommenden Revolution*. Suhrkamp

Deutsche Akademie der Technikwissenschaften/Forschungsunion: Umsetzungsempfehlungen zum Zukunftsprojekt Industrie 4.0. Abrufbar unter https://www.bmbf.de/files/Umsetzungsempfehlungen_Industrie4_0.pdf (31.8.2018)

Nicola Erny, Matthias Herrgen, Jan Schmidt (Hg.) (2018): *Die Leistungssteigerung des menschlichen Gehirns*. Wiesbaden

Ethik-Kommission autonomes und vernetztes Fahren (2017): Endbericht (abrufbar unter: https://www.bmvi.de/SharedDocs/DE/Publikationen/DG/bericht-der-ethik-kommission.pdf?__blob=publicationFile, 31.8.2018)

Armin Grunwald (2010): *Technikfolgenabschätzung. Eine Einführung*. Baden-Baden

Yuval Noah Harari (2017): *Homo Deus. Eine Geschichte von Morgen*. Beck

Hartmut Hirsch-Kreinsen, Peter Ittermann, Jonathan Niehaus (Hg.) (2015): *Digitalisierung industrieller Arbeit. Die Vision Industrie 4.0 und ihre sozialen Herausforderungen*. Baden-Baden

Yvonne Hofstetter (2016): *Das Ende der Demokratie. Wie die künstliche Intelligenz die Politik übernimmt und uns entmündigt*. Bertelsmann

Barbara Kolany-Raiser, Reinhard Heil, Carsten Orwat, Thomas Hoeren (Hg.): *Big Data und Gesellschaft*. Wiesbaden

Christoph Kucklick: *Die granulare Gesellschaft. Wie das Digitale unsere Wirklichkeit auflöst*. Ullstein

Klaus Mainzer (2016): *Wann übernehmen die Maschinen?* Springer

Reimund Neugebauer (Hg.) (2018): *Digitalisierung. Schlüsseltechnologien für Wirtschaft und Gesellschaft*. Springer

Mark O'Donnell (2017): *Unsterblich sein. Reise in die Zukunft des Menschen*. München: Hanser

Cathy O'Neil (2017): *Angriff der Algorithmen*. München

Arno Rolf (2014): *Weltmacht Vereinigte Daten. Die Digitalisierung und Big Data verstehen*. Metropolis

Lambér Royakkers, Rinie van Est (2016): *Just Ordinary Robots. Automation from Love to War*. CRC Press

Max Tegmark (2016): *Leben 3.0. Mensch sein im Zeitalter Künstlicher Intelligenz*. Ullstein

2. BERICHTE AN DEN DEUTSCHEN BUNDESTAG

Das Büro für Technikfolgenabschätzung beim Deutschen Bundestag (TAB) berät das Parlament in vielen Feldern des wissenschaftlichen und technischen Fortschritts (www.tab-beim-bundestag.de). In den letzten Jahren ist die Digitalisierung zum wichtigsten Themenfeld geworden. Einige abgeschlossene Berichte sind im Folgenden genannt.

Christoph Kehl: Robotik und assistive Neurotechnologien in der Pflege – gesellschaftliche Herausforderungen. Büro für Technikfolgenabschätzung beim Deutschen Bundestag 2018 (abrufbar unter: www.tab-beim-bundestag.de/de/pdf/publikationen/berichte/TAB-Arbeitsbericht-ab177.pdf, 26.8.2018)

Franziska Börner, Christoph Kehl und Linda Nierling: *Chancen und Risiken mobiler und digitaler Kommunikation in der Arbeitswelt*. Büro für Technikfolgenabschätzung beim Deutschen Bundestag 2018 (abrufbar unter: www.tab-beim-bundestag.de/de/pdf/publikationen/berichte/TAB-Arbeitsbericht-ab174.pdf, 26.8.2018)

Sonja Kind, Tobias Jetzke, Sebastian Weide, Simone Ehrenberg-Silies, Marc Bovenschulte: *Social Bots 2017* (abrufbar unter www.tab-beim-bundestag.de/de/pdf/publikationen/berichte/TAB-Horizon-Scanning-hs003.pdf, 31.8.2018)

Claudio Caviezel, Reinhard Grünwald, Simone Ehrenberg-Silies, Sonja Kind, Tobias Jetzke, Marc Bovenschulte: *Additive Fertigungsverfahren (3D-Druck)*. Büro für Technikfolgenabschätzung beim Deutschen Bundestag 2016 (abrufbar unter www.tab-beim-bundestag.de/de/pdf/publikationen/berichte/TAB-Arbeitsbericht-ab175.pdf, 31.8.2018)

Britta Oertel, Carolin Kahlisch, Steffen Albrecht: *Online-Bürgerbeteiligung an der Parlamentsarbeit*, 2017 (abrufbar unter www.tab-beim-bundestag.de/de/pdf/publikationen/berichte/TAB-Arbeitsbericht-ab173.pdf, 31.8.2018)

Christoph Kehl, Christopher Coenen: *Visionen und Technologien der Mensch-Maschine-Entgrenzung*, 2016 (abrufbar unter www.tab-beim-bundestag.de/de/pdf/publikationen/berichte/TAB-Arbeitsbericht-ab167.pdf, 31.8.2018)

3. INTERNETQUELLEN

Zu allen Themen dieses Buches gibt es eine Vielzahl sehr unterschiedlicher Internetquellen. Die folgende Auswahl beansprucht weder Vollständigkeit noch Ausgewogenheit, sondern präsentiert einzelne Darstellungen und Ansichten. Wenn Sie ein wenig recherchieren, werden Sie viele weitere finden.

https://www.pc-magazin.de/ratgeber/kuenstliche-intelligenz-gefahren-chancen-report-3198652.html

https://www.handelsblatt.com/technik/hannovermesse/hannover-messe-siemens-chef-kaeser-warnt-vor-kasino-kapitalismus/21197260.html?ticket=ST-5929379-qYa1blsr5DJkABLcFbjp-ap3

https://www.theatlantic.com/magazine/archive/2018/06/henry-kissinger-ai-could-mean-the-end-of-human-history/559124/

https://www.arbeitenviernull.de/themenraeume/digitaler-wandel.html (Kapitel 3)

http://plattform-maerkte.de (zu Industrie 4.0) (Kapitel 3)

www.h-n-h.jp/en/concept/ (zum automatischen Hotel) (Kapitel 3)

https://www.geo.de/magazine/geo-epoche/7347-rtkl-industrielle-revolution-mythos-weberaufstand (Kapitel 3)

https://www.bitkom.org/Themen/Digitale-Transformation-Branchen/Touristik-inhalt/ (Kapitel 4)

https://studlib.de/4784/maschinenbau/klassische_automatisierungsdilemma (Kapitel 5)

https://www.deutschlandfunkkultur.de/digitalisierung-der-medizin-das-deutsche-gesundheitswesen.976.de.html?dram:article_id=413494 (Kapitel 6)

https://iq.intel.de/digitale-unsterblichkeit-datensicherung-nicht-vergessen/ (Kapitel 7)

https://politik-digital.de/news/sterben-2-0-auf-dem-weg-zur-digitalen-unsterblichkeit-150291/ (Kapitel 7)

www.tab-beim-bundestag.de/de/untersuchungen/u30600.html (Kapitel 8)

https://mothership.sg/2017/01/can-artificial-intelligence-replace-our-politicians-one-day/ (Kapitel 9)

www.tab-beim-bundestag.de/de/untersuchungen/u40000.html (Kapitel 9)

https://www.iosb.fraunhofer.de/servlet/is/77576/2017-10-30_KA-Thesen-Digitale-Souveraenitaet-Europas_Web.pdf (Kapitel 9)

WEITERFÜHRENDE LITERATUR

https://www.it-finanzmagazin.de/gar-kein-mysterium-blockchain-versta-endlich-erklaert-27960/ (Kapitel 11)

https://www.wired.com/story/anthony-levandowski-artificial-intelligen-ce-religion/ (zur Künstlichen Intelligenz als Religion) (Kapitel 12)

https://theblackswan.de/geschaeftsmodelle-durchschaut-so-funktionie-ren-google-apple-co/ (Kapitel 12)

https://www.swr.de/natuerlich/stromfresser-internet-wie-viel-energie-braucht-das-netz/-/id=100810/did=14939750/nid=100810/17wfi2i/in-dex.html (Kapitel 12)

https://www.planet-wissen.de/kultur/afrika/ghana/pwiegiftigerelektromu-ell100.html (Kapitel 12)

https://de.wikipedia.org/wiki/Elektromülldeponie_Agbogbloshie (Kapitel 12)

https://www.vdi-nachrichten.com/Technik-Gesellschaft/Digitalisie-rung-knappe-Hightech-Metalle

https://www.zeit.de/2008/48/Cyberspace (Kapitel 12)

www.wayofthefuture.church (Kapitel 12)

BILDNACHWEIS

S. 11, 51, 147, 221: Liu_zishan/shutterstock.com / S. 15: © Angkapunya-dech/Shutterstock.com / S. 19: © Gogosvm/istockphoto.com / S. 24: © akg-images/AP / S. 28: © DSGpro/istockphoto.com / S. 36: © Who is Danny/shutterstock.com / S. 41: © Lagarto Film/shutterstock.com / S. 43: © simpson33/istockphoto.com / S. 46: © Mopic/shutterstock.com / S. 54: Heritage Images/Fine Art Images/akg-images / S. 57: © 3DSculp-tor/istockphoto.com / S. 58: akg-images/Imagno / S. 60: © sekulicn/istockphoto.com / S. 65: © Ned Snowman/shutterstock.com / S. 68: © Gorodenkoff/shutterstock.com / S. 74: © metamorworks/istockphoto.com / S. 78: © TeerawatWinyarat/istockphoto.com / S. 80: © seewhat-mitchsee/shutterstock.com / S. 84: © sdecoret/shutterstock.com / S. 90: © Syda Productions/shutterstock.com / S. 93: Bitkom Research / S. 95: © onurdongel/istockphoto.com / S. 98: © Valerii__Dex/shutters-tock.com / S. 106: © McGeddon / S. 109: Finanz und Wirtschaft / S. 117: © HQuality/shutterstock.com / S. 125: © miriam-doerr/istockphoto.com / S. 135: © metamorworks/shutterstock.com / S. 138: © Phonla-maiPhoto/istockphoto.com / S. 140: © Clash_Gene/Shutterstock.com / S. 143: © Faizal Ramli/shutterstock.com / S. 163: © wsf-s/shutters-tock.com / S. 164: © Zenzen/shutterstock.com / S. 174: © yuyangc/shutterstock.com / S. 180: © the-lightwriter/shutterstock.com / S. 190: © Roman Samborskyi/shutterstock.com / S. 196: © akg-images/Album / S. 199: © Vertigo3d/shutterstock.com / S. 202: © matejmo/shutters-tock.com / S. 208: © Savushkin/istockphoto.com / S. 229: © Ponkrit/shutterstock.com / S. 238: © PhonlamaiPhoto/shutterstock.com

Kathie Madonna Swift und Joseph Hooper

HEILE DEINEN
DARM
UND WERDE
SCHLANK

riva Die Swift-Diät – natürlich und schnell
abnehmen mit einer gesunden Darmflora

Auch als E-Book erhältlich

368 Seiten
24,99 € (D) | 25,70 € (A)
ISBN 978-3-7423-0338-7

Rowan Hooper

Wunder der Evolution

Von der Autistin, die
alle Harry-Potter-Bände
auswendig kann, bis zum
Extremläufer, der in 24
Stunden 303 Kilometer lief

Warum verfügen manche Menschen über außergewöhnliche Fähigkeiten? Weshalb sind sie in der Lage, Großes zu erreichen – und andere nicht? In seinem inspirierenden Buch lädt uns der Evolutionsbiologe Rowan Hooper auf eine Reise zum Gipfel menschlicher Exzellenz ein. Er porträtiert faszinierende Individuen, die in ihrem Wirkungsbereich zu den Besten der Welt zählen: Nobelpreisträger, Gedächtnischampions, Sprachwunder, Weltklasse-Schachspieler, Opernsänger und Extremsportler. Die außergewöhnlichen Fähigkeiten dieser herausragenden Personen werden anhand der aktuellsten wissenschaftlichen Erkenntnisse betrachtet und

160 Seiten
17,99 € (D) | 18,50 € (A)
ISBN 978-3-7423-0626-5

Heike Haupt

Deutsche Erfindungen

Von Bier bis MP3 –
geniale Ideen made
in Germany

Deutschland ist nicht nur das Land der Dichter und Denker, sondern auch der Erfinder. Von Gutenbergs Buchdruck über Benz' Automobil bis hin zu den allgegenwärtigen Teebeuteln sind in diesem Buch die bekannten deutschen Innovationen ebenso versammelt wie zahlreiche Überraschungen: Wussten Sie beispielsweise, dass der Mobilfunk eigentlich in Deutschland erfunden wurde? Oder der Computer? Und dass die Einführung des Weihnachtsbaumes Menschenleben rettete? Ein illustrierter Band zum Schmökern, Lernen und Staunen.